大学生课程设计与毕业设计资料集

建筑学专业
课程设计与毕业设计资料集

杜爱玉　主编

湖南大学出版社

内 容 简 介

全书分为八章,包括建筑设计基本规定、制图标准、民田建筑设计、住宅设计、办公及商业建筑、公用建筑、建筑防火设计、建筑构造详图等。

本资料主要适用于相关专业大学生,也可为广大工程设计、施工、监理人员提供参考。

图书在版编目（CIP）数据

建筑学专业课程设计与毕业设计资料集/杜爱玉主编
—长沙：湖南大学出版社，2009.10
（大学生课程设计与毕业设计资料集）
ISBN 978-7-81113-704-0

Ⅰ.①建… Ⅱ.①杜… Ⅲ.①建筑学—课程设计—高等学校—教学参考资料 ②建筑学—毕业设计—高等学校—教学参考资料 Ⅳ.①TU

中国版本图书馆 CIP 数据核字（2009）第 183076 号

建筑学专业课程设计与毕业设计资料集

Jianzhuxue Zhuanye Kecheng Sheji yu Biye Sheji Ziliaoji

主　　编：杜爱玉
责任编辑：金　伟
封面设计：吴颖辉　张　萍
出版发行：湖南大学出版社
社　　址：湖南·长沙·岳麓山　　　　　　　　　　　　邮　编：410082
电　　话：0731-88822559（发行部），88820004（编辑室），88821006（出版部）
传　　真：0731-88649312（发行部），88822264（总编室）
电子邮箱：pressjinw@hnu.cn
网　　址：http://press.hnu.cn
印　　装：长沙瑞和印务有限公司
开本：787×1092　16 开　　　印张：16.75　　　字数：387 千
版次：2009 年 12 月第 1 版　　　印次：2009 年 12 月第 1 次印刷　　　印数：1~3 000 册
书号：ISBN 978-7-81113-704-0/TU·128
定价：33.00 元

版权所有，盗版必究
湖南大学版图书凡有印装差错，请与发行部联系

建筑学专业课程设计与毕业设计资料集
（编委会）

主　　编：杜爱玉
副 主 编：洪　波　卢晓雪
编　　委：杜翠霞　华克见　王　冰
　　　　　陈有杰　莫　骄　李建钊
　　　　　左万义　王　燕　汪意乐

前 言

对于土木工程专业来说,课程设计和毕业设计是重要的教学环节,占了整个大学学分的四分之一以上。课程设计是为了进一步加深对所学课程的理解和巩固,培养动手能力;毕业设计是综合所学的基本知识设计工程实例,同时也是书本理论知识和实际工程的桥梁,可以使学生得到工程实践的实际训练,提高其应用能力,为学生实习和工作打好坚实的基础。

但是,由于土木工程的安全性和特殊性,设计时需要查阅和参考大量的规范、手册、图集等平常学生很少接触的资料,学生在刚开始设计时面临无从下手的困境;而在花了大量时间查阅后,又因为实际知识的缺乏面临如何把设计转化成图纸的窘境。本套资料集就是从实用出发,努力将学生做课程设计和毕业设计时所需要的资料汇编成册,以方便查阅,做到一册在手即可满足做设计的需要,从而可为学生节约大量时间,把主要精力放到对所学知识的理解和消化上,事半功倍,以保证课程设计和毕业设计的质量,从而达到人才培养的目的。本套丛书包括了以下六个分册:

《给水排水工程专业课程设计与毕业设计资料集》;

《建筑电气工程专业课程设计与毕业设计资料集》;

《建筑工程专业课程设计与毕业设计资料集》;

《建筑环境与设备工程专业课程设计与毕业设计资料集》;

《建筑学专业课程设计与毕业设计资料集》;

《交通土建工程专业课程设计与毕业设计资料集》。

本资料集不同于市面上常见的"课程设计指南"和"毕业设计指南",而是一本翔实的资料集汇编,将各个专业做设计时必需的规范等资料系统汇编,方便查询,从而可为做设计节省大量时间,并且本书收录的均为最新规范,因此具有很大实用价值。本资料集除适用于在校大学生外,书中所收集资料同样可用于实际的工程,因此亦可为广大工程设计、施工、监理等人员提供参考。

由于编者能力有限,本书中难免有错误和不足之处,欢迎读者指正。

编 者
2009 年 9 月

目　次

第一章　建筑设计基本规定

第一节　一般规定 …………………………………………………………… (1)
第二节　特殊规定 …………………………………………………………… (3)
第三节　建筑模数 …………………………………………………………… (4)
　一、基本模数、导出模数 ………………………………………………… (4)
　二、模数数列 ……………………………………………………………… (4)
　三、建筑模数统一标准 …………………………………………………… (6)
　四、住宅建筑模数协调 …………………………………………………… (8)
　五、楼梯模数协调 ………………………………………………………… (17)
　六、厂房建筑模数协调 …………………………………………………… (23)
第四节　定位轴线 …………………………………………………………… (33)

第二章　制图标准

第一节　建筑图纸标准 ……………………………………………………… (36)
　一、图纸标准 ……………………………………………………………… (36)
　二、建筑图纸常用比例 …………………………………………………… (37)
第二节　图线及文字表示 …………………………………………………… (37)
　一、图线 …………………………………………………………………… (37)
　二、文字、数字 …………………………………………………………… (38)
　三、尺寸标注 ……………………………………………………………… (39)
　四、定位轴线 ……………………………………………………………… (40)
　五、标高 …………………………………………………………………… (41)
　六、详图索引标志 ………………………………………………………… (42)
　七、引出线 ………………………………………………………………… (43)
　八、剖切符号、对称符号、连接符号 …………………………………… (43)
第三节　建筑工程施工图阅读 ……………………………………………… (44)
　一、建筑施工图的分类及编排顺序 ……………………………………… (44)
　二、建筑施工图阅读 ……………………………………………………… (45)

第四节　建筑设计中需考虑的人体及家具尺寸 …………………………………… (61)
　　一、人体的功能尺度 ………………………………………………………………… (61)
　　二、家具设备常见尺寸 ……………………………………………………………… (66)

第三章　民用建筑设计

第一节　民用建筑设计一般规定 ……………………………………………………… (69)
　　一、民用建筑设计基本规定 ………………………………………………………… (69)
　　二、城市规划对建筑的限定 ………………………………………………………… (72)
　　三、场地设计 ………………………………………………………………………… (73)
　　四、室内环境 ………………………………………………………………………… (75)

第二节　民用建筑建筑物设计 ………………………………………………………… (79)
　　一、平面布置 ………………………………………………………………………… (79)
　　二、卫生设备 ………………………………………………………………………… (80)
　　三、台阶、坡道和栏杆 ……………………………………………………………… (81)
　　四、楼梯 ……………………………………………………………………………… (82)
　　五、电梯、自动扶梯和自动人行道 ………………………………………………… (83)
　　六、墙身和变形缝 …………………………………………………………………… (84)
　　七、门窗 ……………………………………………………………………………… (85)
　　八、建筑幕墙 ………………………………………………………………………… (85)
　　九、楼地面 …………………………………………………………………………… (86)
　　十、屋面和吊顶 ……………………………………………………………………… (86)
　　十一、管道井、烟道、通风道和垃圾管道 ………………………………………… (87)
　　十二、室内外装修 …………………………………………………………………… (88)

第三节　居住区规划 …………………………………………………………………… (89)
　　一、居住区级数 ……………………………………………………………………… (89)
　　二、用地与建筑 ……………………………………………………………………… (90)

第四节　住宅 …………………………………………………………………………… (97)
　　一、住宅间距 ………………………………………………………………………… (97)
　　二、住宅净密度 ……………………………………………………………………… (98)

第五节　公共服务设施及绿地、道路 ………………………………………………… (99)
　　一、公共服务设施 …………………………………………………………………… (99)
　　二、绿地 ……………………………………………………………………………… (100)
　　三、道路 ……………………………………………………………………………… (101)

第六节　综合技术经济指标 …………………………………………………………… (102)

第四章 住宅设计

第一节 住宅设计的一般规定
一、住宅层数 ……………………………………………………… (106)
二、住宅设计需满足的规范 ……………………………………… (106)
三、套型 …………………………………………………………… (106)
四、卧室、起居室(厅) …………………………………………… (107)
五、厨房 …………………………………………………………… (107)
六、卫生间 ………………………………………………………… (107)
七、技术经济指标计算 …………………………………………… (107)
八、层高和室内净高 ……………………………………………… (108)
九、阳台 …………………………………………………………… (108)
十、过道、贮藏空间和套内楼梯 ………………………………… (109)
十一、门窗 ………………………………………………………… (109)

第二节 共用部分
一、楼梯和电梯 …………………………………………………… (109)
二、走廊和出入口 ………………………………………………… (110)
三、垃圾收集设施 ………………………………………………… (110)
四、地下室和半地下室 …………………………………………… (111)
五、附建公共用房 ………………………………………………… (111)

第三节 室内环境
一、日照、天然采光、自然通风 ………………………………… (111)
二、保温、隔热 …………………………………………………… (112)
三、隔声 …………………………………………………………… (112)

第四节 住宅设计建议标准及设计示范
一、城市示范小区设计建议标准 ………………………………… (112)
二、厨房系列平面设计 …………………………………………… (114)
三、卫生间系列平面设计 ………………………………………… (115)

第五章 办公及商业建筑

第一节 办公建筑
一、办公建筑高度划分 …………………………………………… (117)
二、办公建筑一般规定 …………………………………………… (117)
三、厂区办公建筑 ………………………………………………… (119)

第二节 商业建筑 …………………………………………………… (120)

  一、商业建筑一般规定 …………………………………………………………… (120)
  二、商业建筑辅助设计 …………………………………………………………… (123)
  三、商业建筑建筑设备、建筑环境 ……………………………………………… (123)
  四、商业建筑防火 ………………………………………………………………… (125)

第六章 公用建筑

 第一节 幼儿园建筑 …………………………………………………………………… (126)
  一、幼儿园建筑一般规定 ………………………………………………………… (126)
  二、幼儿园建筑设计 ……………………………………………………………… (126)
  三、幼儿园设计注意事项 ………………………………………………………… (128)
 第二节 中、小学建筑 ………………………………………………………………… (129)
  一、中、小学建筑一般规定 ……………………………………………………… (129)
  二、教室及教学辅助房 …………………………………………………………… (129)
  三、中、小学建筑辅助用房设计 ………………………………………………… (132)
  四、中、小学建筑环境设计要求 ………………………………………………… (134)
 第三节 体育馆建筑 …………………………………………………………………… (136)
  一、体育馆建筑一般规定 ………………………………………………………… (136)
  二、体育馆辅助设计 ……………………………………………………………… (138)
  三、体育馆防火设计 ……………………………………………………………… (141)
 第四节 图书馆建筑 …………………………………………………………………… (142)
  一、图书馆建筑一般规定 ………………………………………………………… (142)
  二、图书馆消防和疏散 …………………………………………………………… (148)
  三、图书馆采暖、照明、通风、空气调节 ……………………………………… (149)
 第五节 综合医院建筑 ………………………………………………………………… (151)
  一、综合医院建筑一般规定 ……………………………………………………… (151)
  二、综合医院环境 ………………………………………………………………… (153)
 第六节 智能建筑 ……………………………………………………………………… (155)
  一、智能建筑一般规定 …………………………………………………………… (155)
  二、住宅智能化 …………………………………………………………………… (157)
 第七节 建筑物的无障碍设计 ………………………………………………………… (158)
  一、公共建筑 ……………………………………………………………………… (158)
  二、居住建筑 ……………………………………………………………………… (160)
  三、无障碍住房 …………………………………………………………………… (169)

第七章 建筑防火设计

 第一节 建筑防火设计一般规定 ……………………………………………………… (171)

一、燃烧性能和耐火极限 …………………………………………………… (171)
　　二、建筑构件的燃烧性能和耐火极限 ………………………………………… (172)
　　三、消防车道 …………………………………………………………………… (178)
　　四、建筑构造 …………………………………………………………………… (179)
　第二节　民用建筑的防火设计 …………………………………………………… (184)
　　一、一般民用建筑防火一般规定 …………………………………………… (184)
　　二、一般民用建筑的疏散楼梯与安全出口 ………………………………… (186)
　　三、一般民用建筑各种疏散宽度指标 ……………………………………… (188)
　第三节　高层民用建筑的防火设计 ……………………………………………… (189)
　　一、建筑分类和耐火等级 …………………………………………………… (189)
　　二、防火间距 ………………………………………………………………… (190)
　　三、消防车道 ………………………………………………………………… (191)
　　四、防火分区和防烟分区 …………………………………………………… (191)
　　五、疏散距离和安全出口 …………………………………………………… (192)
　　六、消防电梯 ………………………………………………………………… (194)
　第四节　工业厂房及仓库的防火设计 …………………………………………… (194)
　　一、工业厂房 ………………………………………………………………… (194)
　　二、仓库的防火设计 ………………………………………………………… (197)
　第五节　木结构建筑的防火设计 ………………………………………………… (200)

第八章　建筑构造详图

　第一节　墙体构造 ………………………………………………………………… (202)
　　一、墙体构造 ………………………………………………………………… (202)
　　二、砖墙细部构造 …………………………………………………………… (205)
　第二节　楼地层 …………………………………………………………………… (216)
　　一、常见楼地层 ……………………………………………………………… (216)
　　二、防水楼地层及防潮楼地层 ……………………………………………… (218)
　第三节　楼地层变形缝 …………………………………………………………… (218)
　　一、常见变形缝 ……………………………………………………………… (218)
　　二、伸缩缝的设置间距 ……………………………………………………… (220)
　　三、伸缩缝的构造 …………………………………………………………… (221)
　　四、沉降缝 …………………………………………………………………… (222)
　　四、防震缝 …………………………………………………………………… (224)
　第四节　楼梯构造 ………………………………………………………………… (225)
　　一、楼梯设计一般要求 ……………………………………………………… (225)

二、楼梯的扶手与栏杆 …………………………………………………（228）
第五节　门窗 ……………………………………………………………（233）
　　一、窗的构造 …………………………………………………………（233）
　　二、木门的构造 ………………………………………………………（240）
第六节　屋顶 ……………………………………………………………（242）
　　一、屋顶的排水方式 …………………………………………………（242）
　　二、卷材防水屋面的构造 ……………………………………………（243）
　　四、刚性防水屋面的构造 ……………………………………………（249）
　　五、单层工业厂房屋面防水 …………………………………………（251）

参考文献 ………………………………………………………………（256）

第一章 建筑设计基本规定

第一节 一般规定

(1)建筑耐久年限。以主体结构确定的建筑耐久年限分下列四级:
一级耐久年限 100年以上 适用于重要的建筑和高层建筑。
二级耐久年限 50~100年 适用于一般性建筑。
三级耐久年限 25~50年 适用于次要的建筑。
四级耐久年限 15年以下 适用于临时性建筑。
(2)民用建筑高度与层数的划分。
1)住宅建筑按层数划分为:1~3层为低层;4~6层为多层;7~9层为中高层;10层以上为高层。
2)公共建筑及综合性建筑总高度超过24m者为高层(不包括高度超过24m的单层主体建筑)。
3)建筑物高度超过100m时,不论住宅或公共建筑均为超高层。
(3)基地高程。基地地面高程应按城市规划确定的控制标高设计。
(4)相邻基地边界线的建筑与空地。
1)建筑物与相邻基地边界线之间应按建筑防火和消防等要求留出空地或通路。当建筑前后各自留有空地或通路,并符合建筑防火规定时,则相邻基地边界线两边的建筑可毗连建造。
2)建筑物高度不应影响邻地建筑物的最低日照要求。
3)除城市规划确定的永久性空地外,紧接基地边界线的建筑不得向邻地方向设洞口、门窗、阳台、挑檐、废气排出口及排泄雨水。
(5)基地通路出口位置。车流量较多的基地(包括出租汽车站、车场等)、其通路连接城市道路的位置应符合下列规定:
1)距大中城市主干道交叉口的距离,自道路红线交点量起不应小于70m;
2)距非道路交叉口的过街人行道(包括引道、引桥和地铁出入口)最边缘线不应小于5m;
3)距公共交通站台边缘不应小于10m;
4)距公园、学校、儿童及残疾人等建筑的出入口不应小于20m;
(6)不允许突入道路红线的建筑突出物。
1)建筑物的台阶、平台、窗井。
2)地下建筑及建筑基础。
3)除基地内连接城市管线以外的其他地下管线。
(7)允许突入道路红线的建筑突出物。
1)在人行道上空:
①2m以上允许突出窗扇、窗罩,突出宽度不应大于0.40m;
②2.50m以上允许突出活动遮阳,突出宽度不应大于人行道宽减1m,并不应大于3m;

③3.50m 以上允许突出阳台、凸形封窗、雨篷、挑檐，突出宽度不应大于 1m；
④5m 以上允许突出雨篷、挑檐，突出宽度不应大于人行道宽减 1m，并不应大于 3m。
2）在无人行道的道路上空：
①2.50m 以上允许突出窗扇、窗罩，突出宽度不应大于 0.40m；
②5m 以上允许突出雨篷、挑檐，突出宽度不应大于 1m。
（8）建筑高度的限制。下列地区建筑高度的限制应符合当地城市规划部门和有关专业部门的规定：
1）城市各用地分区内的建筑，当城市总体规划有要求时。应按各用地分区控制建筑高度；
2）市、区中心的临街建筑，应根据面临道路的宽度控制建筑高度；
3）航空港、电台、电信、微波通信、气象台、卫星地面站、军事要塞工程等周围的建筑，当其处在各种技术作业控制区范围内时，应按有关净空要求控制建筑高度。
（9）地面排水。基地内应有排除地面及路面雨水至城市排水系统的设施。
（10）室内外地面。建筑物底层地面应高出室外地面至少 0.15m。
（11）楼梯。
1）楼梯的数量、位置和楼梯间形式应满足使用方便和安全疏散的要求。
2）梯段净宽除应符合防火规范的规定外，供日常主要交通用的楼梯的梯段净宽应根据建筑物使用特征，一般按每股人流宽为 0.55+(0～0.15)m 的人流股数确定，并不应少于两股人流。

注：0～0.15m 为人流在行进中人体的摆幅，公共建筑人流众多的场所应取上限值。

3）梯段改变方向时，平台扶手处的最小宽度不应小于梯段净宽。当有搬运大型物件需要时应再适量加宽。
4）每个梯段的踏步一般不应超过 18 级，亦不应少于 3 级。
5）楼梯平台上部及下部过道处的净高不应小于 2m。梯段净高不应小于 2.20m。

注：梯段净高为自踏步前缘线（包括最低和最高一级踏步前缘线以外 0.30m 范围内）量至直上方突出物下缘间的铅垂高度。

6）楼梯应至少于一侧设扶手，梯段净宽达三股人流时应两侧设扶手，达四股人流时应加设中间扶手。
7）室内楼梯扶手高度自踏步前缘线量起不宜小于 0.90m。靠楼梯井一侧水平扶手超过 0.50m 长时，其高度不应小于 1m。
8）踏步前缘部分宜有防滑措施。
9）有儿童经常使用的楼梯，梯井净宽大于 0.20m 时，必须采取安全措施；栏杆应采用不易攀登的构造，垂直杆件间的角距不应小于 0.11m。
（12）栏杆。凡阳台、外廊、室内回廊、内天井、上人屋面及室外楼梯等临空处应设置防护栏杆，并应符合下列规定：
1）栏杆应以坚固、耐久的材料制作，并能承受荷载规范规定的水平荷载；
2）栏杆高度不应小于 1.05m，高层建筑的栏杆高度应再适当提高，但不宜超过 1.20m；
3）栏杆离地面或屋面 0.10m 高度内不应留空；
4）有儿童活动的场所，栏杆应采用不易攀登的构造；垂直杆件间的净距不应大于 0.11m。

(13)楼地面。

1)有给水设备或有浸水可能的楼地面,其面层和结合层应采用不透水材料构造;当为楼面时应加强整体防水措施。

2)筑于基土上的地面,应根据需要采取防潮、防基土冻涨、防不均匀沉陷等措施。

3)存放食品、食料或药物等房间,其存放物有可能与地面直接接触者,严禁采用有毒性的塑料、涂料或水玻璃等做面层材料。

(14)窗。

1)开向公共走道的窗扇,其底面高度不应低于2m。

2)窗台低于0.80m时,应采取防护措施。

(15)建筑物内的公用厕所、盥洗室、浴室应符合下列规定:

1)上述用房不应布置在餐厅、食品加工、食品贮存、配电及变电等有严格卫生要求或防潮要求用房的直接上层;

2)上述用房宜有天然采光和不向邻室对流的直接自然通风,严寒及寒冷地区并宜设自然通风道;当自然通风不能满足通风换气要求时,应采用机械通风;

3)楼地面、楼地面沟槽、管道穿楼板及楼板接墙面处应严密防水、防渗漏。

(16)管道井。在安全、防火和卫生方面互有影响的管道不应敷设在同一竖井内。

(17)烟道、通风道。

1)烟道或通风道的断面、形状、尺寸和内壁应有利于排烟(气)通畅,防止产生滞阻、涡流、窜烟、漏气和倒灌等现象;

2)同层和上下层不得使用同一孔道;

3)排烟和通风不得使用同一管道系统。

第二节 特殊规定

为了方便残障人士、老年人的生活、建筑设计应注意如下问题:

(1)室内外地面有高差时,应采用坡道连接。

(2)出入口的内外,应留有不小于1.50m×1.50m平坦的轮椅回转面积。

(3)供残疾人使用的门厅、过厅及走道等地面有高差时应设坡道,坡道的宽度不应小于0.90m。

(4)每段坡道的坡度、最大高度和水平长度应符合表1-1的规定。

表1-1 每段坡道的坡度、允许最大高度和水平长度

坡道坡度/(高/长)	*1/8	*1/10	1/12
每段坡道允许高度/m	0.35	0.60	0.75
每段坡道允许水平长度/m	2.80	6.00	9.00

注:加*者只适用于受场地限制的改建、扩建的建筑物。

(5)坡道两侧应在0.90m高度处设扶手,两段坡道之间的扶手应保持连贯。

(6)主要供残疾人使用的走道。走道两侧的墙面,应在0.90m高度处设扶手;走道一侧或尽端与地坪有高差时,应采用栏杆、栏板等安全设施。

供残疾人通行的门不得采用旋转门和不宜采用弹簧门。

门扇开启的净宽不得小于0.80m。

(7)公共厕所。在大便器、小便器临近的墙壁上,应安装能承受身体重量的安全抓杆。

(8)公共浴室。在浴盆及淋浴临近的墙壁上,应安装安全抓杆。

(9)会堂、报告厅、影剧院及体育场馆等建筑的轮椅席,应设在便于疏散的出入口附近。

(10)残疾人停放机动车车位,应布置在停车场(楼)进出方便地段,并靠近人行通路。

第三节 建筑模数

一、基本模数、导出模数

(1)基本模数的数值为100mm,其符号为M即1M等于100mm。

整个建筑物和建筑物的一部分以及建筑组合件的模数化尺寸,应是基本模数的倍数。

(2)导出模数应分为扩大模数和分模数,其基数应符合下列规定:

1)水平扩大模数基数为3M、6M、12M、15M、30M、60M,其相应的尺寸分别为300、600、1 200、1 500、3 000、6 000mm;竖向扩大模数的基数为3M与6M,其相应的尺寸为300mm和600mm;

2)分模数基数为1/10M、1/5M、1/2M,其相应的尺寸为10mm、20mm、50mm。

二、模数数列

不同类型的建筑物及其各组成部分间的尺寸统一与协调,应减少尺寸的范围以及使尺寸的叠加和分割有较大的灵活性,模数数列应按1-2采用。在砖混结构住宅中,必要时,可采用3 400、2 600mm作为建筑参数。

表1-2 模数数列　　　　　　　　　　　　　　　　(单位:mm)

基本模数	扩 大 模 数						分模数		
1M	3M	6M	12M	15M	30M	60M	$\frac{1}{10}$M	$\frac{1}{5}$M	$\frac{1}{2}$M
100	300	600	1 200	1 500	3 000	6 000	10	20	50
100	300	—	—	—	—	—	10	—	—
200	600	600	—	—	—	—	20	20	—
300	900						30		
400	1 200	1 200	1 200				40	40	
500	1 500			1 500			50		50
600	1 800	1 800					60	60	
700	2 100						70		
800	2 400	2 400	2 400				80	80	
900	2 700						90		
1 000	3 000	3 000		3 000	3 000		100	100	100

续表

基本模数	扩大模数						分模数		
1M	3M	6M	12M	15M	30M	60M	$\frac{1}{10}$M	$\frac{1}{5}$M	$\frac{1}{2}$M
1 100	3 300						110		
1 200	3 600	3 600	3 600				120	120	
1 300	3 900						130		
1 400	4 200	4 200					140	140	
1 500	4 500			4 500			150		150
1 600	4 800	4 800	4 800				160	160	
1 700	5 100						170		
1 800	5 400	5 400					180	180	
1 900	5 700						190		
2 000	6 000	6 000	6 000	6 000	6 000	6 000	200	200	200
2 100	6 300							220	
2 200	6 600	6 600						240	
2 300	6 900								250
2 400	7 200	7 200	7 200					260	
2 500	7 500			7 500				280	
2 600		7 800						300	300
2 700		8 400	8 400					320	
2 800		9 000		9 000	9 000			340	
2 900		9 600	9 600						350
3 000				10 500				360	
3 100			10 800					380	
3 200			12 000	12 000	12 000	12 000		400	400
3 300					15 000				450
3 400					18 000	18 000			500
3 500					21 000				550
3 600					24 000	24 000			600
					27 000				650
					30 000	30 000			700
					33 000				750
					36 000	36 000			800
									850
									900
									950
—	—	—	—	—	—	—	—	—	1 000

1. 模数数列幅度

(1)水平基本模数应为1M。1M数列应按100mm进级,其幅度应由1M至20M。

(2)竖向基本模数应为1M。1M数列应按100mm进级,其幅度应由1M至36M。

(3)水平扩大模数的幅度,应符合下列规定:

1)3M数列按300mm进级,其幅度应由3M至75M;

2)6M数列按600mm进级,其幅度应由6M至96M;

3)12M数列按1 200mm进级,其幅度应由12M至120M;

4)15M数列按1 500mm进级,其幅度应由15M至120M;

5)30M数列按3 000mm进级,其幅度应由30M至360M;

6)60M数列按6 000mm进级,其幅度应由60M至360M等,必要时幅度不限制。

(4)竖向扩大模数的幅度,应符合下列规定:

1)3M数列按300mm进级,幅度不限制;

2)6M数列按600mm进级,幅度不限制。

(5)分模数的幅度,应符合下列规定:

1)1/10M数列按10mm进级,其幅度应由1/10M至2M;

2)1/5M数列按20mm进级,其幅度应由1/5M至4M;

3)1/2M数列按50mm进级,其幅度应由1/2M至10M。

2. 模数数列适用范围

(1)水平基本模数1M至20M的数列,应主要用于门窗洞口和构配件截面等处。

(2)竖向基本模数1M至36M的数列,应主要用于建筑物的层高、门窗洞口和构配件截面等处。

(3)水平扩大模数3M、6M、12M、15M、30M、60M的数列,应主要用于建筑物的开间或柱距、进深或跨度、构配件尺寸和门窗洞口等处。

(4)竖向扩大模数3M数列,应主要用于建筑物的高度、层高和门窗洞口等处。

(5)分模数1/10M、1/5M、1/2M的数列,应主要用于缝隙、构造节点、构配件截面等处。

分模数不应用于确定模数化网格的距离,但根据设计需要分模数可用于确定模数化网格平移的距离。

三、建筑模数统一标准

1. 厂房建筑模数

(1)厂房建筑模数协调的基本规定。

1)厂房建筑的平面和竖向协调模数的基数值均应取扩大模数3M。

2)厂房建筑构件的截面尺寸,宜按1/2M或1M进级。

3)厂房建筑构件的纵横向定位,宜采用单轴线。

4)厂房建筑构件的竖向定位,可采用相应的设计标高线作为定位线。

(M——为基本模数符号,1M=100mm)

(2)单层厂房建筑模数协调见表1-3。

表1-3　单层厂房建筑模数协调

	跨　　度		柱　距	高　　度	
	≤18m	>18m		有吊车	无吊车
模数数列	30M	60M	60M	3M	

注：1. 高度指自室内地面至柱顶的高度。
　　2. 抗风柱柱距宜采用扩大模数15M数列。
　　3. 当跨度在18m以上，工艺布置有明显优越性时，可采用扩大模数30M数列。

（3）多层厂房建筑模数协调见表1-4。

表1-4　多层厂房建筑模数协调

	跨度（进深）	柱距（开间）	层高
模数数列	15M 宜采用6.0、7.5、9.0、10.5和12.0m	6M 宜采用6.0、6.6和7.2m	3M

注：1. 内廊式厂房的跨度可采用扩大模数6M数列，宜采用6.0、6.6和7.2m；走廊的跨度应采用扩大模数3M数列，宜采用2.4、2.7和3.0m。
　　2. 当构造需要时，可按楼地面的结构层上表面确定各层间的层高。
　　3. 层高在4.8m以上宜采用5.4、6.0、6.6和7.2m等数值。

2. 住宅建筑模数
（1）常用结构的模数化空间网格的设置规定见表1-5。

表1-5　常用结构的模数化空间网格的设置规定

结构类型	平面网格	竖向网格
砖混结构	3M	1M
大板结构	3M	1M

注：当模数化空间网格不能连续时，可在两个模数化空间网格之间设立中间区，中间区可采用非模数尺寸（M—基本模数符号）。

（2）住宅建筑的常用参数见表1-6。

表1-6　住宅建筑的常用参数

开间	2 100、2 400、2 700、3 000、3 300、3 600、3 900、4 200mm
进深	3 000、3 600、3 900、4 200、4 500、4 800、5 100、5 400、5 700、6 000mm
层高	2 600、2 700、2 800mm

注：本表参数适用于砖混结构和大板结构住宅建筑。

（3）楼梯间的模数规定：
1）开间和进深尺寸应符合水平扩大模数3M的整数倍数。
2）预制梯段和平台构件的水平投影标志长度的尺寸应符合基本模数的整数倍数。
3）梯段宽度应采用基本模数的整数倍数（必要时可采用1/2M的整数倍数）。
楼梯间平面的模数见图1-1。

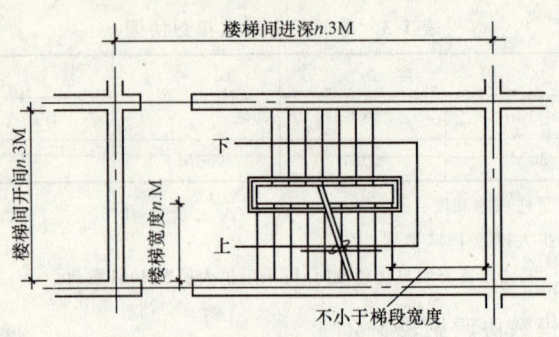

图 1-1 楼梯间平面的模数

(4) 楼梯间各部分的常用参数见表 1-7。

表 1-7 楼梯间各部分的常用参数

名 称	常 用 数 值
踏步的高度	不宜大于 210mm，并不宜小于 140mm。各级踏步高度均应相同
踏步的宽度	应采用 220、240、260、280、300、320mm，必要时可采用 250mm
楼梯梯段的最大坡度	不宜超过 38°，即 $\dfrac{踏步高}{踏步宽} \leqslant 0.7813$
楼梯平台部位的净高	不应小于 2 000mm
梯段部位的净高	不应小于 2 200mm

注：梯段最低、最高踏步的前缘线与顶部凸出物的内边缘线的水平距离不应小于 300mm。

四、住宅建筑模数协调

1. 模数术语

(1) 模数层高。modular storey hight。连续两层楼板的模数定位基准面之间的垂直尺寸 (图 1-2)。

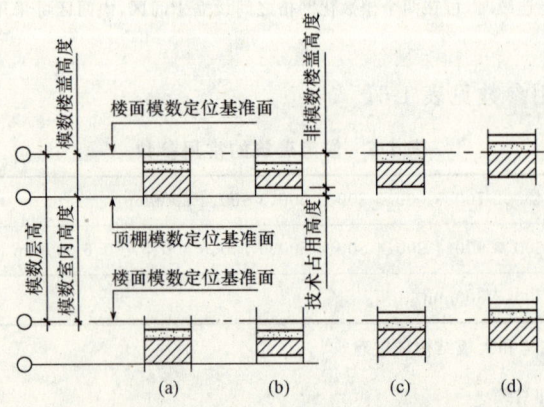

图 1-2 模数层高、模数室内高度及模数楼盖高度
(a) 装饰层表面定位基准面；(b) 技术占用高度的确定；
(c) 楼面粗装修层表面定位基准面；(d) 楼板结构层表面定位的基准面

(2) 模数室内高度。modular room hight。一个层高内楼面模数定位基准面与装修后顶棚模数定位基准面之间的垂直尺寸（图 1-2）。

（3）模数楼盖高度。modular floor hight。楼盖的楼面模数定位基准面与该楼板下顶棚模数定位基准面之间的垂直尺寸（图 1-2）。

（4）模数网格。modular grid。由正交的网格基准线构成。它的各条连续线（面）之间的距离等于基本模数或扩大模数。模数网格在二个方向上的扩大模数值可以是不一样的（图 1-3）。

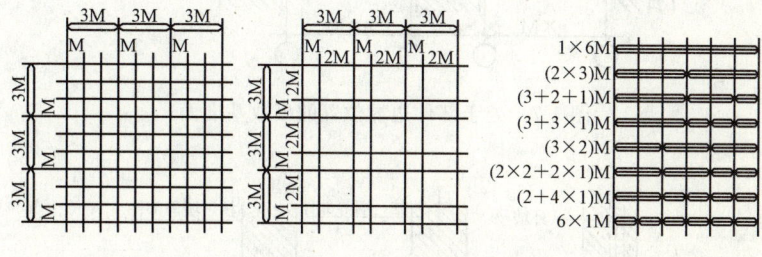

图 1-3　模数网格

（5）模数空间网格。modular space grid。排列成相等距离的基本模数或扩大模数的三维垂直坐标基准体系。空间网格在三个方向上的扩大模数值可以是不一样的（图 1-4）。

（6）网格中断区。zone of grid。模数网格平面之间的一个间隔。网格中断区可以是模数的，也可以是非模数的（图 1-5）。

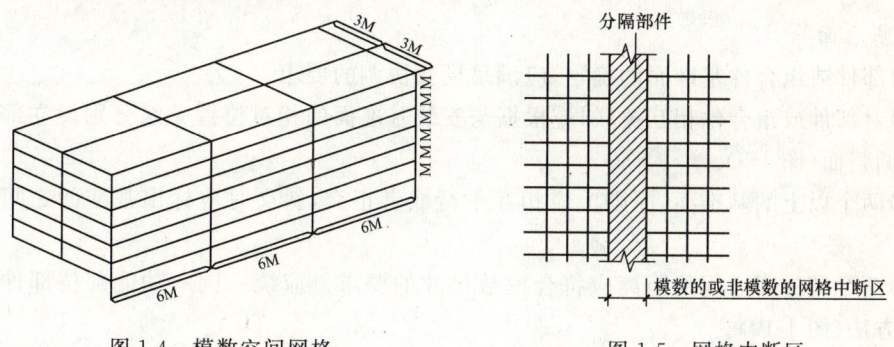

图 1-4　模数空间网格　　　　图 1-5　网格中断区

2. 定位坐标

（1）确定定位坐标及尺寸时，对每一个部件或组合件的位置都被认为是位于由正交的基准面（线）所确定的空间内。如部件或组合件指定的模数空间，该空间内包含了用于接头和允许的尺寸误差所必需的空间（图 1-6）。在同一住宅平面上，可同时具有多个定位坐标系。这些坐标系的水平方向不一定非得平行，其原点也不一定非得重合。

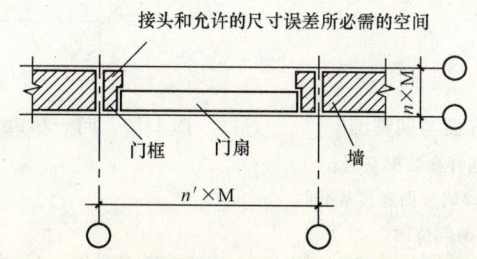

图 1-6　在指定的模数空间内嵌入建筑部件的实例

(2)部件的定位可采用中心线定位法(图 1-7)和界面定位法(图 1-8)。为保证部件互换性和位置互换性,满足功能要求,可采用不同的定位方法或混合定位方法,以取得经济和有效的结果。

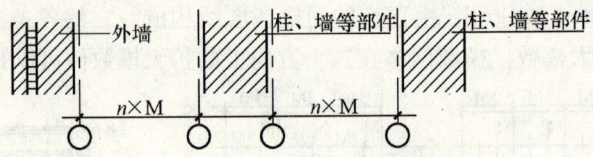

图 1-7　处于部件边界位置的模数基准面

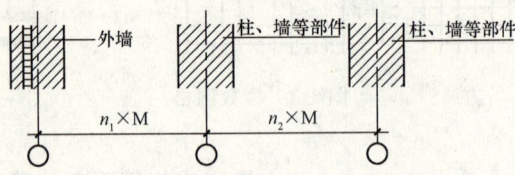

图 1-8　处于部件中心线的模数基准面

注:如遇到采用非对称部件(如外墙)的情况,模数基准面可不与部件的中心面重合。

3. 基准面

(1)部件或组合件基准面的确定,应满足模数协调的要求。

(2)对部件或组合件相互关联,应根据与安装基准面的相对位置关系分别设立部件或组合件的调整面(图 1-9)。

(3)两个以上的基准面,原则上应相互平行或者正交,斜交时应标出基准面之间夹角的大小。

(4)两个基准面之间的距离应符合模数尺寸的要求。应统一同一功能部位部件基准面的确定方法(图 1-10)。

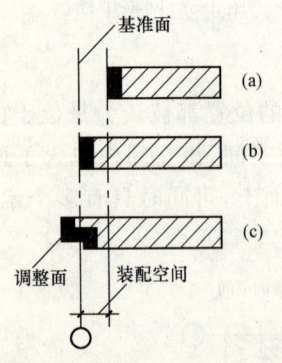

图 1-9　部件的基准面与调整面
(a)基准面与调整面之间存在装配空间;
(b)基准面与调整面一致;(c)调整面超过基准面
注:粗线表示部件的调整面。

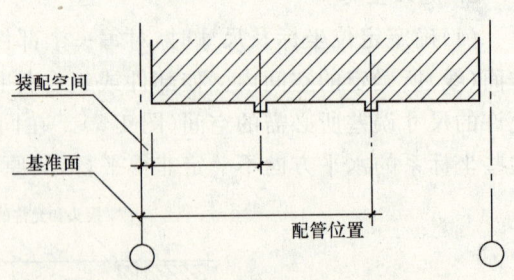

图 1-10　同一功能部位部件基准面的确定

4. 安装基准面

(1)部件或组合件的安装应根据设立的安装基准面来进行。

(2)相互平行的安装基准面的位置,应以其中一个安装基准面为基准,并按与它的距离确定其余安装基准面的位置(图 1-11)。

(3)根据需要,两个安装基准面之间可插入辅助基准面。辅助基准面应在安装基准面确定后再设立(图 1-12)。

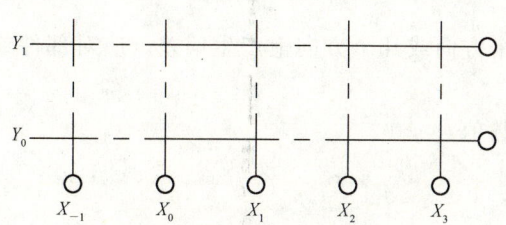

图 1-11 安装基准面的定位

注:X_0、Y_0 为安装基准面的基准位置。

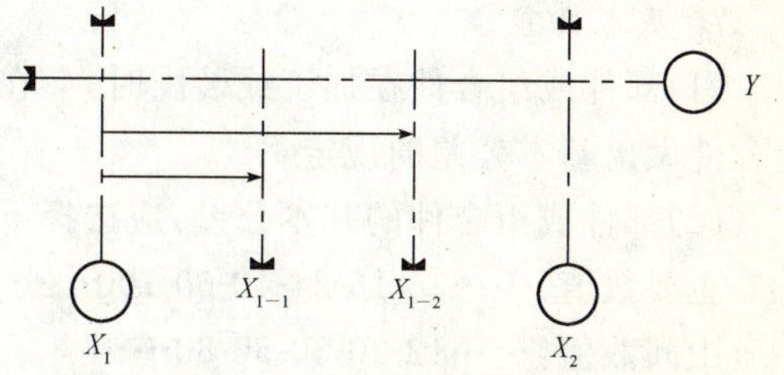

图 1-12 辅助基准面的设立

注:X_{1-1}、X_{1-2} 为辅助基准面;X_1、X_2 为安装基准面。

(4)部件或组合件的位置应由部件或组合件基准面上的线或点与安装基准面之间的距离来确定。应以模数标志尺寸为基础来确定部件或组合件的尺寸(图 1-13)。

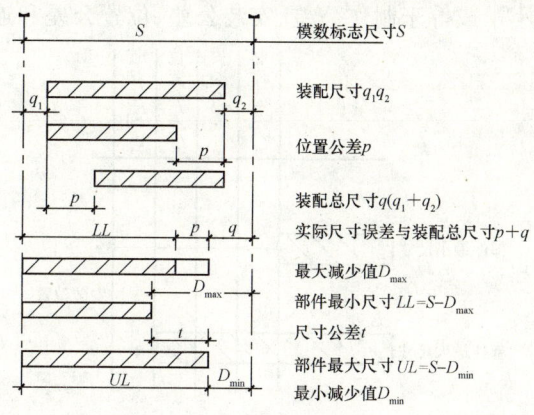

图 1-13 部件或组合件安装的各种尺寸之间的关系

5. 优先尺寸

(1)应选用部件中通用性强的尺寸关系,并应指定其中几种尺寸系列作为优先尺寸。其他部件的尺寸,应与已选定部件的优先尺寸关联配合。优先尺寸应适用于部件或组合件基准面之间的尺寸。

(2)外墙厚度优先尺寸系列宜为:100,150,200,250,300。

(3)内墙厚度优先尺寸系列宜为:50,60,80,100,150,200。

(4)层高优先尺寸系列宜为:20M~30M,间隔 1M。

(5)室内高度优先尺寸系列宜为:20M~28M 之间,间隔 1M。

(6)对采用平面布局以及部件或组合件基准面之间的优先尺寸,可加以分解和组合,使它仍成为优先尺寸。

6. 部件的尺寸

(1)部件标志尺寸应由部件安装互换性决定,并宜按优先尺寸提出,可列为部件或组合件等的代号名称。

(2)部件的制作尺寸应考虑安装的误差并根据标志尺寸决定。预先假设的制作完毕后的面,称为制作面。

(3)部件的实际尺寸应满足基本公差规定的要求。

7. 基本公差

(1)部件或组合件在加工或装配时,会在一个方向或几个方向上产生偏差。应对部件或组合件做出基本公差的规定。

(2)部件或组合件的基本公差,应选择下列数值:

主要数值:……10-16-24-40-60-100……

中间数值:……12-20-30-50-80……

(3)常用基本公差及不受部件尺寸影响的基本公差,可选择下列数值:

0.5,1,2,3,5,8,12,20,30,50(mm)

(4)尺寸的测定应以能测到测量精度相对应公差的1/5的测量方法进行。

8. 公差与配合

(1)部件的安装位置与基准面之间的距离,应满足公差与配合的状况(图1-14),大于或等于连接空间尺寸并且小于或等于制作公差、安装公差、位置公差和连接空间的总和。

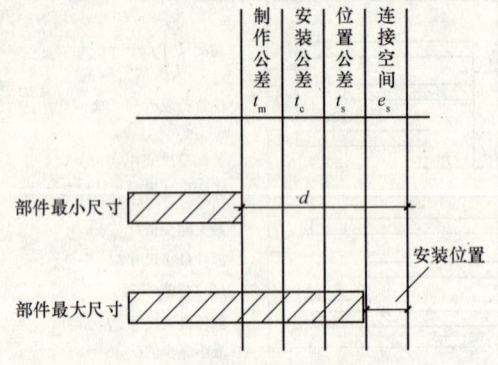

图1-14 部件安装的公差与配合

注:e_s的最小尺寸为 0,$e_s \leqslant d \leqslant e_s + t_m + t_c + t_s$,$d$ 为安装基准面和部件的基准面之间的容许误差

(2)根据功能部位、材料、加工等因素选定公差。在必要的精度范围内,宜选用大的基本公差。

(3)当确定的公差处于数值的中间时,要从技术上、经济上的因素考虑选择与此数值接近的尺寸。

9. 分类模数网格

(1)模数网格分为基本模数网格、扩大模数网格和分类模数网格。可根据不同的使用条件和要求以及部件的尺寸等因素选定相应的模数网格。

(2)单线网格和双线网格的选用应符合下列原则:

1)单线网格常被用于中心线定位法中。由于板状部件厚度的因素,使部件种类增多(图 1-15a)。

2)单线网格也被用于界面定位法中。同样由于板状部件厚度的因素,部件不能排成一条线,或需增加部件的种类(图 1-15b)。

3)双线网格被用于界面定位法中,具有部件的包容性,可使部件种类减少,且易于直线排列。但部件的位置互换性会受到限制,设计自由度降低(图 1-15c)。

4)双线网格和单线网格也可混合应用,从而增大部件的互换性和位置的互换性(图 1-15d)。

(3)结构网格和装修网格的选用应符合下列原则:

1)结构网格由结构参数决定,一般采用扩大模数 nM,优先参数为 6M 模数系列。

2)装修网格由内部部件的重复量和大小决定,宜采用 nM,优先参数为 3M,管道设施可采用 M/2、M/4 和 M/5。

10. 模数网格的协调

(1)由于部件(柱、墙、板)厚度的因素,可采用双线网格的界面定位法,保障每一个部件的领域范围符合模数,达到结构网格和装修网格的协调性。

(2)模数网格的中断区可用来调整两个或两个以上模数网格之间的关系(图 1-16)。

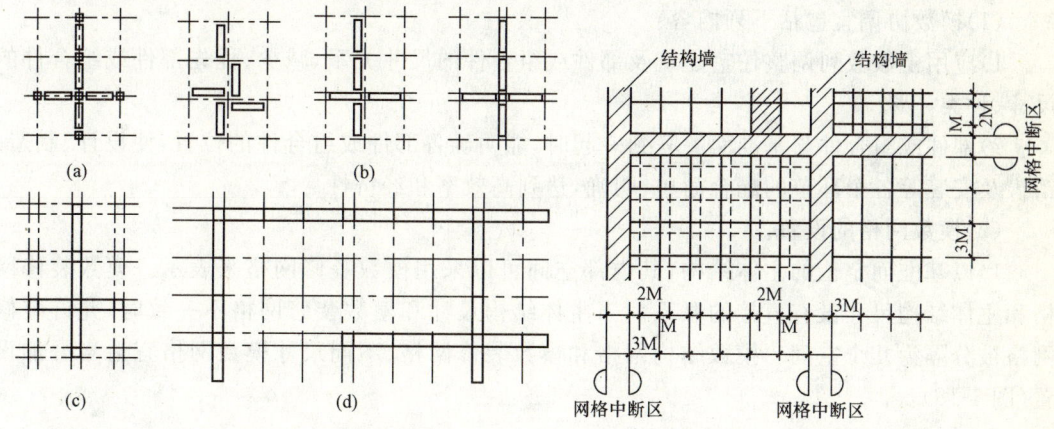

图 1-15 单线网格和双线网格　　图 1-16 模数网格的中断区

11. 模数空间和非模数空间

(1)由于部件尺寸不一定符合模数,根据基准面(线)安装定位后,会产生模数空间和非模数空间。应根据下列原则处理模数空间和非模数空间:

1)需要装配并填满模数化部件的空间,应优先保证为模数空间。

2)不需要填满或不严格要求填满模数化部件的空间,可以是非模数空间。

3)当模数化部件必须填满非模数化空间时应留出技术尺寸空间。

(2)在模数化装配空间中,先装配的部件应为下道工序留有模数空间,尚待完成的下道工序的空间宜为模数空间。

(3)厨房、卫生间均是具有多道工序的空间,此部分空间应满足下道工序安装各类部件或组合件的模数空间要求。

(4)当对应的模数空间网格中断区的数量不一致时,其中多出的一个空间应处理为非模数空间。

12. 垂直方向的网格与中断区

(1)住宅建筑沿高度方向的部件或组合件应根据不同条件选用模数网格确定基准面。

(2)楼板的厚度应包括在两个对应的基准面之间。由于楼板厚度的非模数因素不能占满模数空间时,余下的空间宜作为技术占用空间(图1-17)。

(3)楼层的基准面可定在结构面(顶面或底面)上,也可定在装修面(楼面装修面和顶棚表面)上,应根据部件安装的工艺、顺序和功能要求确定。

13. 装修面的定位

(1)为满足下道工序模数空间的要求,装修面的厚度应包含在部件的厚度之内,此时装修面的厚度应预先作出假设。

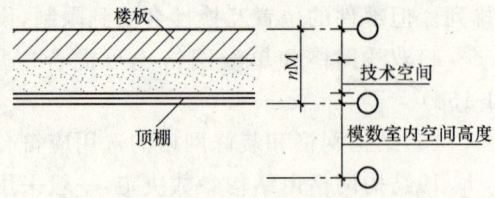

图1-17 技术占用空间

(2)外墙部分的保温层的厚度,应包含在外墙部件的厚度之内。保温层的厚度,可以是模数的,也可以是非模数的。

14. 模数协调的应用

(1)模数协调宜包括下列内容:

1)应用模数数列调整住宅建筑及部件或组合件的尺寸关系,减少、优先部件或组合件的尺寸、种类。

2)部件或组合件与基准面关联到一起时,能明确各部件或组合件的位置,使设计、制造、销售及安装等各个环节的配合简单、明确,达到高效率和经济性。

(2)模数网格的设置。

1)以基准面定位的主体结构,其内部空间可以采用模数装修网格来表示。模数装修网格和主体结构尺寸没有直接的联系。当主体结构尺寸和模数装修网格不一致时,允许装修网格被分隔为几个空间。模数结构网格和模数装修网格、不同尺寸模数网格宜适当叠加设置(图1-18)。

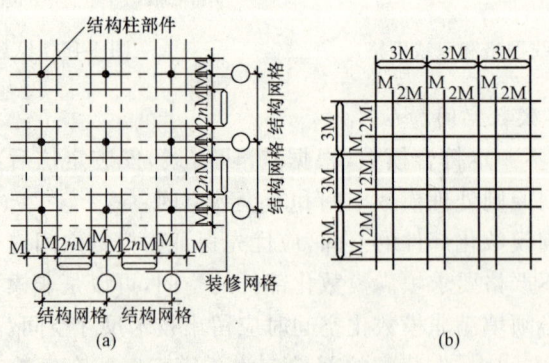

图1-18 模数网格的叠加
(a)结构网格与装修网格的叠加;(b)1M、2M、3M网格的叠加

2)部件或组合件的安装基准面不一定与模数网格一致。根据部件的安装与功能允许设计网格位移或在一部分区域设置另一种网络。

(3)主体结构的定位。

1)主体结构的定位方法分中心线定位法和界面定位法,制作面定位属于界面定位法的一种特殊情况(图1-19)。

2)当主体结构部件的定位与安装和非主体结构部件的连接与安装要求同时满足基准面定位的要求时,主体结构墙体的厚度应符合模数尺寸的要求。中心线定位和界面定位可叠加为同一模数网格(图1-20)。

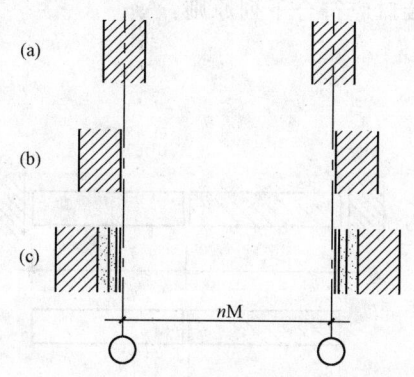

图1-19 主体结构的定位
(a)中心线定位法;(b)制作面定位法;(c)界面定位法

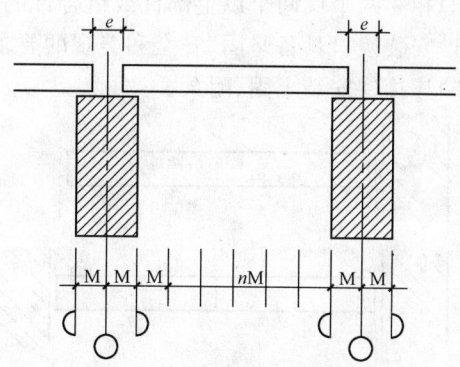

图1-20 中心线定位法与界面定位法
注:e:网格中断区。

3)在主体结构的安装基准面定位时,应预先考虑装修面的厚度和结构部件表面的误差。并宜采用技术尺寸的原则处理主体结构的厚度(图1-21)。

(4)部件的安装。

1)对于柱子类部件的安装,宜采用中心线定位法。柱子间设置的隔墙,一般也采用中心线定位法。当隔墙的一侧或两侧要求模数空间时应采用界面定位法。

2)对于板状部件的安装,可采用中心线定位法或界面定位法,应根据多个部件汇集安装时的方法确定。要使多个部件能汇集安装在一条线上,宜采用界面定位法(图1-22)。

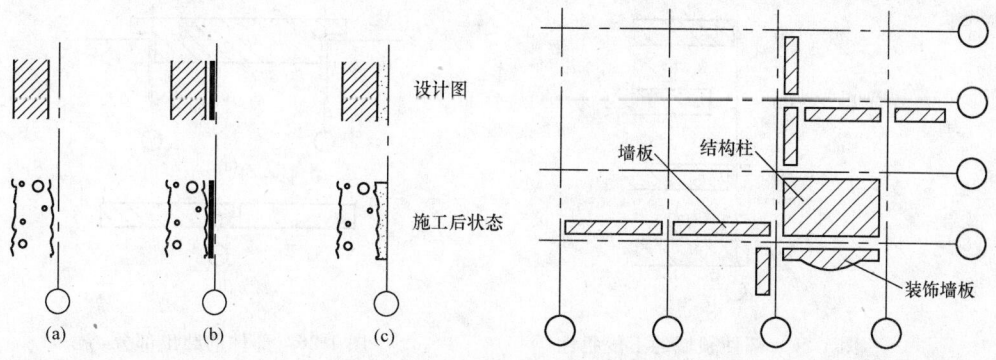

图1-21 应用技术尺寸处理主体结构部件厚度　　图1-22 界面定位法在多个部件汇集安装

3)对于同一工种,属于下道工序安装的部件可按安装基准面定位,也允许直接以制作面定位(图1-23)。

(5)安装接口。

1)制作尺寸应符合下列原则：

①设定安装基准面，并根据安装基准面确定部件的制作尺寸、制作公差和安装公差。

②部件的实际尺寸宜小于制作尺寸，制作公差应控制在规定的公差范围之内。设计时应预先将制作公差值(余量)计算出来(图1-24)。

2)相邻两个或两个以上部件或组合件的安装接口应符合下列原则：

1)安装接口具备坚固、安全和美观的要求；

2)连接件安装牢固、耐久。

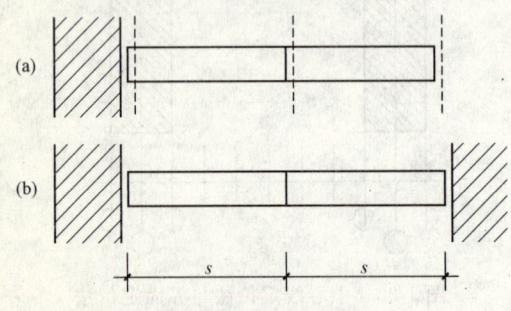

图1-23 属于同一工种部件的安装
(a)部件按顺序安装到一边；
(b)制作公差和安装公差均为0

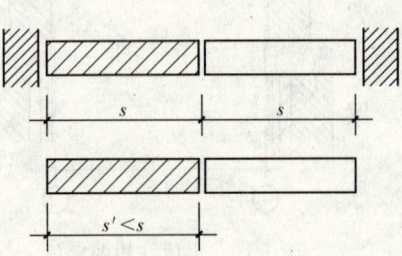

图1-24 实际制作尺寸与设计图纸尺寸

(6)部件领域的不侵犯性。

1)部件安装时原则上不得侵犯指定领域的部件基准面。在两个或两个以上部件安装时，下道工序的安装基准面以上道工序的安装基准面或调整面为准(图1-25)。

2)当部件的一部分凸出到基准面外部进行接口安装时，其基准面或调整面的位置应后退，并应保持相当于制作公差的尺寸(图1-26)。

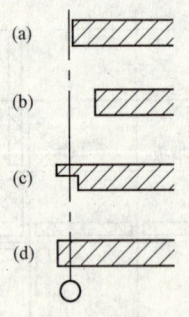

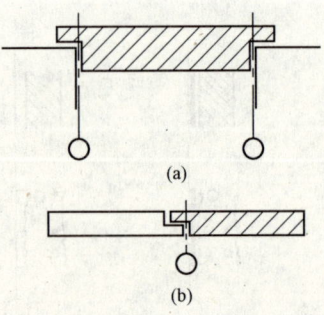

图1-25 部件领域的不侵犯性
(a)制作面与基准面相一致；
(b)制作面从基准面后退一个制作公差的尺寸；
(c)部件的一部分侵犯基准面，突出到基准面的外部；
(d)部件侵犯指定领域的部件基准面

图1-26 部件的凸出部分

(7)连接空间与严密安装。

1)后施工的部件应负责填补连接空间(也称空隙)。先施工的部件不得侵犯后施工部件的领域,施工完成面也不得越过基准面(图1-27)。

2)大而重且不易加工的部件应先施工,没有安装公差的部件应先施工。

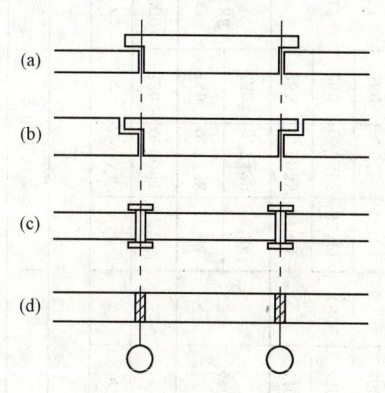

图1-27 连接空间与严密安装
(a)、(b)、(c)采用接口构造调整;(d)采用填充体调整

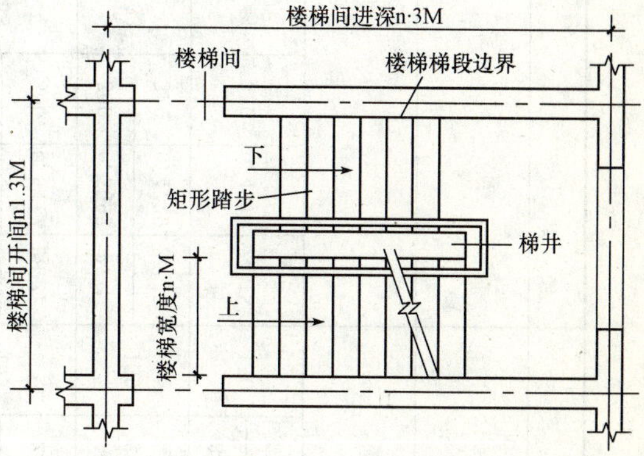

图1-28 楼梯间平面

五、楼梯模数协调

(1)楼梯间的模数应符合下列规定:

1)楼梯间开间及进深的尺寸应符合水平扩大模数3M的整数倍数:(图1-28)。必要时可采用基本模数的整数倍数。

2)预制梯段和平台构件的水平投影标志长度的尺寸应符合基本模数的整数倍数。

(2)楼梯梯段宽度应采用基本模数的整数倍数。(图1-28)。必要时可采用1/2M的整数倍数。

(3)楼层高度应采用下列参数:

①2 600、2 700、2 800、2 900、3 000、3 100、3 200、3 300、3 400、3 500、3 600mm;

②3 600、3 900、4 200、4 500、4 800、5 100、5 400、5 700、6 000mm及其他300mm的整数倍数。

(4)楼梯踏步的高度不宜大于210mm,并不宜小于140mm,各级踏步高度均应相同,其计算数值可按表1-8选用。(图1-29)。

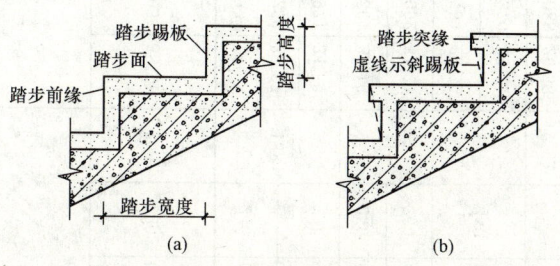

图1-29 楼梯踏步截面
(a)无突缘;(b)有突缘

表 1-8 楼梯踏步数值表

步数N	\multicolumn{4}{c}{层高 S}																
	2 600				2 700				2 800				2 900				3 000			
	r	g	S/Ng	Q	r	g	S/Ng	Q	r	g	S/Ng	Q	r	g	S/Ng	Q	r	g	S/Ng	Q
13	200	220	0.9091	42°16′	—	—	—	—	—	—	—	—	—	—	—	—	—	—	—	—
14	186	240	0.7738	37°44′	193	240	0.8036	38°47′	200	220	0.9091	42°16′	200	240	0.8056	38°51′	200	220	0.9091	42°16′
15	173	250	0.7429	36°36′	180	250	0.75	36°52′	187	240	0.7778	37°52′	193	240	0.7552	37°4′	200	240	0.7813	38°
16	163	260	0.6933	34°44′	169	260	0.72	35°45′	175	250	0.7467	36°45′	181	250	0.7250	35°57′	188	250	0.75	36°52′
17	153	280	0.6667	33°41′	159	280	0.6933	34°42′	165	260	0.6731	33°57′	171	260	0.6971	34°53′	176	260	0.7059	35°13′
18	144	300	0.6190	31°46′	150	300	0.6490	32°59′	156	280	0.6250	32°	161	280	0.6561	33°16′	167	280	0.6787	34°10′
19	—	—	0.5804	30°8′	—	—	0.6027	31°5′	147	300	0.5882	30°28′	153	300	0.6092	31°21′	158	300	0.5952	30°46′
	—	—	0.5417	28°27′	—	—	0.5294	27°54′	—	—	0.5490	28°46′	—	—	0.5754	29°55′			0.5263	27°46′
20	—	320	0.5098	27°1′	—	320	0.50	26°34′	—	320	0.5185	27°24′	145	320	0.5370	28°14′	150	320	0.50	26°34′
21	—	—	0.4779	25°33′	—	—	0.4688	25°7′	—	—	0.4605	24°44′	—	320	0.5088	26°58′	—	300	0.5263	27°46′
	—	—	0.4514	24°18′									—	—	0.4770	25°30	143	320	0.4688	25°7′
													—	—	0.4531	24°23′			0.4464	4°3′

续表

步数 N	层高 S = 3 100				层高 S = 3 200				层高 S = 3 300				层高 S = 3 400				层高 S = 3 500				层高 S = 3 600			
	r	g	S/Ng	Q	r	g	S/Ng	Q	r	g	S/Ng	Q	r	g	S/Ng	Q	r	g	S/Ng	Q	r	g	S/Ng	Q
16	194	240	0.8073	38°55′	200	220	0.9091	42°16′	—	—	—	—	200	220	0.9091	42°16′	—	—	—	—	200	220	0.9091	42°16′
17	182	240	0.7598	37°14′	188	240	0.7843	38°6′	194	240	0.8088	38°58′	194	240	0.7870	38°12′	194	240	0.8102	39°1′	200	240	0.7895	38°17′
		250	0.7294	36°6′																				
18	172	260	0.6624	33°31′	178	250	0.7111	35°25′	183	250	0.7333	36°15′	189	250	0.7556	37°4′	189	250	0.7368	36°23′	189	250	0.7579	37°9′
		280	0.6151	31°36′			0.7529	36°59′		260	0.7051	35°11′		260	0.7158	35°36′		260	0.7085	35°19′		260	0.7675	37°30′
19	163	280	0.5827	30°14′	168	280	0.6015	31°2′	174	260	0.6680	33°45′	175	260	0.6883	34°32′	180	260	0.6923	34°42′	180	260	0.6923	34°42′
		300	0.5439	28°32′			0.6015	31°2′		280	0.6203	31°49′		280	0.6071	31°16′		280	0.6731	33°57′		280	0.6593	33°24′
20	155	300	0.5167	27°19′	160	280	0.5714	29°45′	165	280	0.5893	30°31′	170	280	0.5782	30°2′	171	280	0.5952	30°46′	171	280	0.6122	31°29′
		320	0.4844	25°51′		300	0.5333	28°4′		300	0.55	28°49′												
21	148	320	0.4631	24°46′	152	320	0.4762	25°28′	157	300	0.5238	27°39′	162	300	0.5397	28°21′	164	300	0.5303	27°56′	164	300	0.5844	30°18′
							0.5079	26°56′		320	0.50	26°34′		320	0.5152	27°15′		320	0.5072	26°54′			0.5455	28°37′
22	141	320	0.4403	23°46′	145	320	0.4545	24°27′	150	320	0.4688	25°7′	155	320	0.4830	25°47′	157	320	0.4755	25°26′	157	300	0.5217	27°33′
23	—	—	—	—	—	—	—	—	143	320	0.4484	24°9′	148	320	0.4620	24°48′	152	320	0.4557	24°30′	150	300	0.50	26°34′
24	—	—	—	—	—	—	—	—	—	—	—	—	142	320	0.4427	23°53′	146	320	—	—	150	320	0.4688	25°7′
25	—	—	—	—	—	—	—	—	—	—	—	—	—	—	—	—	—	—	—	—	144	320	0.45	24°14′

第一章　建筑设计基本规定

续表

步数N	层高 S																		
	3 900				4 200				4 500				4 800				5 100			
	r	g	S/Ng	Q	r	g	S/Ng	Q	r	g	S/Ng	Q	r	g	S/Ng	Q	r	g	S/Ng	Q
20	195	220	0.8864	41°33′	—				—				—				—			
		240	0.8125	39°6′																
21	186	240	0.7738	37°44′	200	220	0.9091	42°16′	—				—				—			
22	177	260	0.6818	34°17′	191	220	0.8678	40°57′	205	220	0.9298	42°55′	—				—			
						240	0.7955	38°30′												
23	170	260	0.6522	33°7′	183	240	0.7609	37°16′	196	220	0.8893	41°39′	200	220	0.9091	42°16′	—			
		280	0.6056	31°12′		260	0.7023	35°5′												
24	163	280	0.5804	30°8′	175	260	0.6731	33°57′	188	240	0.7813	38°	200	240	0.8333	37°34′?	204	220	0.9273	42°50′
		300	0.5417	28°27′		280	0.6250	32°		260	0.7212	36°52′								
25	156	300	0.52	27°28′	168	280	0.60	30°58′	180	240	0.75	36°52′	192	240	0.80	38°40′	204	220	0.9273	42°50′
										260	0.6923	34°42′								
26	150	300	0.50	26°34′	162	280	0.5769	29°59′	173	260	0.6657	33°39′	185	240	0.7692	37°34′	196	220	0.8916	41°43′
		320	0.4688	25°7′		300	0.5385	28°18′		280	0.6181	31°43′		260	0.7101	35°23′				
27	144	320	0.4514	24°18′	156	300	0.5185	27°24′	167	280	0.5952	30°46′	178	260	0.6838	34°22′	189	240	0.7870	38°12′
										300	0.5740	29°51′								
28	—				150	300	0.50	26°34′	161	300	0.5375	28°11′	171	280	0.6122	31°29′	182	260	0.7005	35°1′
						320	0.4688	25°7′												

第一章 建筑设计基本规定 · 21 ·

续表

步数 N	层高 S																			
	3900				4200				4500				4800				5100			
	r	g	S/Ng	Q	r	g	S/Ng	Q	r	g	S/Ng	Q	r	g	S/Ng	Q	r	g	S/Ng	Q
29	—	—	—	—	—	—	—	—	—	—	—	—	—	—	—	—	176	260	0.6764	34°4′
30	—	—	—	—	140	320	0.4375	23°38′	150	300	0.4688	25°7′	160	280	0.5333	28°4′	170	260	0.6538	33°11′
31	—	—	—	—	145	320	0.4526	24°21′	155	320	0.4849	25°52′	166	280	0.5911	30°35′	165	280	0.6071	31°16′
32	—	—	—	—	—	—	—	—	150	300	0.50	26°34′	160	280	0.5714	29°45′	159	280	0.5876	30°26′
33	—	—	—	—	—	—	—	—	145	320	0.4536	24°24′	155	300	0.5161	27°18′	155	300	0.5484	28°44′
34	—	—	—	—	—	—	—	—	141	320	0.4395	23°43′	150	300	0.4839	25°49′	150	300	0.5313	27°59′
35	—	—	—	—	—	—	—	—	—	—	—	—	145	320	0.4545	24°27′	146	300	0.5152	27°15′
36	—	—	—	—	—	—	—	—	—	—	—	—	141	320	0.4412	23°48′	142	320	0.4830	25°47′

注：粗线以下为坡度不超过 38° 的数值。

S——层高 mm；N——踏步数，r——踏步高 mm；g——踏步宽 mm；Q——坡度角。

(5) 楼梯踏步的宽度,应采用 220、240、260、280、300、320mm。必要时可采用 250mm。

(6) 楼梯梯段的最大坡度不宜超过 38°即 $\frac{踏步高}{踏步宽} \leqslant 0.7813$,供少量人流通行的内部交通楼梯可按表 1-8 放宽。(图 1-30)。

(7) 楼梯平台部位的净高不应小于 2 000mm,楼梯梯段部位的净高不应小于 2 200mm,楼梯梯段最低、最高踏步的前缘线与顶部凸出物的内边缘线的水平距离不应小于 300mm。(图 1-30、1-31)。

(8) 中间平台的深度,不应小于楼梯段的宽度,对不改变行进方向的平台,其深度可不受此限。

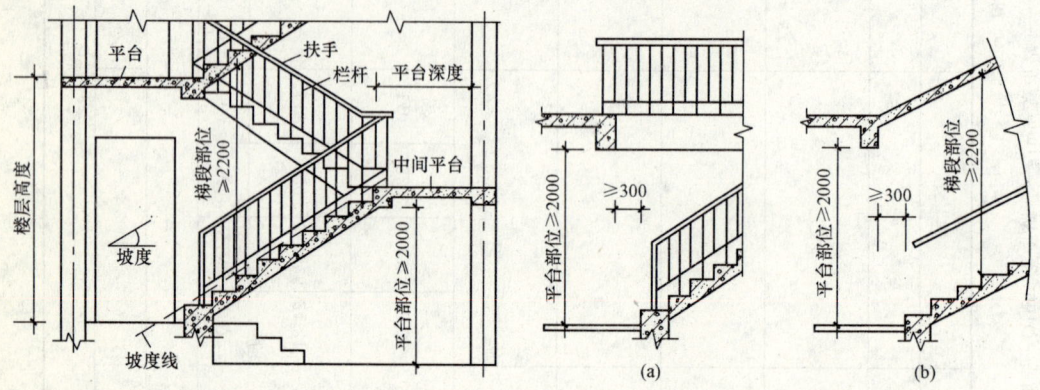

图 1-30　楼梯间剖面(单位:mm)　　图 1-31　楼梯部分剖面(单位:mm)
(a)楼梯上部设廊;(b)楼梯坡度线与顶部构造坡度线平行

(9) 各种楼梯平面图见图 1-32。

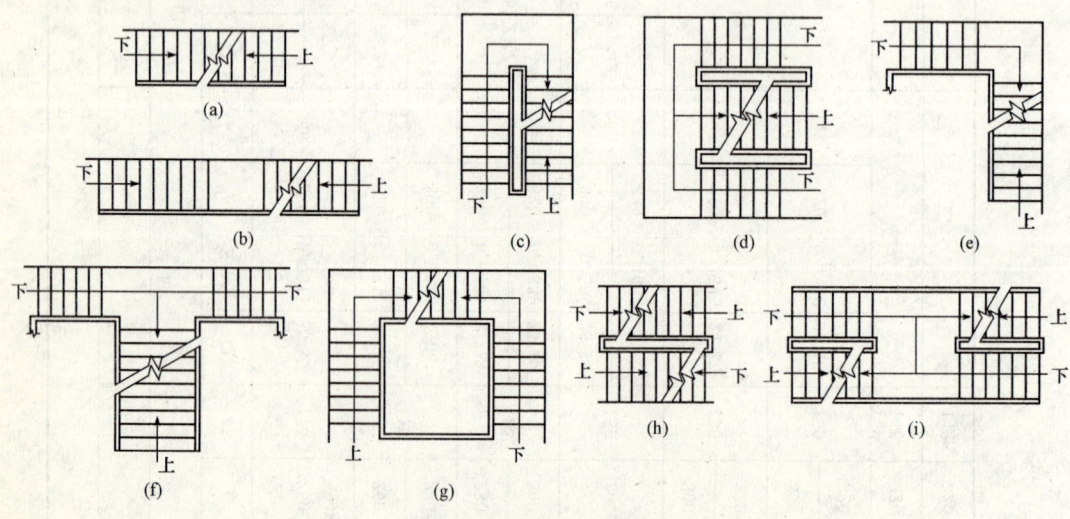

图 1-32　楼梯平面图
(a)单跑楼梯 a;(b)单跑楼梯 b;(c)双跑楼梯;(d)双分平行楼梯
(e)转角楼梯;(f)双分转角楼梯;(g)三跑楼梯;(h)交叉楼梯;(i)剪刀楼梯

六、厂房建筑模数协调

1. 基本规定

(1) 钢筋混凝土结构的单层厂房，宜采用柱子下部为刚接和柱顶与屋架或屋面梁为铰接的排架结构方案。

(2) 钢筋混凝土结构的多层厂房，梁与柱的连接处，宜采用横向为刚接和纵向为铰接或刚接的框架结构方案。

(3) 单层厂房的屋盖宜采用以板材铺设的无檩结构方案。当施工条件或构件选型上有明显优越性时，可采用有檩结构方案。

(4) 多层厂房的屋盖和楼盖宜采用以板材铺设的无次梁结构方案。

(5) 屋架或屋面梁的荷载参数可采用 2.0、2.5、3.0、3.5、4.0、4.5、5.0、5.5、6.0kN/m²。上述荷载参数中不包括屋架或屋面梁的自重、支撑重量、天窗重量及悬挂吊车荷载。

(6) 厂房建筑结构上的风荷载宜采用基本风压值 0.35、0.50、0.70kN/m²。

(7) 厂房屋面坡度宜采用 1:5、1:10、1:50 和 1:100。

2. 单层厂房

(1) 有吊车和无吊车的厂房（包括有悬挂吊车的厂房）自室内地面至柱顶的高度应为扩大模数 3M 数列（图 1-33）。有吊车的厂房，自室内地面至支承吊车梁的牛腿面高度应为扩大模数 3M 数列（图 1-33）。自室内地面至支承吊车梁的牛腿面的高度在 7.2m 以上时，宜采用 7.8、8.4、9.0、9.6m 等数值；预制钢筋混凝土柱自室内地面至柱底的高度宜为模数化尺寸。

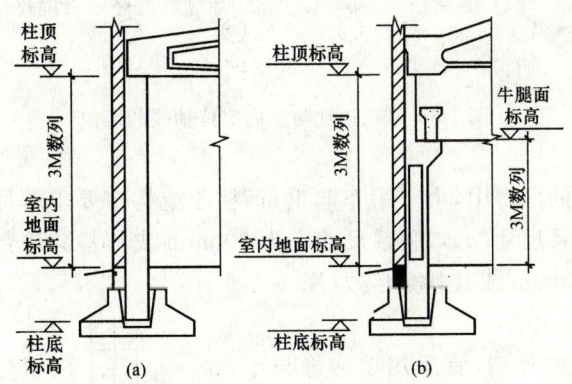

图 1-33 高度示意图

(2) 厂房山墙处抗风柱柱距宜采用扩大模数 15M 数列中。

(3) 柱与横向定位轴线的定位，应遵守下列规定：

1) 除伸缩缝及防震缝处的柱和端部柱以外，柱的中心线应与横向定位轴线相重合。

2) 横向伸缩缝、防震缝处柱应采用双柱及两条横向定位轴线，柱的中心线均应自定位轴线向两侧各移 600mm，两条横向定位轴线间所需缝的宽度（a_e）应符合现行有关国家标准的规定（图 1-34a）。

3)山墙为非承重墙时,墙内缘应与横向定位轴线相重合,且端部柱的中心线应自横向定位轴线向内移600mm(图1-34b)。

4)山墙为砌体承重时,墙内缘与横向定位轴线间的距离,应按砌体的块材类别分别为半块或半块的倍数或墙厚的一半(图1-34)。

(4)墙、边柱与纵向定位轴线的定位,应遵守下列规定:

1)边柱外缘和墙内缘宜与纵向定位轴线相重合(图1-35a);

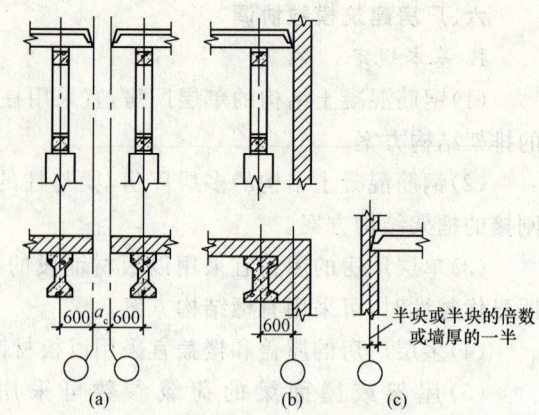

图1-34 墙、柱与横向定位轴线的定位

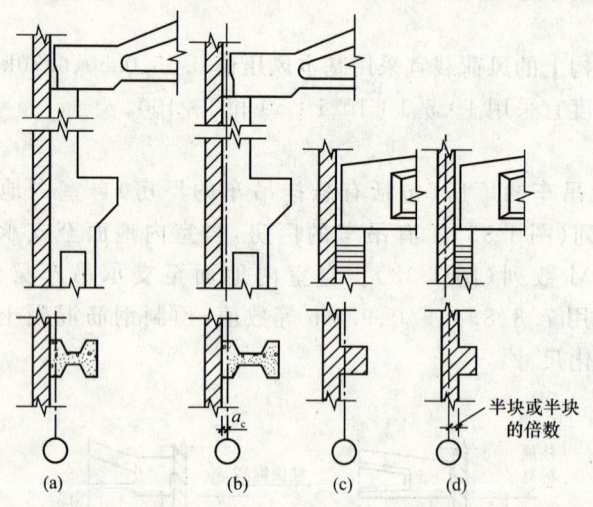

图1-35 墙、边柱与纵向定位轴线的定位

2)在有桥式吊车的厂房中,由于吊车起重量、柱距或构造要求等原因,边柱外缘和纵向定位轴线间可加设联系尺寸(a_c),联系尺寸应为300mm或其整数倍数,但围护结构为砌体时,联系尺寸可采用50mm或其整数倍数(图1-35b)。

3)带有承重壁柱的外墙,宜采用墙内缘与纵向定位轴线相重合,或与纵向定位轴线间相距半块或半块的倍数(图1-35c、d)。承重外墙的墙内缘与纵向定位轴线间的距离宜为半块的倍数,或使墙的中心线与纵向定位轴线相重合。

(5)中柱与纵向定位轴线的定位,应遵守下列规定:

1)等高厂房的中柱,宜设置单柱和一条纵向定位轴线,柱的中心线宜与纵向定位轴线相重合(图1-36)。

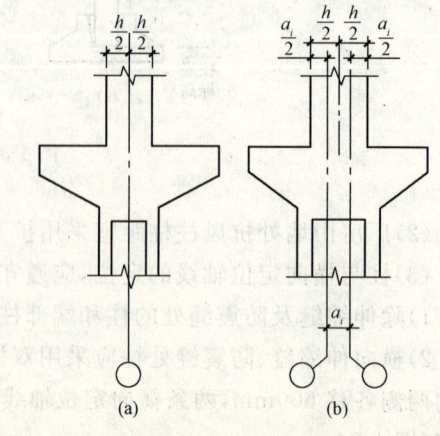

图1-36 等高跨处中柱与纵向定位轴线的定位

2)等高厂房的中柱,由于相邻跨内的桥式吊车起重量、厂房柱距或构造要求需设插入距时,中柱可采用单柱及两条纵向定位轴线,插入距(a_i)应符合 3M,柱中心线宜与插入距中心线相重合(图 1-36b)。

3)高低跨处采用单柱时,高跨上柱外缘与封墙内缘宜与纵向定位轴线相重合(图 1-37a)。

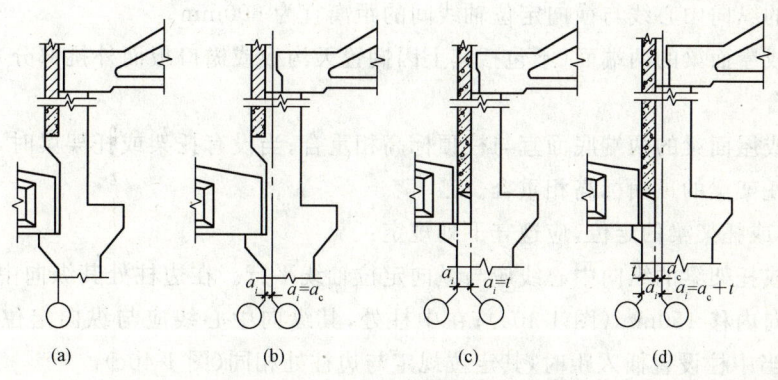

图 1-37　高低跨处中柱与纵向定位轴线的定位

当上柱外缘与纵向定位轴线不能重合时,应采用两条纵向定位轴线,插入距与联系尺寸相同(图 1-37b),或等于墙体厚度(t)(图 1-37c),或等于封墙厚度加联系尺寸(图 1-37d)。

4)当高低跨处采用双柱时,应采用两条纵向定位轴线,并设插入距,柱与纵向定位轴线的定位规定和边柱相同(图 1-38)。围护结构为砌体时,联系尺寸可采用 50mm 及其整数倍。

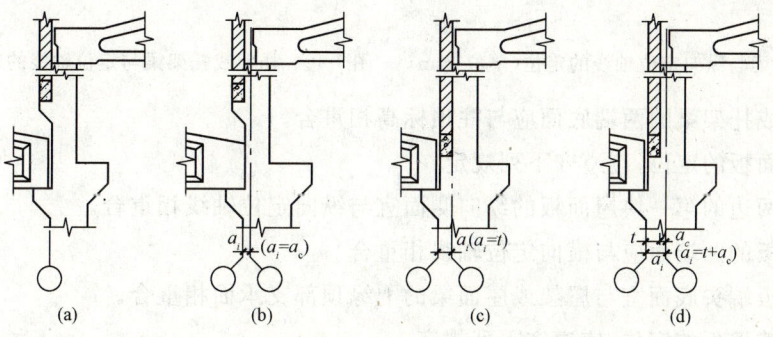

图 1-38　高低跨处双柱与纵向定位轴线的定位

(6)柱的竖向定位,应遵守下列规定:
1)柱顶面应与柱顶标高相重合。
2)柱底面应与柱底标高相重合(参见图 1-33)。
(7)吊车梁的定位,应遵守下列规定:
1)吊车梁的纵向中心线与纵向定位轴线间的距离宜为 750mm(图 1-39)。

2)吊车梁的两端面应与横向定位轴线相重合。

3)吊车梁的两端底面应与柱子牛腿面标高相重合。当构造需要或吊车起重量大于 $50t$ 时,吊车梁纵向中心线至纵向定位轴线间的距离宜采用 1 000mm。

(8)屋架或屋面梁的定位,应遵守下列规定:

1)屋架或屋面梁的纵向中心线宜与横向定位轴线相重合;端部、伸缩缝或防震缝处的屋架或屋面梁的纵向中心线与横向定位轴线间的距离宜为 600mm。

2)屋架或屋面梁的两端面(不包括其上因搁置天沟板或檐口板而外挑部分)应与纵向定位轴线相重合。

3)屋架或屋面梁的两端底面宜与柱顶标高相重合;当设有托架或托架梁时,其两端底面宜与托架或托架梁的顶面标高相重合。

(9)托架或托架梁的定位,应遵守下列规定:

1)托架或托架梁的纵向中心线应与纵向定位轴线平行。在边柱处其纵向中心线应自纵向定位轴线向内移 150mm(图 1-40a);在中柱处,其纵向中心线应与纵向定位轴线相重合(图 1-40b);当中柱设置插入距时,其定位规定与边柱处相同(图 1-40c)。

2)托架或托架梁的两端面应与横向定位轴线相重合。

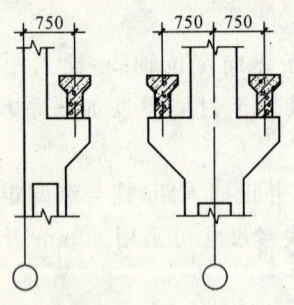 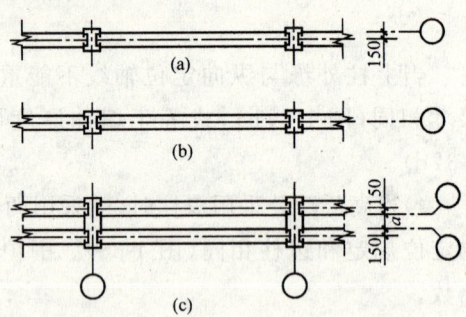

图 1-39　吊车梁与纵向定位轴线的定位(单位:mm)　　图 1-40　托架或托架梁与定位轴线的定位(单位:mm)

3)托架或托架梁的两端底面应与柱顶标高相重合。

(10)屋面板的定位,应遵守下列规定:

1)每跨两边的第一块屋面板的纵向侧面宜与纵向定位轴线相重合。

2)屋面板的两端面应与横向定位轴线相重合。

3)屋面板端头底面宜与屋架或屋面梁的上缘顶部支承面相重合。

(11)外墙墙板的定位,应遵守下列规定:

1)外墙墙板的内缘宜与边柱或抗风柱外缘相重合。

2)外墙墙板的两端面宜与横向定位轴线或抗风柱中心线相重合。

3)外墙墙板的竖向定位及转角处的墙板处理宜结合个体设计确定。

注:本条规定适用于纵向高低跨处封墙为墙板时的情况。

(12)主要构件的尺度,应遵守下列规定:

1)柱的截面尺寸应为技术尺寸,长度宜为模数化尺寸。

2)吊车梁的截面尺寸应为技术尺寸,长度应为模数化尺寸。

3) 屋架各杆件和屋面梁的截面尺寸应为技术尺寸,屋架和屋面梁的长度应为模数化尺寸,支承外挑天沟或檐口的外挑部分之长度应为技术尺寸。

4) 托架各杆件和托架梁的截面尺寸应为技术尺寸,托架和托架梁的长度应为模数化尺寸,其端头高度宜采用模数化尺寸。

5) 屋面板的高度应为技术尺寸,宽度和长度应为模数化尺寸。

6) 外墙墙板的厚度应为技术尺寸,宽度和长度应为模数化尺寸。

注:①屋面板宽度宜采用 1 500 和 3 000mm;
　　②外墙墙板的宽度宜采用 900、1 200 和 1 500mm。

(13) 厂房设横向伸缩缝和防震缝时,应采用双柱及两条横向定位轴线。

(14) 等高厂房设纵向伸缩缝时,可采用单柱并设两条纵向定位轴线,伸缩缝一侧的屋架或屋面梁应搁置在活动支座上(图 1-41)。

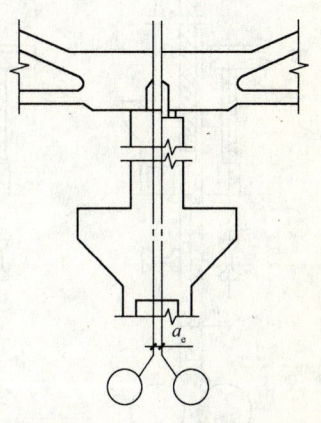

图 1-41　等高厂房的纵向伸缩缝

(15) 高低跨处采用单柱设伸缩缝时,低跨的屋架或屋面梁可搁置在活动支座上,高低跨处应采用两条纵向定位轴线,并设插入距(图 1-42)。

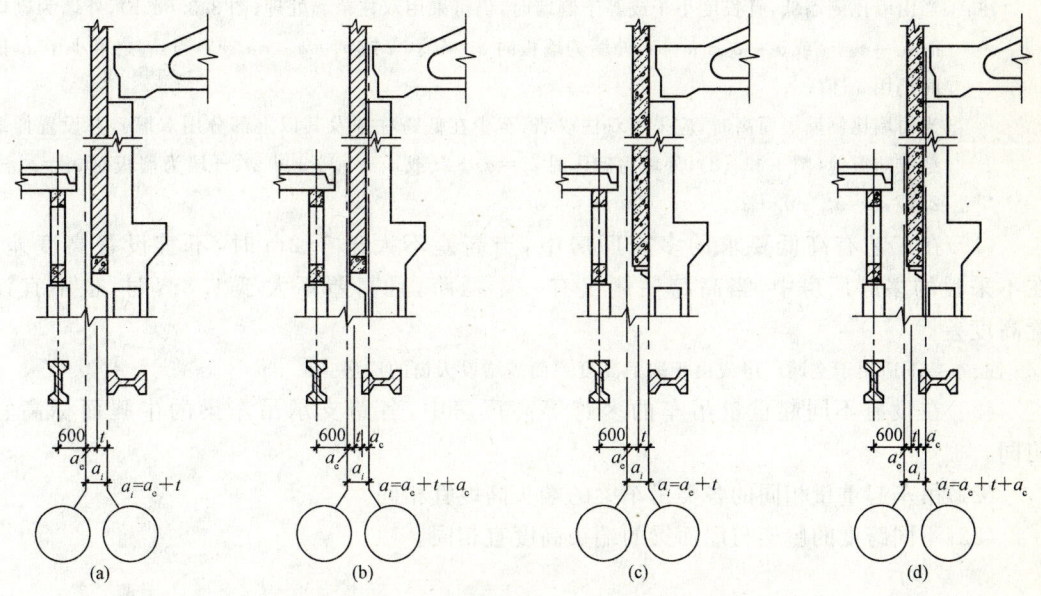

图 1-42　高低跨处的纵向伸缩缝(单位:mm)

(16) 等高厂房设纵向防震缝时,应采用双柱及两条纵向定位轴线,其插入距 a_i 为 a_e 或 a_i 为 a_e 与 a_c 之和(参见图 1-38)。

(17) 不等高厂房设纵向防震缝时,应设在高低跨处,并应采用双柱及两条纵向定位轴线(参见图 1-38)。

(18)厂房纵横跨处的连接,应采用双柱并设置伸缩缝或防震缝(图1-43)。

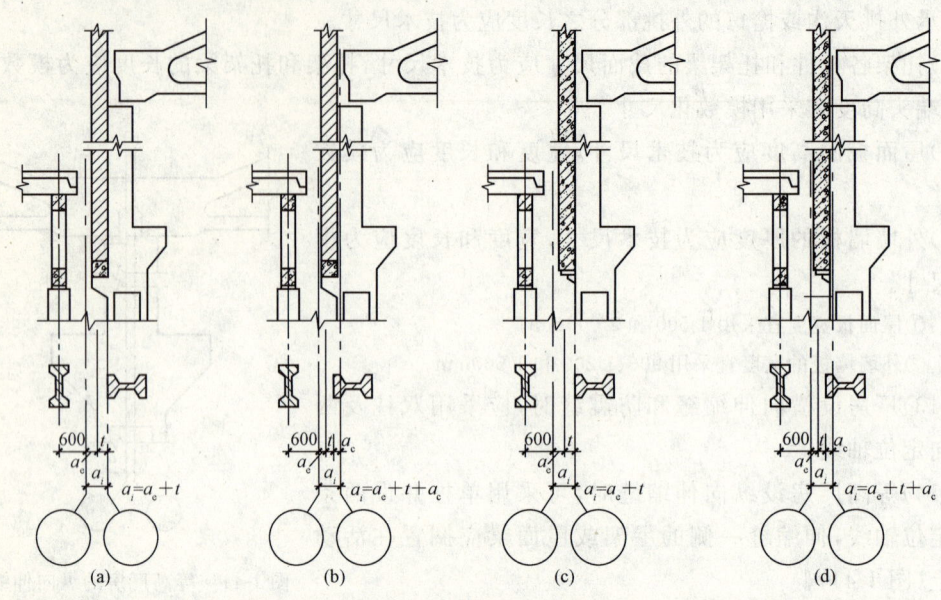

图1-43　纵横跨处的连接

注:①当山墙比侧墙低,且长度小于或等于侧墙时,仍可采用双柱单墙处理(图3.3.6a、b),外墙为砌体时 $a_i=a_e+t$ 或 $a_i=a_e+a_c+t$,外墙为墙板时 $a_i=a_{op}+t$ 或 $a_i=a_{op}+a_c+t$,当 a_{op} 之值小于 a_e 值时仍用 a_e 值;

②当山墙比侧墙短而高时,应采用双柱双墙(至少在低跨柱顶及其以上部分用双墙),并设置伸缩缝或防震缝(图1-43c、d),外墙为砌体时 $a_i=a_e+2t$ 或 $a_i=a_e+a_c+2t$;外墙为墙板时 $a_i=a_{op}+2t$ 或 $a_i=a_{op}+a_c+2t$。

(19)在工艺有高低要求的多跨厂房中,当高差不大于1.2m时,不宜设置高度差。在不采暖的多跨厂房中,当高跨一侧仅有一个低跨,且高差不大于1.8m时,也不宜设置高度差。

注:本条不适用于空调厂房或由于取消高度差而需增设天窗的厂房。

(20)在设有不同起重量吊车的多跨等高厂房中,各跨支承吊车梁的牛腿面标高宜相同。

(21)吊车起重量相同的各类吊车梁的端头高度宜相同。

(22)不同跨度的屋架与屋面梁的端头高度宜相同。

3. 多层厂房

(1)墙、柱与横向定位轴线的定位,应遵守下列规定:

1)柱的中心线应与横向定位轴线相重合(参见图1-44)。

2)横向伸缩缝或防震缝处应采用加设插入距的双柱并设置两条横向定位轴线,柱的中心线应与横向定位轴线相重合(图1-44a)。

3)横墙为砌体承重墙时,顶层墙的中心线一般与横向定位轴线相重合(图1-44b)。

4)当山墙为承重外墙时,顶层墙内缘与横向定位轴线间的距离可按砌体块材类别分别为半块或半块的倍数或墙厚的一半(图1-44b)。

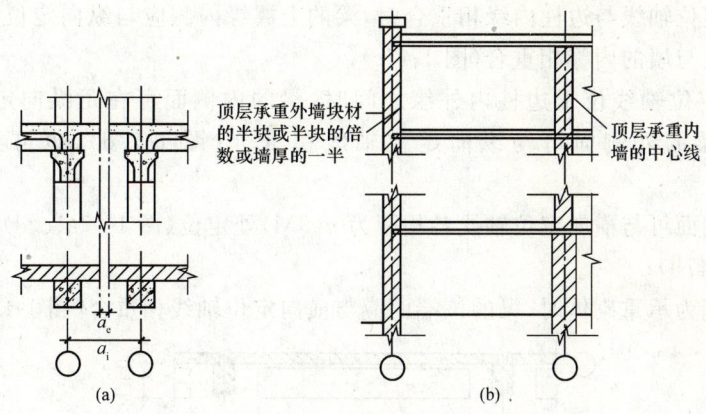

图 1-44 墙、柱与横向定位轴线的定位

(2)墙、柱与纵向定位轴线的定位,应遵守下列规定:

1)边柱的外缘在下柱截面高度(h_1)范围内与纵向定位轴线浮动定位(图 1-45)。

2)顶层中柱的中心线应与纵向定位轴线相重合。

3)带有承重壁柱的外墙,墙内缘可与纵向定位轴线相重合,也可与纵向定位轴线相距为半块或半块的倍数(参见图 1-47)。

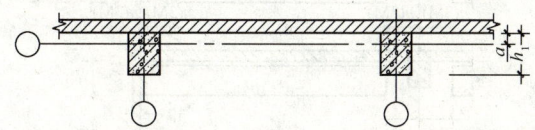

图 1-45 边柱与纵向定位轴线的定位

(3)柱的竖向定位,应遵守下列规定:

1)柱顶面应与柱顶标高相重合。

2)柱底面应与柱底标高相重合。

(4)框架横梁的定位,应遵守下列规定:

1)梁的纵向中心线应与横向定位轴线相重合(图1-46);

2)梁的两端面可在与纵向定位轴线各相距为 n(3M)处定位(图 1-46a),也可与下柱的侧面相重合(图1-46b);当梁的一端为承重砌体时,梁的该端面应与纵向定位轴线相重合(图 1-46a、b);

3)梁的顶面或底面应与相应的设计标高相重合。

(5)框架边柱处的纵梁的定位,应遵守下列规定:

1)当纵向定位轴线与边柱外缘相重合时,梁的上翼缘外侧和墙内缘均应与纵向定位轴线相重合,梁的上翼缘的内侧距纵向定位轴线应为 n(3M)(图1-47a、b);

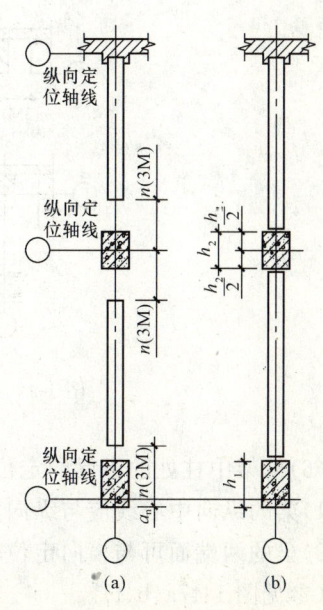

图 1-46 框架横梁与定位轴线的定位

2)当纵向定位轴线与边柱内缘相重合时,梁的上翼缘内侧应与纵向定位轴线相重合,梁的上翼缘外侧应与墙的内缘相重合(图1-47c);

3)当纵向定位轴线位于边柱内外缘之间时,梁的内侧面可在距纵向定位轴线内侧 n(3M)处定位;梁的外侧面可与纵向定位轴线相重合(图1-47d),也可与边柱外缘相结合;

4)梁的两端面可与横向定位轴线各相距为 n(3M)处定位(图1-47a、c、d),也可与柱的侧面相重合(图1-47b);

当梁的一端为承重砌体时,梁的该端面应与横向定位轴线相重合(图1-47c~h)。

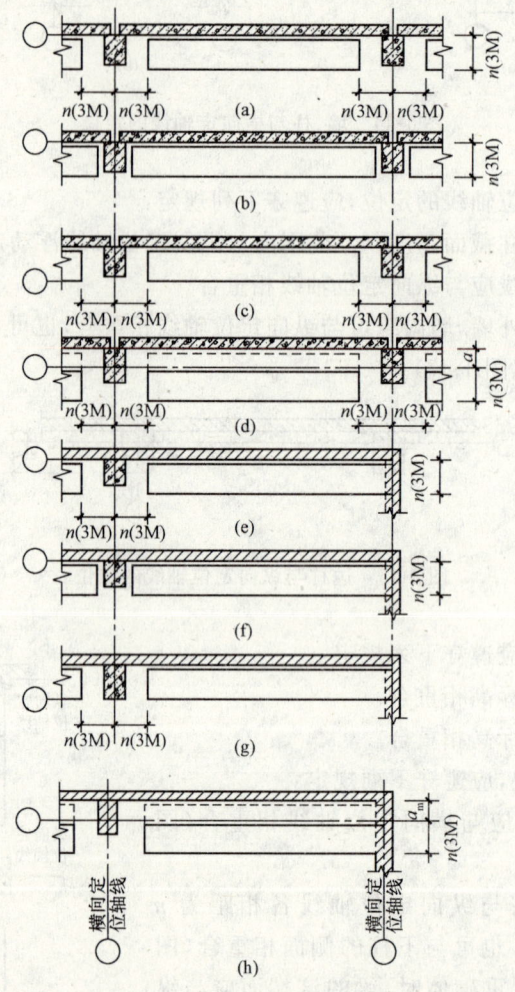

图1-47 框架边柱处的纵梁与定位轴线的定位

(6)框架中柱处的纵梁的定位,应遵守下列规定:

1)梁的纵向中心线应与纵向定位轴线相重合(图1-48)。

2)梁的两端面可与横向定位轴线各相距为 n(3M)处定位(图1-48a),也可与柱的侧面相重合(参见图1-47a、b、f)。

当梁的一端为承重砌体时,梁的该端面应与横向定位轴线相重合(图1-48b)。

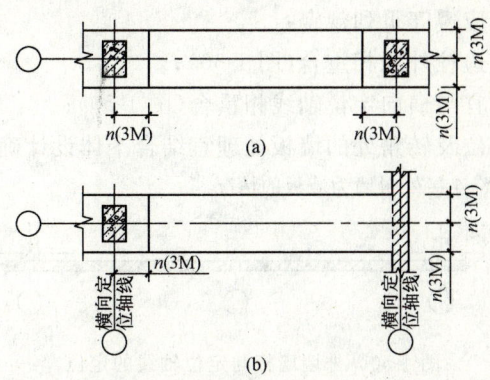

图 1-48 框架中柱处的纵梁与定位轴线的定位

(7)框架边柱和中柱处的纵梁的顶面应与其相应的设计标高相重合。

(8)楼板和屋面板的定位,应遵守下列规定:

1)楼板或屋面板的两端面可与横向定位轴线各相距为(3M)处定位(图1-49a),也可与横向定位轴线相重合(图1-49b),或以框架横梁的侧面定位,二者相重合(图1-49c)。

2)楼板或屋面板的纵向一侧面宜与纵向定位轴线相距为 $n(3M)$(图1-49)。

3)楼板或屋面板的檐口顶面应与其相应的设计标高相重合。

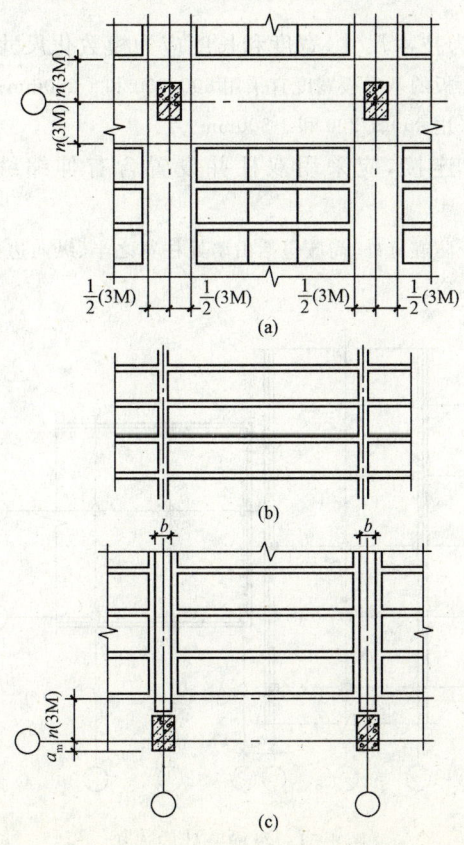

图 1-49 楼板(屋面板)与定位轴线的定位

(9)外墙墙板的定位,应遵守下列规定:
1)外墙墙板内缘宜与边柱外缘相重合(图1-50);
2)外墙墙板的两端面宜与横向定位轴线相重合(图1-50);
3)外墙墙板的竖向定位及转角处的墙板处理宜结合个体设计确定。
注:本条规定适用于纵横跨连接处封墙为墙板的情况。

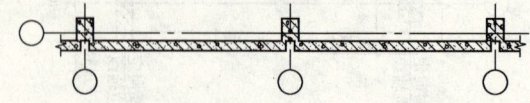

图1-50 外墙墙板与定位轴线的定位

(10)主要构件的尺度,应遵守下列规定:
1)柱的截面尺寸应为技术尺寸,长度宜为模数化尺寸;
2)框架横梁的截面尺寸应为技术尺寸,长度可以是模数化尺寸,也可以是非模数化尺寸;
3)框架边柱和中柱处的纵梁的截面尺寸应为技术尺寸,长度可以是模数化尺寸,也可以是非模数化尺寸;
4)楼板和屋面板的高度应为技术尺寸,宽度应为模数化尺寸,长度可以是模数化尺寸,也可以是非模数化尺寸;
5)外墙墙板的厚度应为技术尺寸,宽度和长度应为模数化尺寸。
注:①多层厂房楼板和屋面板的基本板宽度宜采用600、900和1 200mm;
②外墙墙板的宽度宜采用900、1 200和1 500mm。

(11)厂房纵横跨处的连接,应采用双柱并设置含有伸缩缝或防震缝的插入距(图1-51)。
注:插入距中包括伸缩或防震缝外,尚应包括山墙处柱宽之半、纵向边柱浮动幅度、墙体厚度以及施工所需的净空尺寸等内容。

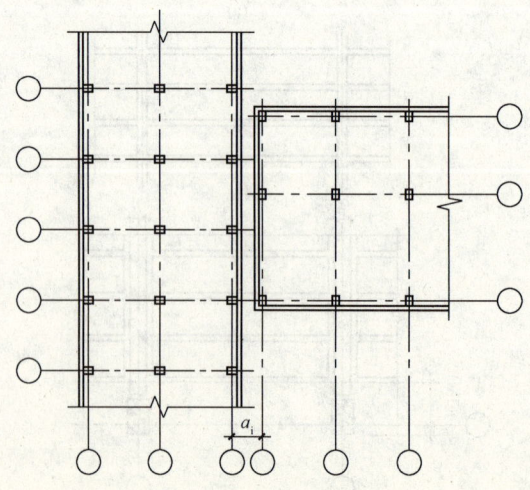

图1-51 纵横跨处的连接

(12)一幢厂房的层高不宜超过两种。

(13)四层和四层以下的厂房,柱截面尺寸不宜超过两种;四层以上的厂房;柱截面尺寸不宜超过三种。

第四节 定 位 轴 线

1. 定位轴线的规定

(1)定位轴线应用细点划线绘制,轴线编号应注写在轴线端部的圆内。圆应用细实线绘制,直径为 8 mm,详图上可增为 10 mm。定位轴线圆的圆心,应在定位轴线的延长线或延长线的折线上。

(2)定位轴线分为平面定位轴线和竖向定位轴线。平面定位轴线一般按纵、横两个方向分别编号。横向定位轴线应用阿拉伯数字按从左至右的顺序编号;纵向定位轴线应用大写拉丁字母,按从下至上的顺序编号,见图 1-52,但拉丁字母中的 I、O、Z 不得用于轴线编号,以避免与数字 1、0、2 混淆。

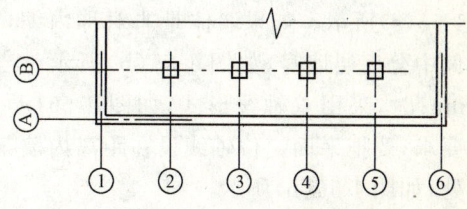

图 1-52 定位轴线的编号顺序

(3)当建筑规模较大,定位轴线也可以采用分区编号,如图 1-53 所示。编号的注写方式应为分区号-该区轴线号。

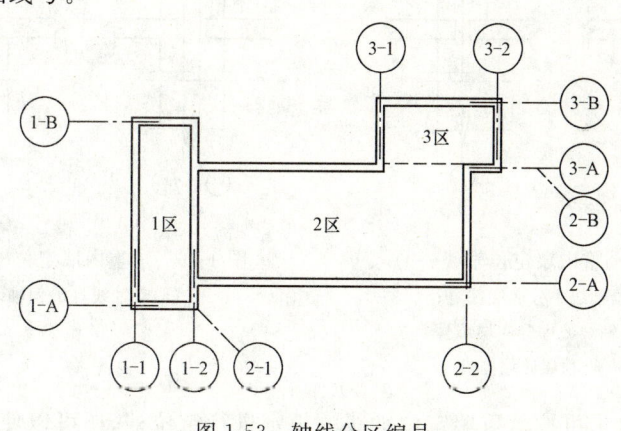

图 1-53 轴线分区编号

(4)在建筑设计中经常把一些次要的建筑部件用附加轴线进行编号,如非承重墙等。附加轴线应用分数表示两根轴线之间的附加轴线,应用分母表示前一轴线的编号,分子表示附加轴线的编号,编号宜用阿拉伯数字顺序编号,如 ①/2 表示 2 号轴线后附加的第一根轴线; ②/B 表示 B 号轴线后附加的第二根轴线。1 号轴线或 A 号轴线之前的附加轴线应以分母 01、0A 分别表示位于 1 号轴线或 A 号轴线之前的轴线,如 ①/01 表示 1 号轴线之前附加的第一根轴线; ②/0A 表示 A 号轴线之前附加的第二根轴线。

2. 砖墙平面定位轴线的规定

(1) 承重外墙定位轴线。当底层墙体与顶层墙体厚度相同时，平面定位轴线与外墙内缘距离为 120 mm，如图 1-54(a)所示。当底层墙体与顶层墙体厚度不同时，平面定位轴线与顶层外墙内缘距离为 120 mm，如图 1-54(b)所示。

(2) 承重内墙的定位轴线。承重内墙的平面定位轴线应与顶层内墙中线重合。为了减轻建筑自重和节省空间，承重内墙根据承载的实际情况，往往是变截面的，如果墙体是对称内缩，则平面定位轴线中分底层墙身，如图 1-55(a)所示。如果墙体是非对称内缩，则平面定位轴线偏中分底层墙身，如图 1-55(b)所示。当内墙厚度≥370 mm 时，采用双轴线形式，如图 1-56(a)所示。有时根据要求，要把平面定位轴线设在距离内墙某一外缘 120 mm 处，如图 1-56(b)所示。

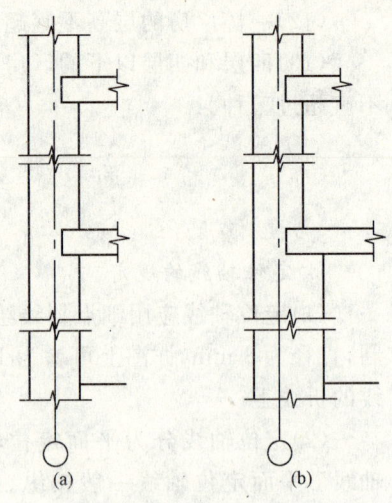

图 1-54　承重外墙定位轴线
(a)底层墙体与顶层墙体厚度相同；
(b)底层墙体与顶层墙体厚度不同

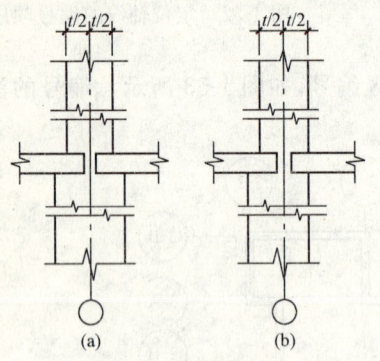

图 1-55　承重内墙定位轴线(一)
(a)定位轴线中分底层墙身；
(b)定位轴线偏中分底层墙身
注：t——顶层砖墙厚度

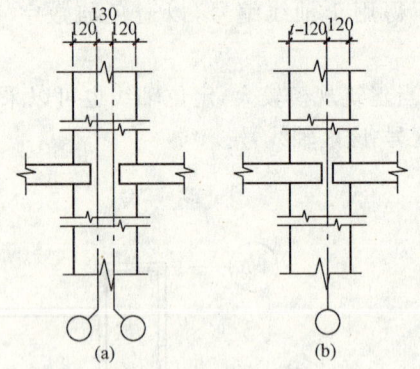

图 1-56　承重内墙定位轴线(二)
(a)双轴线；(b)偏轴线

(3) 非承重墙除了可按承重墙定位轴线的规定进行定位外，还可以使墙身内缘与平面定位轴线相重合。

(4) 带壁柱外墙的墙身内缘与平面定位轴线相重合或在距墙身内缘的 120 mm 处与平面定位轴线相重合，如图 1-57 所示。

3. 变形缝处定位轴线的规定

(1) 变形缝一侧为墙体另一侧为墙垛：墙垛的外缘应与平面定位轴线重合。如果墙体是外承重墙时，平面定位轴线距顶层墙内缘 120 mm，如图 1-58(a)所示。如果墙体是非承重墙，则平面定位轴线应与顶层墙内缘重合，如图 1-58(b)所示。

(2) 变形缝两侧均为墙体：如两侧墙体均为承重墙，平面定位轴线应分别设在距顶层墙体内缘 120 mm 处，如图 1-59(a)所示。如两侧墙体均为非承重墙，平面定位轴线应分别与顶层墙体内缘重合，如图 1-59(b)所示。

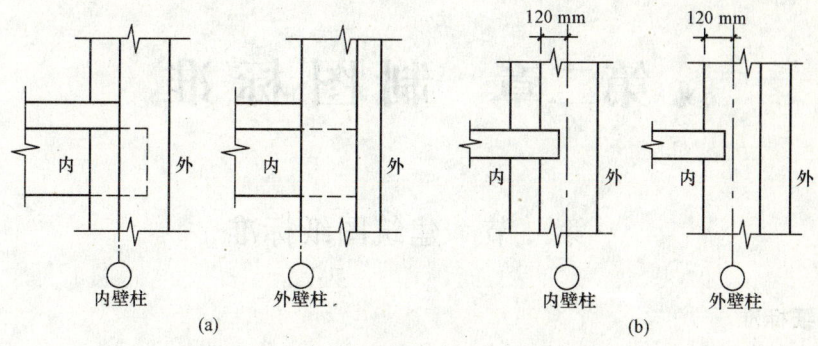

图 1-57 带壁柱外墙的定位轴线
(a)墙身内缘与平面定位轴线重合;(b)距墙身内缘 120 mm 处与平面定位轴线重合

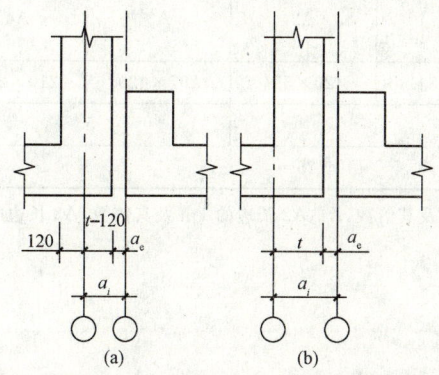

图 1-58 变形缝外墙与墙垛交界处定位轴线
(a)墙按外承重墙处理;(b)墙按非承重墙处理
t—墙厚;a_i—定位轴间尺寸;a_e—变形缝宽度

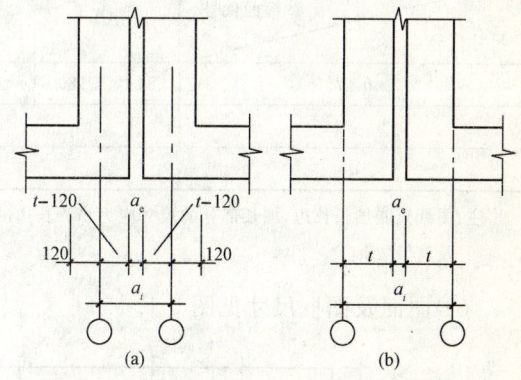

图 1-59 变形缝处两侧为墙体的定位轴线
(a)按外承重墙处理;(b)按非承重墙处理
t—墙厚;a_i—定位轴线间尺寸;a_e—变形缝宽度

(3)带连系尺寸的双墙定位:当两侧墙按承重墙处理时,顶层定位轴线均应距墙内缘 120 mm;当两侧墙按非承重墙处理时,定位轴线均应与墙内缘重合,如图 1-60 所示。

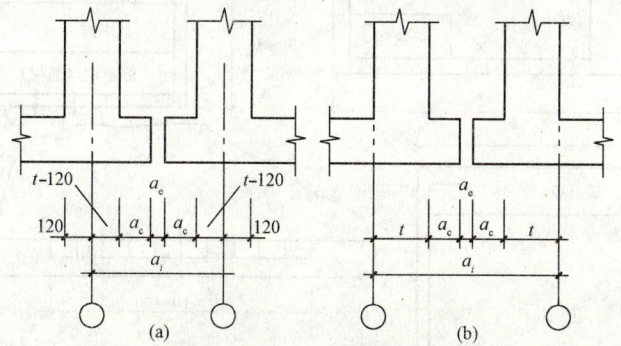

图 1-60 带连系尺寸的双墙定位
(a)按外承重墙处理;(b)按非承重墙处理
a_e—变形缝宽度;a_c—连系尺寸

第二章 制图标准

第一节 建筑图纸标准

一、图纸标准

(1) 图纸幅面规格见表 2-1。

表 2-1 图纸幅面规格

尺寸代号 \ 幅面代号	A0	A1	A2	A3	A4
$b×l$	841×1 189	594×841	420×594	297×420	210×297
c	10			5	
a	25				

注:图纸只能加长长边,加长部分的尺寸应为 A。长边的 1/8 及其倍数,A1、A2 长边的 1/4 及其倍数,A3 长边的 1/2 及其倍数。

(2) 图面及图框尺寸见图 2-1。

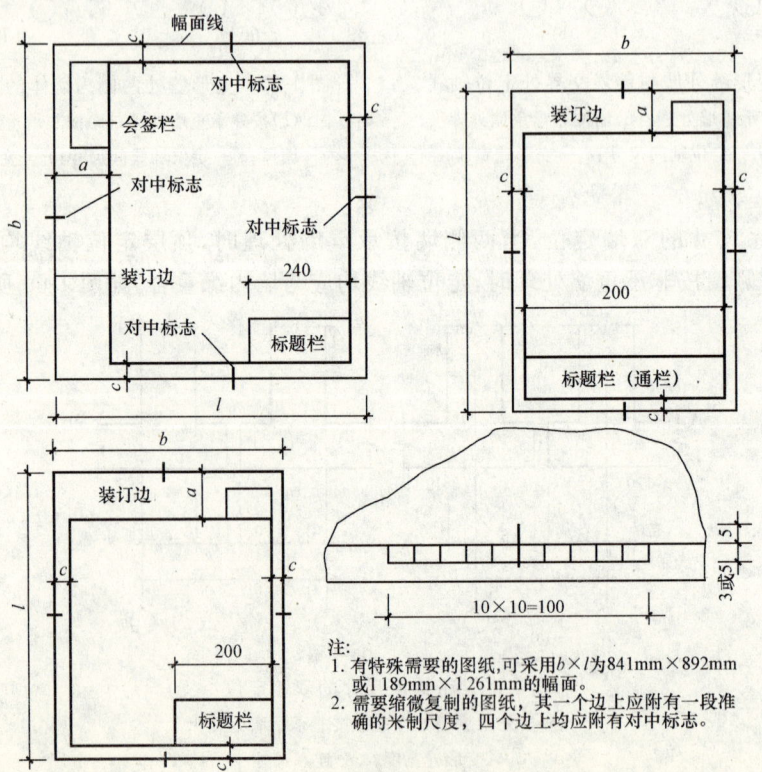

注:
1. 有特殊需要的图纸,可采用 $b×l$ 为 841mm×892mm 或 1 189mm×1 261mm 的幅面。
2. 需要缩微复制的图纸,其一个边上应附有一段准确的米制尺度,四个边上均应附有对中标志。

图 2-1 图框尺寸

(2)标题栏、会签栏分别见表 2-2、表 2-3。

表 2-2 标题栏

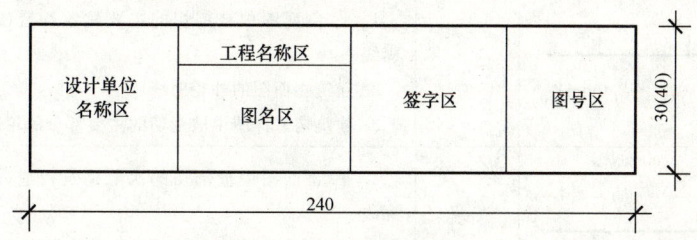

表 2-3 会签栏(单位:mm)

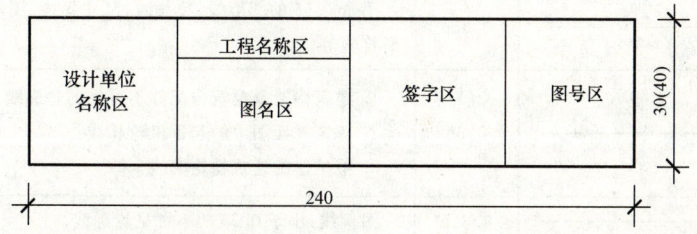

注:①国内工程的图标高度以 40mm 为宜。
②对外工程的图标高度以 50mm 为宜。
③一个会签栏不够用时,可另增加一个,两个可以并列。

二、建筑图纸常用比例

建筑图纸常用比例见表 2-4。

表 2-4 建筑图纸常用比例

图 名	常 用 比 例
总平面图	1∶500、1∶1 000、1∶2 000
总图专业的断面图	1∶100、1∶200、1∶1 000、1∶2 000
平、立、剖面图	1∶50、1∶100、1∶200
次要平面图	1∶300、1∶400
详图	1∶1、1∶2、1∶5、1∶10、1∶20、1∶25、1∶50

注:①次要平面图指屋面平面图、工业建筑中的地面平面图等。
②1∶25 仅适用于结构详图。

第二节 图线及文字表示

一、图线

(1)图线宽度:0.18、0.25、0.35、0.5、0.7、1.0、1.4、2.0mm。
(2)线宽比:每个图样的线宽不得超过 3 种,其线宽比应为 $b∶0.5b∶0.35b$。若选用两种线宽,宜为 $b∶0.35b$。
(3)线型的选用见表 2-5。

表 2-5 线型的选用

名　称	线　型	线　宽	用　途
粗实线	——— (0.5～2.0mm)	b	1. 平、剖面图中被剖切的主要建筑构造（包括构配件）的轮廓线。 2. 建筑立面图的外轮廓线。 3. 建筑构造详图中被剖切的主要部分的轮廓线。
中实线	———	$0.5b$	1. 平、剖面图中被剖切的次要建筑构造（包括构配件）的轮廓线。 2. 建筑平、立、剖面图中建筑构配件的轮廓线。 3. 建筑构造详图及构配件详图中的一般轮廓线。
细实线	———	$0.35b$	小于 $0.5b$ 的图形线、尺寸线、尺寸界线、图例线、索引符号、标高符号等。
中虚线	− − − −	$0.5b$	1. 建筑构造及建筑构配件不可见的轮廓线。 2. 建筑平面图中的起重机轮廓线。 3. 拟扩建的建筑物轮廓线。
细虚线	− − − −	$0.35b$	图例线，小于 $0.5b$ 的不可见轮廓线。
粗点划线	—·—·—	b	起重机轨道线。
细点划线	—·—·—	$0.35b$	中心线、对称线、定位轴线。
折断线	—/\—	$0.35b$	不需画全的断开界线。
波浪线	～～～	$0.35b$	1. 不需画全的断开界线。 2. 构造层次的断开界线。

二、文字、数字

文字、数字的大小和使用范围见表 2-6。

表 2-6 文字、数字的大小和使用范围

字号	20	14	10	7	5	3.5	2.5
字高/mm	20	14	10	7	5	3.5	2.5
一般使用范围		14～20 号 标题页、封面中的"工程总称"（必要时，可再放大）。	7～10 号 各种图样的标题。		1. 详图的数字标题。 2. 标题后的比例数字。 3. 总尺寸及剖面代号。 4. 说明文字。	1. 表格名。 2. 详图、附注的标题。	一般尺寸、标高及其他数字。

三、尺寸标注

(1)图样上的尺寸,包括尺寸界线、尺寸线、尺寸起止符号和尺寸数字,如图 2-2 所示。

(2)图样上的尺寸单位,除标高及总平面以 m 为单位外,其他必须以 mm 为单位。

(3)角度的尺寸线应以圆弧表示。该圆弧的圆心应是该角的顶点,角的两条边为尺寸界线。起止符号应以箭头表示,如没有足够位置画箭头,可用圆点代替,角度数字应按水平方向注写,如图 2-3 所示。

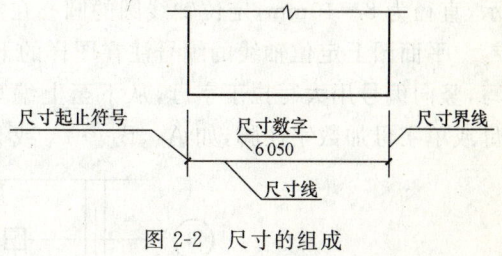

图 2-2 尺寸的组成

(4)标注圆弧的弧长时,尺寸线应以与该圆弧同心的圆弧线表示,尺寸界线应垂直于该圆弧的弦,起止符号用箭头表示,弧长数字上方应加注圆弧符号"⌒"如图 2-4 所示,弦长标注方法,如图 2-5 所示。

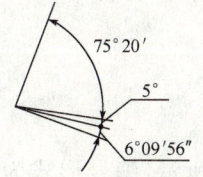 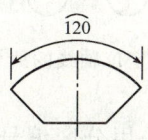 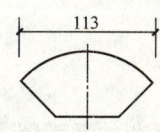

图 2-3 角度标注方法　　图 2-4 弧长标注方法　　图 2-5 弦长标注方法

(5)在薄板板面标注板厚尺寸时,应在厚度数字前加厚度符号"t",如图 2-6 所示。

(6)标注正方形的尺寸,可用"边长×边长"的形式,也可在边长数字前加正方形符号"□",如图 2-7 所示。

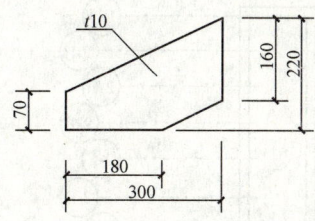 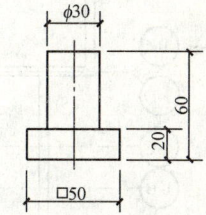

图 2-6 薄板厚度标注方法(单位:mm)　　图 2-7 标注正方形尺寸(单位:mm)

(7)标注坡度时,应加注坡度符号"←",如图 2-8(a)、(b)所示,该符号为单面箭头,箭头应指向下坡方向。

坡度也可用直角三角形形式标注,如图 2-8(c)所示。

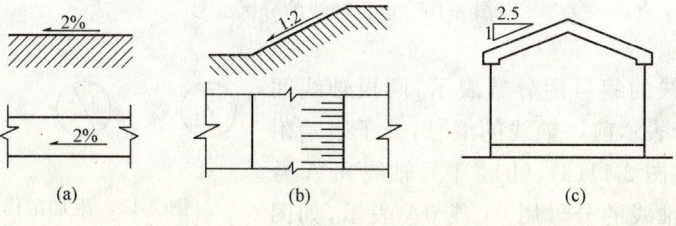

图 2-8 坡度标注方法

四、定位轴线

施工图中的定位轴线用细点画线表示,轴线的编号写在轴线端部的圆内,圆用细实线表示,直径为8～10mm,定位轴线圆的圆心在定位轴线的延长线上或延长线的折线上。

平面图上定位轴线的编号注在图样的下方与左侧,横向编号用阿拉伯数字,从左至右编写,竖向编号用大写拉丁字母,从下至上编写,如图2-9所示。拉丁字母不够用时可用双字母或单字母加数字注脚,如 A_A、B_A…Y_A 或 A_1、B_1…Y_1。

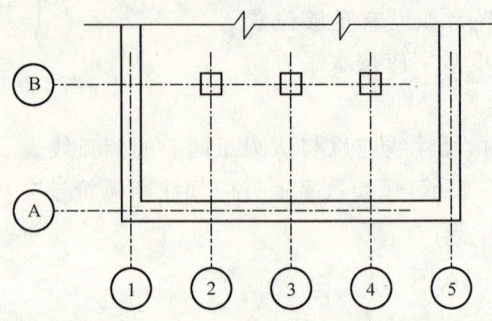

图2-9 定位轴线的编号顺序

组合较复杂的平面图,定位轴线可采用分区编号,如图2-10所示,编号形式为"分区号—该分区编号"。分区号用阿拉伯数字或大写拉丁字母表示。

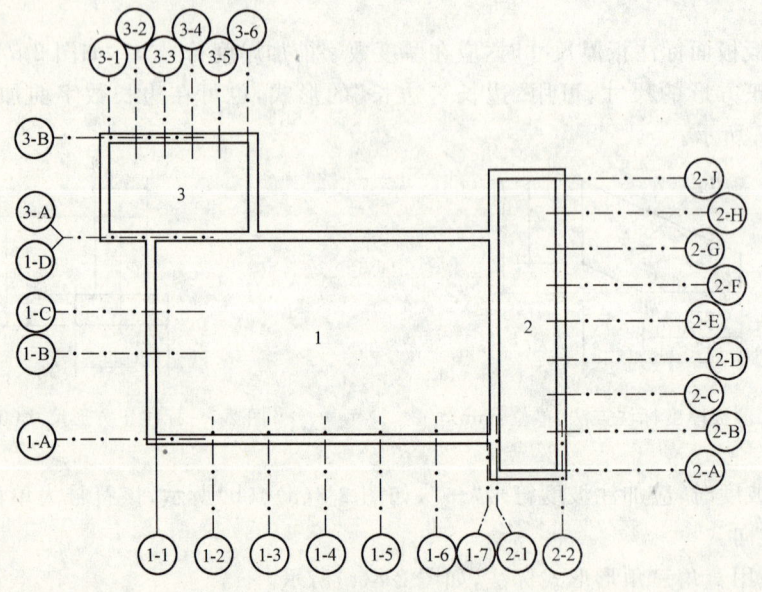

图2-10 定位轴线的分区编号

附加定位轴线的编号用分数表示,两根轴线间的附加轴线,分母表示前一轴线的编号,分子表示附加轴线的编号,如图2-11(a)、(b)。1号轴线和A号轴线之前的附加轴线的分母用01或0A表示,如图2-11(c)、(d)所示。

(a)　　　(b)　　　(c)　　　(d)

图2-11 附加定位轴线的编号

圆形平面图的定位轴线编号,径向轴线用阿拉伯数字,从左下角开始,按逆时针顺序编写;圆周轴线用大写拉丁字母,从外向内顺序编写,如图 2-13 所示。

当一个详图适用于几根轴线时,同时注明各有关轴线的编号,图 2-12(a)用于 2 根轴线,图 2-12(b)用于 3 根或 3 根以上轴线,图 2-12(c)用于 3 根以上连续编号轴线,通用详图的定位轴线只画圆,不注写轴线编号。

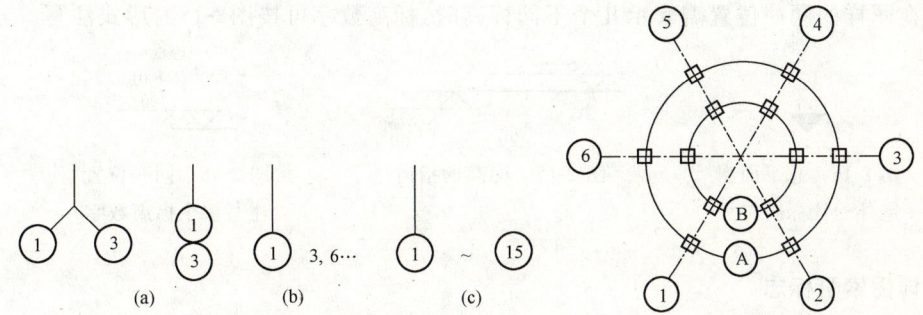

图 2-12　详图的轴线编号　　　　图 2-13　圆形平面图定位轴线的编号

折线形平面图的定位轴线编号,如图 2-14 所示。

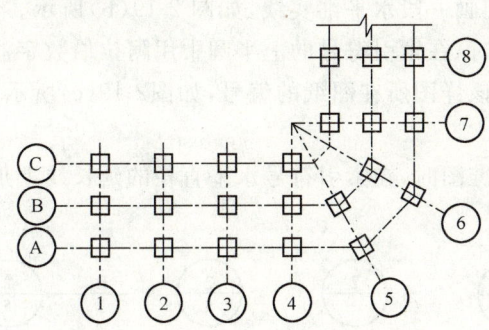

图 2-14　折线形平面图定位轴线的编号

需注意的是,结构平面图中的定位轴线与建筑平面图或总平面图中的定位轴线应一致,同时结构平面图要标注结构标高。

五、标高

(1)标高等腰三角形,见图 2-15(a)和图 2-15(b)所示。标高符号的具体画法,如图 2-15(c)、(d)所示。

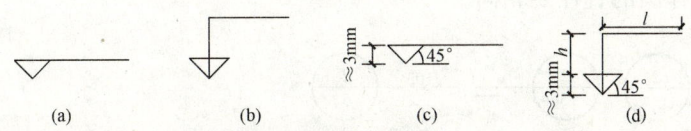

图 2-15　标高符号

l—取适当长度注写标高数字;h—根据需要取适当高度

(2)总平面图室外地坪标高符号,宜用涂黑的三角形表示,如图 2-16 所示。

(3)标高符号的尖端应指至被注高度的位置。尖端一般应向下,也可向上。标高数字应注写在标高符号的左侧或右侧,如图 2-17 所示。

(4)标高数字应以 m 为单位,注写到小数点以后第 3 位。在总平面图中,可注写到小数点以后第 2 位。

(5)零点标高应注写成±0.000,正数标高不注"+",负数标高应注"-",例如 3.000、-0.600。

(6)在图样的同一位置需表示几个不同标高时,标高数字可按图2-18的形式注写。

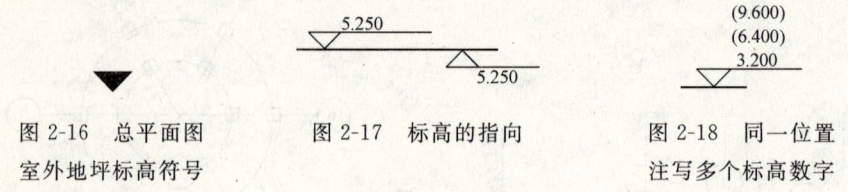

图 2-16　总平面图　　　　图 2-17　标高的指向　　　　图 2-18　同一位置
室外地坪标高符号　　　　　　　　　　　　　　　　　　　注写多个标高数字

六、详图索引标志

(1)索引符号。图样中的某一局部或构件需另见详图时,以索引符号索引,如图2-19(a)所示。索引符号由直径为 10mm 的圆和水平直径组成,圆和水平直径用细实线表示。索引出的详图与被索引出的详图同在一张图纸时,在索引符号的上半圆中用阿拉伯数字注明该详图的编号,在下半圆中间画一段水平细实线,如图 2-19(b)所示。索引出的详图与被索引出的详图不在同一张图纸时,在索引符号的上半圆中用阿拉伯数字注明该详图的编号,在下半圆中用阿拉伯数字注明该详图所在图纸的编号,如图2-19(c)所示,数字较多时,也可加文字标注。

索引出的详图采用标准图时,在索引符号水平直径的延长线上加注该标准图册的编号,如图 2-19(d)所示。

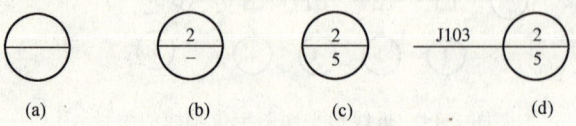

图 2-19　索引符号

索引符号用于索引剖视详图时,在被剖切的部位绘制剖切位置线,并用引出线引出索引符号,引出线所在的一侧即为投射方向,如图 2-20 所示。索引符号的编号同上。

零件、杆件的编号用阿拉伯数字按顺序编写,以直径为 4~6mm 的细实线圆表示,如图 2-21 所示,同一图样圆的直径要相同。

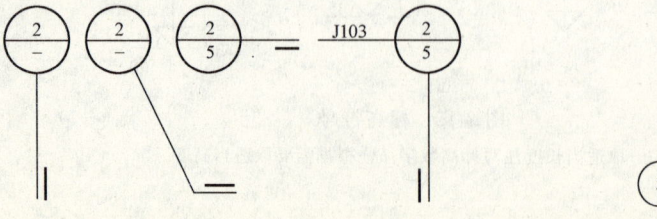

图 2-20　用于索引剖面详图的索引符号　　　图 2-21　零件、杆件的编号

详图符号的圆用直径为 14mm 的粗实线表示,当详图与被索引出的图样在同一张图纸内时,在详图符号内用阿拉伯数字注明该详图编号,如图 2-22 所示。

(2)详图符号。当详图与被索引出的图样不在同一张图纸时,用细实线在详图符号内画一水平直径,上半圆中注明详图的编号,下半圆注明被索引图纸的编号,如图 2-23 所示。

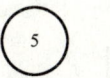

图 2-22　与被索引出的图样在　　图 2-23　与被索引出的图样不在
　　　同一张图纸的详图符号　　　　　　同一张图纸的详图符号

七、引出线

施工图中的引出线用细实线表示,它由水平方向的直线或与水平方向成 30°、45°、60°、90°的直线和经上述角度转折的水平直线组成。文字说明注写在水平线的上方或端部,如图 1-24(a)、(b)所示,索引详图的引出线与水平直径线相连接,如图 2-24(c)所示。

同时引出几个相同部分的引出线,引出线可相互平行,也可集中于一点,如图 2-25 所示。

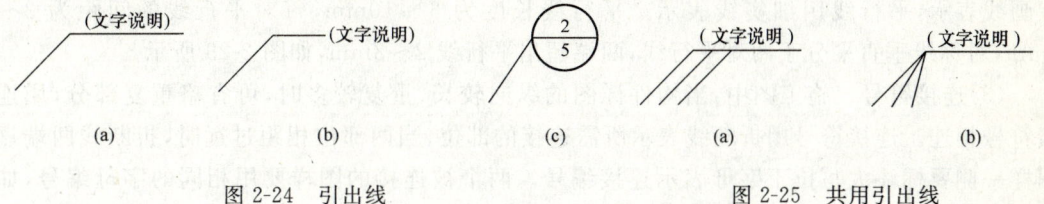

图 2-24　引出线　　　　　　图 2-25　共用引出线

多层构造或多层管道共用的引出线要通过被引出的各层。文字说明注写在水平线的上方或端部,说明的顺序由上至下,与被说明的层次一致。如层次为横向排序时,则由上至下的说明顺序与由左至右的层次相一致,如图 2-26 所示。

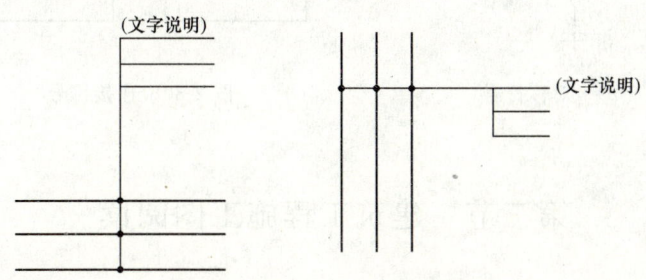

图 2-26　多层构造引出线

八、剖切符号、对称符号、连接符号

(1)剖切符号。施工图中剖视的剖切符号用粗实线表示,它由剖切位置线和投射方向线组成。剖切位置线的长度大于投射方向线的长度,如图 2-27 所示,一般剖切位置线的长度为 6～10mm,投射方向线的长度为 4～6mm。剖视剖切符号的编号为阿拉伯数字,顺序由左

至右、由上至下连续编排,并注写在剖视方向线的端部,如图 2-27 所示。需转折的剖切位置线,在转角的外侧加注与该符号相同的编号,如图 2-27 中 3-3 剖切线。构件剖面图的剖切符号通常标注在构件的平面图或立面图上。

断面的剖切符号用粗实线表示,且仅用剖切位置线而不用投射方向线。断面的剖切符号编号所在的一侧为该断面的剖视方向,如图 2-28 所示。

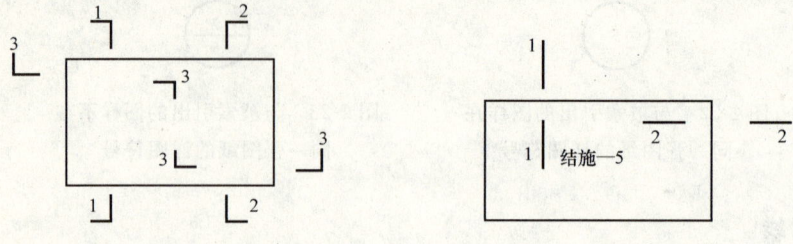

图 2-27 剖视的剖切符号　　　　　图 2-28 断面的剖切符号

剖面图或断面图与被剖切图样不在同一张图纸内时,在剖切位置线的另一侧标注其所在图纸的编号,或在图纸上集中说明。

(2)对称符号。施工图中的对称符号由对称线和两端的两对平行线组成。对称线用细点画线表示,平行线用细实线表示。平行线长度为 6~10mm,每对平行线的间距为 2~3mm,对称线垂直平分于两对平行线,两端超出平行线 2~3mm,如图 2-29 所示。

(3)连接符号。施工图中,当构件详图的纵向较长、重复较多时,可省略重复部分,用连接符号相连。连接符号用折断线表示所需连接的部位,当两部位相距过远时,折断线两端靠图样一侧要标注大写拉丁字母表示连接编号。两个被连接的图样要用相同的字母编号,如图 2-30 所示。

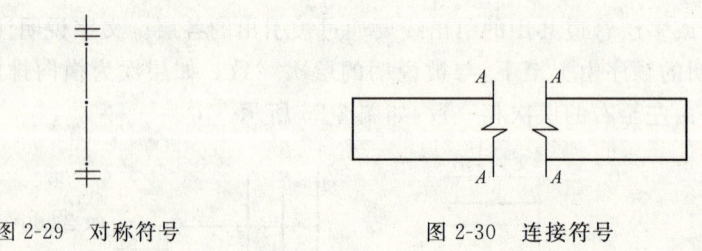

图 2-29 对称符号　　　　　图 2-30 连接符号

第三节　建筑工程施工图阅读

一、建筑施工图的分类及编排顺序

1. 建筑施工图分类

一套完整的房屋建筑施工图,按其内容和作用的不同,可分为三大类:

(1)建筑施工图,简称建施。其基本图纸包括:建筑总平面图、平面图、立面图和详图等;其建筑详图包括墙身剖面图、楼梯详图、浴厕详图、门窗详图及门窗表,以及各种装修、构造做法、说明等。在建筑施工图的标题栏内均注写建施××号,以供查阅。

(2)结构施工图,简称结施。其基本图纸包括:基础平面图、楼层结构平面图、屋顶结构平面图、楼梯结构图等;其结构详图有:基础详图,梁、板、柱等构件详图及节点详图等。在结构施工图的标题内均注写结施××号,以供查阅。

(3)设备施工图,简称设施。设施包括三部分专业图纸:

1)给水排水施工图。

2)采暖通风施工图。

3)电气施工图。

设备施工图由平面布置图、管线走向系统图(如轴测图)和设备详图等组成。在这些图纸的标题栏内分别注写水施××号,暖施××号,电施××号,以便查阅。

2. 建筑施工图的编排顺序

一套房屋建筑施工图的编排顺序一般是代表全局性的图纸在前,表示局部的图纸在后;先施工的图纸在前,后施工的图纸在后;重要的图纸在前,次要的图纸在后;基本图纸在前,详图在后。整套图纸的编排顺序是:

(1)图纸目录。

(2)总说明。说明工程概况和总的要求,对于中小型工程,总说明可编在建筑施工图内。

(3)建筑施工图。

(4)结构施工图。

(5)设备施工图。一般按水施、暖施、电施的顺序排列。

二、建筑施工图阅读

建筑施工图是表达建筑物的外形轮廓、尺寸大小、内部布置、内外装修、各部构造和材料做法的图纸。

1. 建筑总平面图的阅读

(1)总平面图的用途。总平面图是一个建设项目的总体布局,表示新建房屋所在基地范围内的平面布置、具体位置以及周围情况。总平面图通常画在具有等高线的地形图上。

总平面图的主要用途如下:

1)工程施工的依据(如施工定位、施工放线和土方工程)。

2)是室外管线布置的依据。

3)工程预算的重要依据(如土石方工程量、室外管线工程量的计算)。

(2)总平面图的基本内容。

1)表明新建区域的地形、地貌、平面布置,包括红线位置,各建(构)筑物、道路、河流、绿化等的位置及其相互间的位置关系。

2)确定新建房屋的平面位置。一般根据原有建筑物或道路定位,标注定位尺寸,也可用坐标法定位。

3)表明新建筑物的室内地坪、室外地坪、道路的绝对标高;房屋的朝向,一般用指北针,有时用风向频率玫瑰图表示;建筑物的层数用小黑点表示。

(3)总平面图阅读要点。

1)熟悉总平面图的图例(表2-7),查阅图标及文字说明,了解工程性质、位置、规模及图纸比例。

表 2-7 总平面图图例

序号	名称	图例	备注
1	新建建筑物	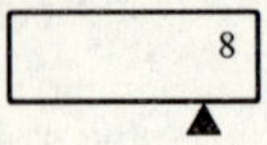	(1)需要时,可用▲表示出入口,可在图形内右上角用点数或数字表示层数。 (2)建筑物外形(一般以±0.000高度处的外墙定位轴线或以外墙面线为准)用粗实线表示。需要时,地面以上建筑用中粗实线表示,地面以下建筑用细虚线表示。
2	原有建筑物		用细实线表示。
3	计划扩建的预留地或建筑物		用中粗虚线表示。
4	拆除的建筑物	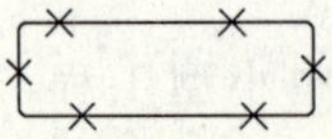	用细实线表示。
5	建筑物下面的通道	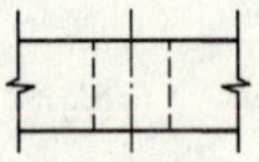	
6	散状材料露天堆场	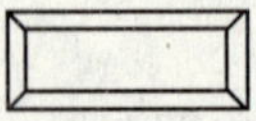	需要时可注明材料名称。
7	其他材料露天堆场或露天作业场	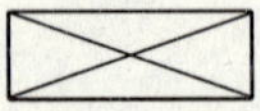	
8	铺砌场地	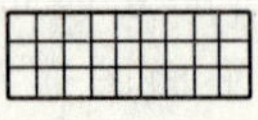	
9	敞棚或敞廊	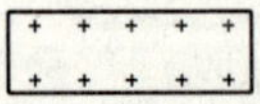	
10	高架式料仓	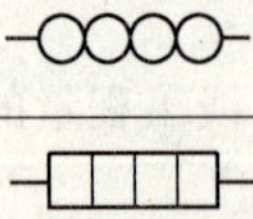	
11	漏斗式贮仓		左、右图为底卸式。 中图为侧卸式。
12	冷却塔(池)	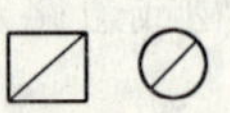	应注明冷却塔或冷却池。
13	水塔、贮罐	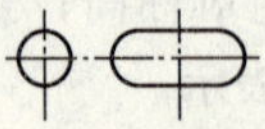	左图为水塔或立式贮罐。 右图为卧式贮罐。
14	水池、坑槽		也可以不涂黑。

续表

序号	名 称	图 例	备 注
15	明溜矿槽（井）		
16	斜井或平洞	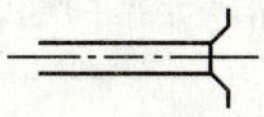	
17	烟 囱		实线为烟囱下部直径，虚线为基础，必要时可注写烟囱高度和上、下口直径。
18	围墙及大门	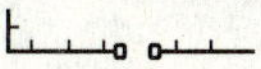 	上图为实体性质的围墙，下图为通透性质的围墙，若仅表示围墙时不画大门。
19	挡土墙		被挡土在"突出"的一侧。
20	挡土墙上设围墙		
21	台 阶	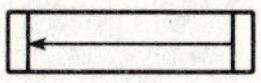	箭头指向表示向下。
22	露天桥式起重机	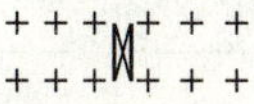	"+"为柱子位置。
23	露天电动葫芦	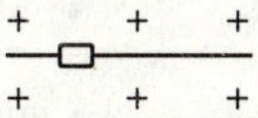 	"+"为支架位置。
24	门式起重机	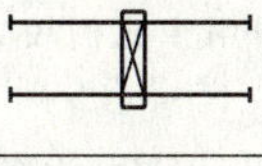 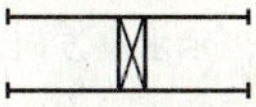	上图表示有外伸臂。下图表示无外伸臂。
25	架空索道		"I"为支架位置。
26	斜坡卷扬机道		
27	斜坡栈桥（带式输送机走廊等）	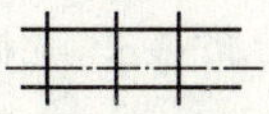	细实线表示支架中心线位置。
28	坐 标	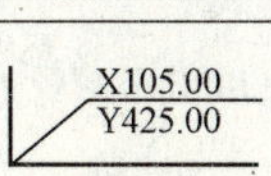 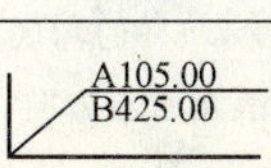 X105.00 Y425.00 A105.00 B425.00	上图表示测量坐标。下图表示建筑坐标。

续表

序号	名称	图例	备注
29	方格网交叉点标高	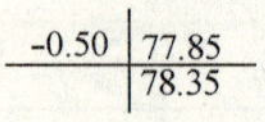 -0.50 | 77.85 / 78.35	"78.35"为原地面标高。 "77.85"为设计标高。 "−0.50"为施工高度。 "−"表示挖方("＋"表示填方)。
30	填方区、挖方区、未整平区及零点线	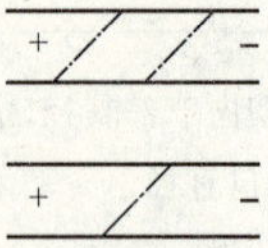	"＋"表示填方区。 "−"表示挖方区。 中间为未整平区。 点画线为零点线。
31	填挖边坡		(1)边坡较长时,可在一端或两端局部表示。 (2)下边线为虚线时表示填方。
32	护坡	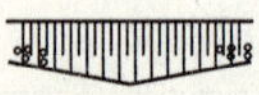	
33	分水脊线与谷线	 	上图表示脊线。 下图表示谷线。
34	洪水淹没线		阴影部分表示淹没区(可在底图背面涂红)。
35	地表排水方向		
36	截水沟或排水沟	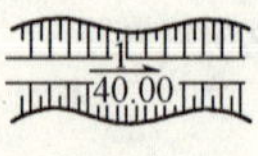 1 / 40.00	"1"表示1‰的沟底纵向坡度,"40.00"表示变坡点间距离,箭头表示水流方向。
37	排水明沟	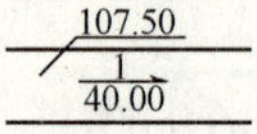 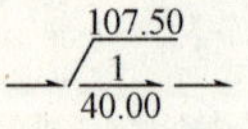 107.50 / 1 / 40.00 107.50 / 1 / 40.00	(1)上图用于比例较大的图面,下图用于比例较小的图面。 (2)"1"表示1‰的沟底纵向坡度,"40.00"表示变坡点间距离,箭头表示水流方向。 (3)"107.50"表示沟底标高。
38	铺砌的排水明沟	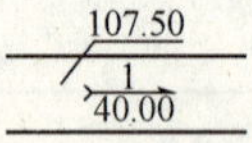 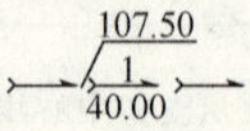 107.50 / 1 / 40.00 107.50 / 1 / 40.00	(1)上图用于比例较大的图面,下图用于比例较小的图面。 (2)"1"表示1‰的沟底纵向坡度,"40.00"表示变坡点间距离,箭头表示水流方向。 (3)"107.50"表示沟底标高。
39	有盖的排水沟	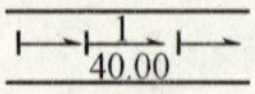 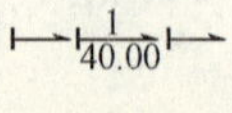 1 / 40.00 1 / 40.00	(1)上图用于比例较大的图面,下图用于比例较小的图面。 (2)"1"表示1‰的沟底纵向坡度,"40.00"表示变坡点间距离,箭头表示水流方向。

续表

序号	名 称	图 例	备 注
40	雨水口		
41	消火栓井		
42	急流槽		箭头表示水流方向。
43	跌 水		
44	拦水(闸)坝		
45	透水路堤		边坡较长时,可在一端或两端局部表示。
46	过水路面		
47	室内标高	151.00(±0.00)	
48	室外标高	●143.00 ▼143.00	室外标高也可采用等高线表示。

2)查看建设基地的地形、地貌、用地范围及周围环境等,了解新建房屋和道路、绿化布置情况。

3)了解新建房屋的具体位置和定位依据。

4)了解新建房屋的室内、外高差,道路标高,坡度以及地表水排流情况。

2. 建筑平面图阅读

(1)平面图的形成。建筑平面图,简称平面图,实际上是一幢房屋的水平剖面图。它是假想用一水平剖面将房屋沿门窗洞口剖开,移去上部分,剖面以下部分的水平投影图就是平面图。

对于楼层房屋,一般应每一层都画一个平面图,当有几层平面布置完全相同时,可只画一个平面图作为代表,称标准平面图,但底层和顶层要分别画出。

(2)平面图的用途。平面图主要表达房屋内部水平方向的布置情况,其主要用途是:

1)平面图是施工放线,砌墙、柱,安装门窗框、设备的依据。

2)平面图是编制和审查工程预算的主要依据。

(3)平面图的基本内容。

1)表明建筑物的平面形状,内部各房间包括走廊、楼梯、出入口的布置及朝向。

2)表明建筑物及其各部分的平面尺寸。平面图中用轴线和尺寸线标注各部分的长宽尺寸和位置。平面图一般标注三道外部尺寸。最外面一道表示建筑物总长度和总宽度尺寸的称外包尺寸;中间一道是轴线之间的尺寸,表示开间和进深,称轴线尺寸;最里面一道表示门窗洞口、窗间墙、墙厚等局部尺寸,称细部尺寸。平面图内还标注内墙、门、窗洞口尺寸,内墙厚以及内部设备等内部尺寸。此外,平面图还标注柱、墙垛、台阶、花池、散水等局部尺寸。

3)表明地面及各层楼面标高。

4)表明各种门、窗位置,代号和编号,以及门的开启方向。门的代号用 M 表示,窗的代号用 C 表示,编号数用阿拉伯数字表示。

5)表示剖面图剖切符号、详图索引符号的位置及编号。

(4)图线画法规定。在平面图中,被水平剖面剖切到的墙、柱断面的轮廓线用粗实线表示;被剖切到的次要部分的轮廓线(如墙面抹灰、隔墙等)和未剖切到的可见部分的轮廓线(如墙身、阳台等)用中实线表示;未剖切到的吊柜、高窗等和不可见部分的轮廓线(如管沟)用中虚线表示;比例较小的构造柱在底图上涂黑表示。

(5)平面图阅读要点。

1)熟悉建筑构造及配件图例(表 2-8)、图名、图号、比例及文字说明。

表 2-8　建筑构造及配件图例

序号	名称	图例	说明
1	墙体	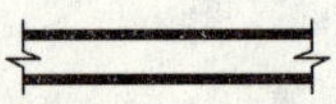	应加注文字或填充图例表示墙体材料,在项目设计图纸说明中列材料图例表给予说明。
2	隔断	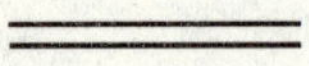	(1)包括板条抹灰、木制、石膏板、金属材料等隔断。 (2)适用于到顶与不到顶隔断。
3	栏杆		
4	楼梯	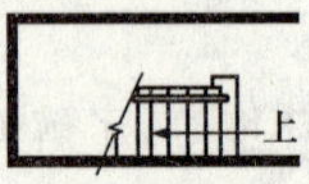 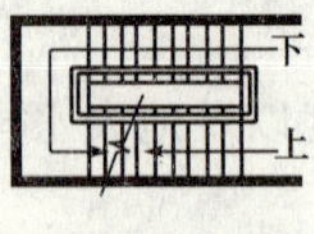 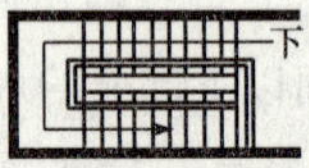	(1)上图为底层楼梯平面,中图为中间层楼梯平面,下图为顶层楼梯平面。 (2)楼梯及栏杆扶手的形式和梯段踏步数应按实际情况绘制。
5	坡道	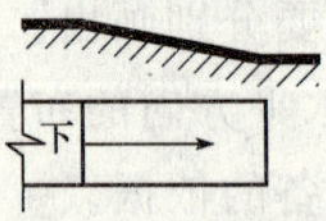 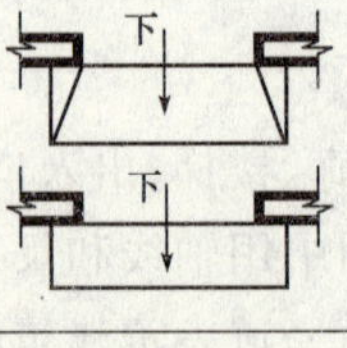	上图为长坡道,下图为门口坡道。
6	平面高差	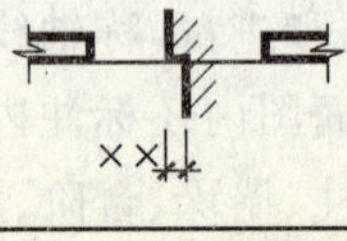	适用于高差小于 100mm 的两个地面或楼面相接处。

续表

序号	名称	图例	说明
7	检查孔		左图为可见检查孔。 右图为不可见检查孔。
8	孔洞		阴影部分可以涂色代替。
9	坑槽		
10	墙预留洞	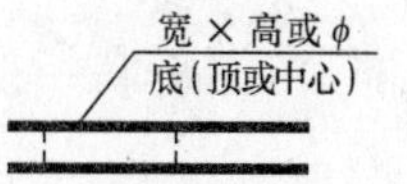 宽×高或φ 底(顶或中心)	(1)以洞中心或洞边定位。 (2)宜以涂色区别墙体和留洞位置。
11	墙预留槽	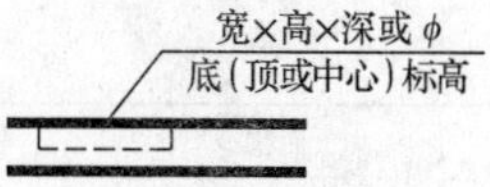 宽×高×深或φ 底(顶或中心)标高	
12	烟道	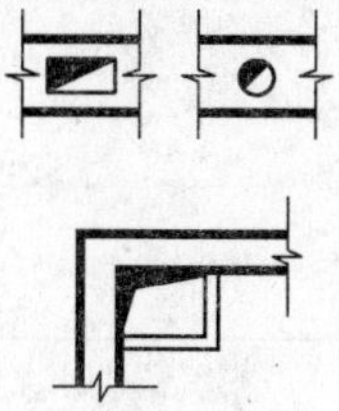	(1)阴影部分可以涂色代替。 (2)烟道与墙体为同一材料,其相接处墙身线应断开。
13	通风道	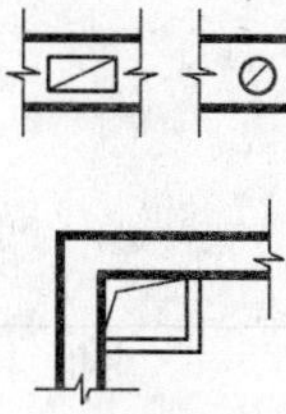	
14	新建的墙和窗	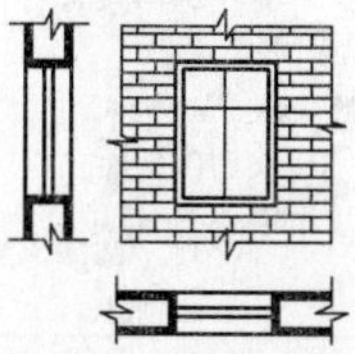	(1)本图以小型砌块为图例,绘图时应按所用材料的图例绘制,不易以图例绘制的,可在墙面上以文字或代号注明。 (2)小比例绘图时平、剖面窗线可用单粗实线表示。
15	改建时保留的原有墙和窗	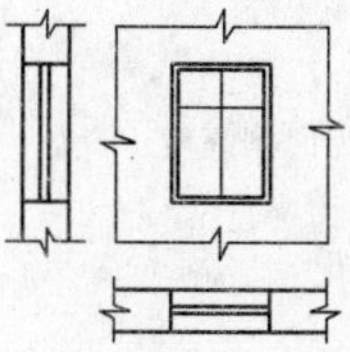	

续表

序号	名　称	图　例	说　明
16	应拆除的墙	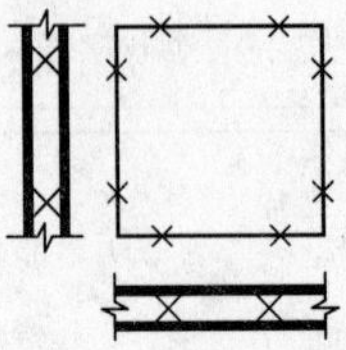	
17	在原有墙或楼板上新开的洞	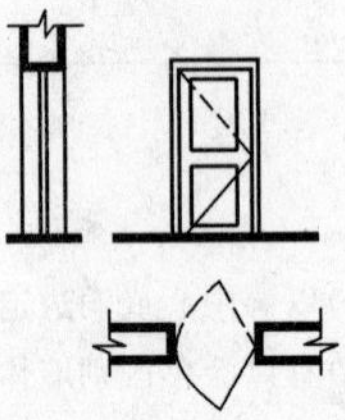	
18	在原有洞旁扩大的洞	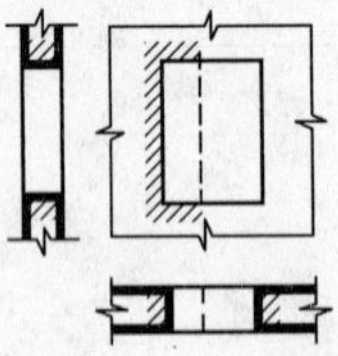	
19	在原有墙或楼板上全部填塞的洞	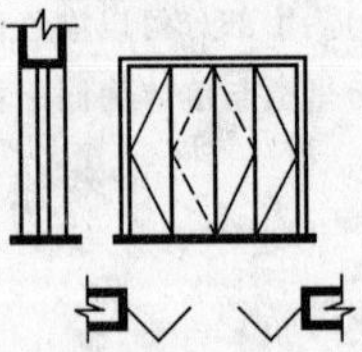	
20	在原有墙或楼板上局部填塞的洞	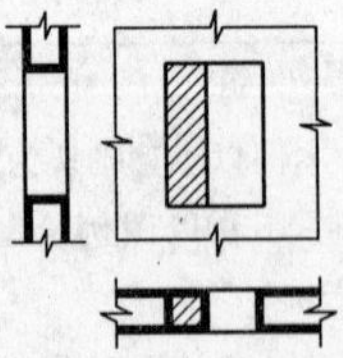	
21	空门洞	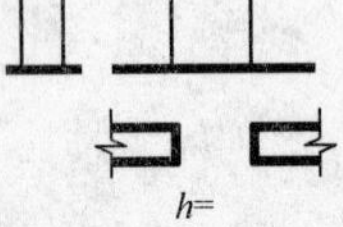	h 为门洞高度。

续表

序号	名称	图例	说明
22	单扇门（包括平开或单面弹簧）	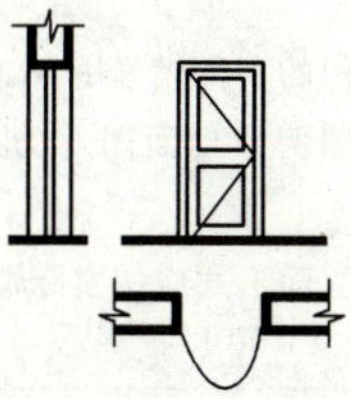	
23	双扇门（包括平开或单面弹簧）	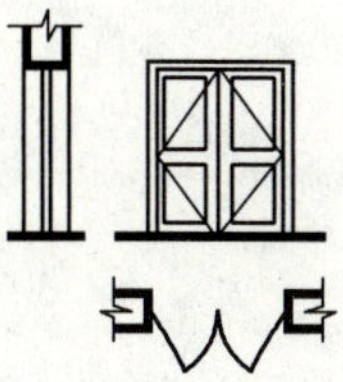	(1)门的名称代号用 M。 (2)图例中剖面图左为外、右为内，平面图下为外、上为内。 (3)立面图上开启方向线交角的一侧为安装合页的一侧，实线为外开，虚线为内开。 (4)平面图上门线应 90°或 45°开启，开启弧线宜绘出。 (5)立面图上的开启线在一般设计图中可不表示，在详图及室内设计图上应表示。 (6)立面形式应按实际情况绘制。
24	对开折叠门	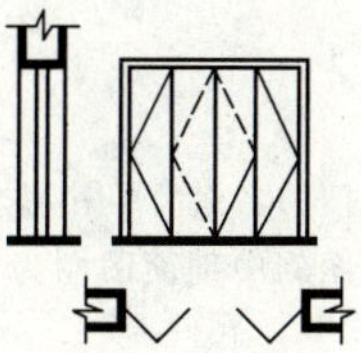	
25	推拉门	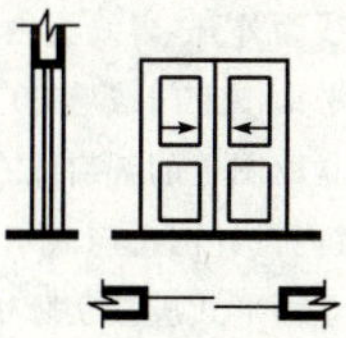	
26	墙外单扇推拉门	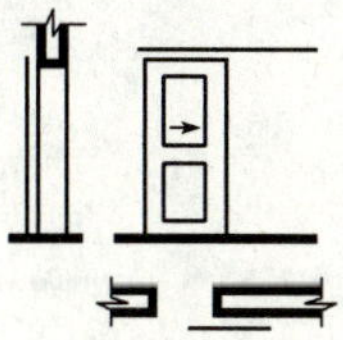	(1)门的名称代号用 M。 (2)图例中剖面图左为外、右为内，平面图下为外、上为内。 (3)立面形式应按实际情况绘制。
27	墙外双扇推拉门	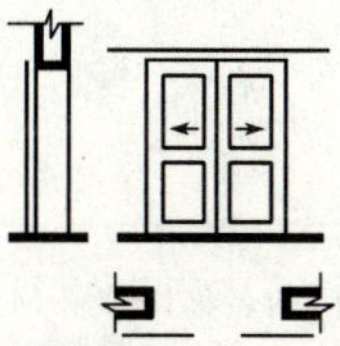	
28	墙中单扇推拉门	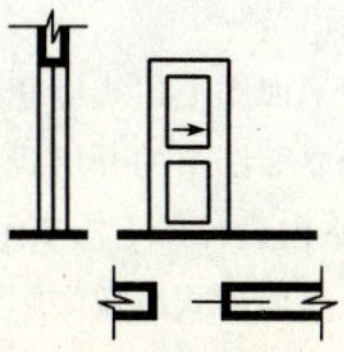	

续表

序号	名 称	图 例	说 明
29	墙中双扇推拉门	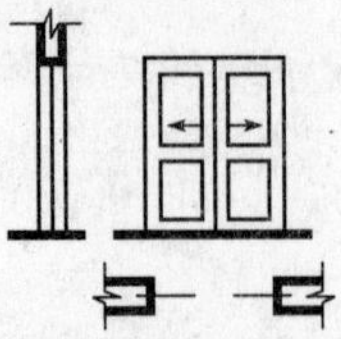	(1)门的名称代号用 M。 (2)图例中剖面图左为外、右为内,平面图下为外、上为内。 (3)立面形式应按实际情况绘制。
30	单扇双面弹簧门	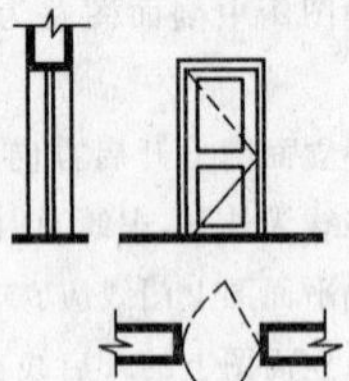	
31	双扇双面弹簧门	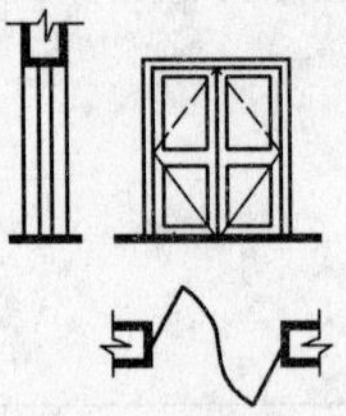	(1)门的名称代号用 M。 (2)图例中剖面图左为外、右为内,平面图下为外、上为内。 (3)立面图上开启方向线交角的一侧为安装合页的一侧,实线为外开,虚线为内开。 (4)平面图上门线应 90°或 45°开启,开启弧线宜绘出。 (5)立面图上的开启线在一般设计图中可不表示,在详图及室内设计图上应表示。 (6)立面形式应按实际情况绘制。
32	单扇内外开双层门(包括平开或单面弹簧)	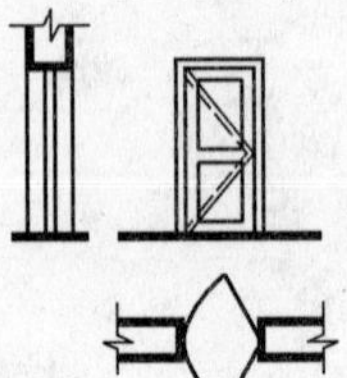	
33	双扇内外开双层门(包括平开或单面弹簧)	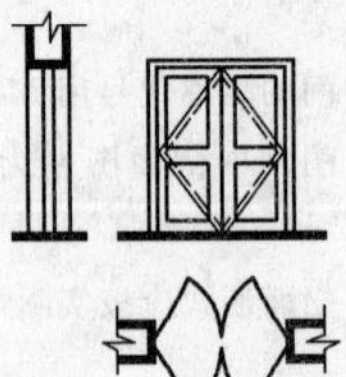	
34	转 门	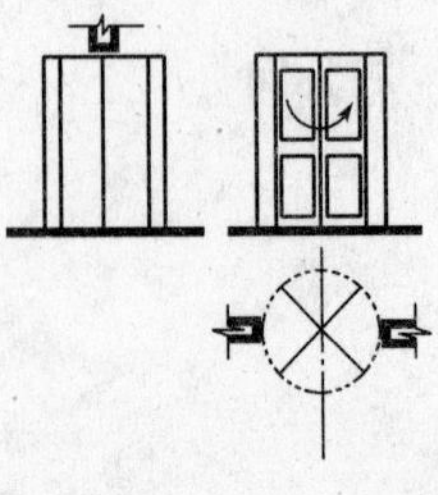	(1)门的名称代号用 M。 (2)图例中剖面图左为外、右为内,平面图下为外、上为内。 (3)平面图上门线应 90°或 45°开启,开启弧线宜绘出。 (4)立面图上的开启线在一般设计图中可不表示,在详图及室内设计图上应表示。 (5)立面形式应按实际情况绘制。

续表

序号	名 称	图 例	说 明
35	自动门	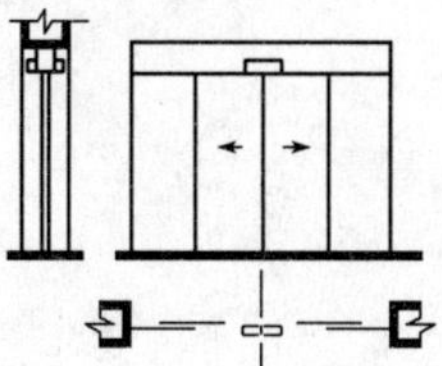	(1)门的名称代号用 M。 (2)图例中剖面图左为外、右为内,平面图下为外、上为内。 (3)立面形式应按实际情况绘制。
36	折叠上翻门	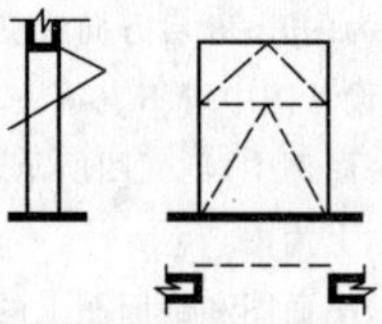	(1)门的名称代号用 M。 (2)图例中剖面图左为外、右为内,平面图下为外、上为内。 (3)立面图上开启方向线交角的一侧为安装合页的一侧,实线为外开,虚线为内开。 (4)立面形式应按实际情况绘制。 (5)立面图上的开启线设计图中应表示。
37	竖向卷帘门	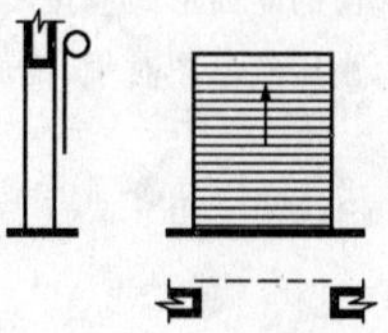	
38	横向卷帘门	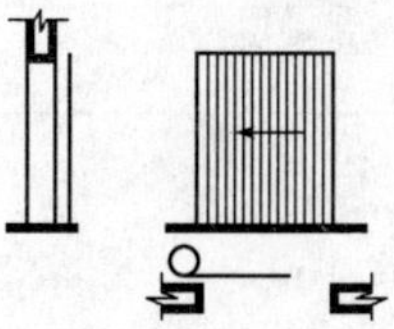	(1)门的名称代号用 M。 (2)图例中剖面图左为外、右为内,平面图下为外、上为内。 (3)立面形式应按实际情况绘制。
39	提升门	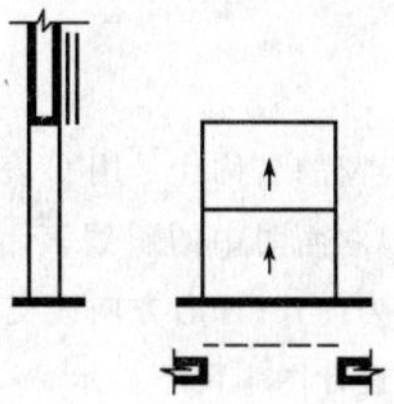	
40	单层固定窗	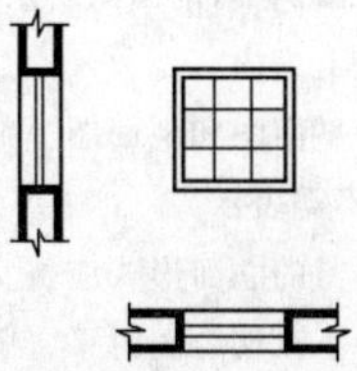	(1)窗的名称代号用 C 表示。 (2)立面图中的斜线表示窗的开启方向,实线为外开,虚线为内开;开启方向线交角的一侧为安装合页的一侧,一般设计图中可不表示。 (3)图例中,剖面图所示左为外,右为内,平面图所示下为外,上为内。 (4)平面图和剖面图上的虚线仅说明开关方式,在设计图中不需表示。 (5)窗的立面形式应按实际绘制。 (6)小比例绘图时平、剖面的窗线可用单粗实线表示。
41	单层外开 上悬窗	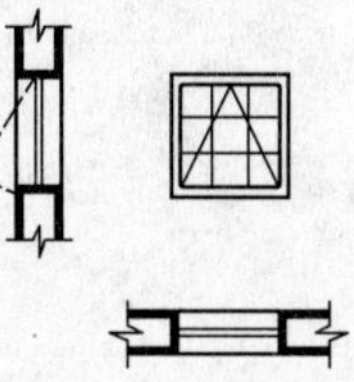	

续表

序号	名称	图例	说明
42	单层中悬窗	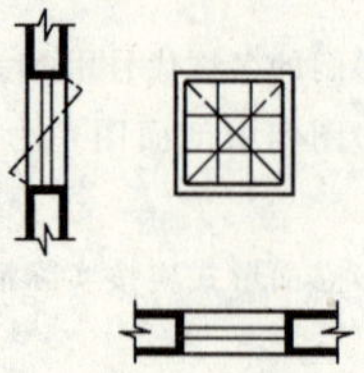	
43	单层内开下悬窗	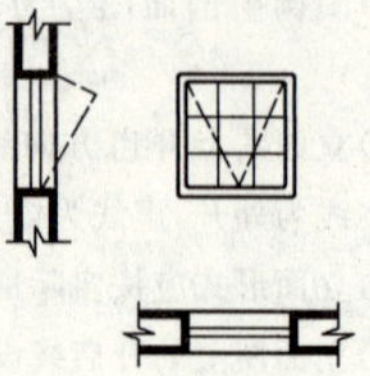	(1)窗的名称代号用C表示。 (2)立面图中的斜线表示窗的开启方向,实线为外开,虚线为内开;开启方向线交角的一侧为安装合页的一侧,一般设计图中可不表示。 (3)图例中,剖面图所示左为外,右为内,平面图所示下为外,上为内。 (4)平面图和剖面图上的虚线仅说明开关方式,在设计图中不需表示。 (5)窗的立面形式应按实际绘制。 (6)小比例绘图时平、剖面的窗线可用单粗实线表示。
44	立转窗	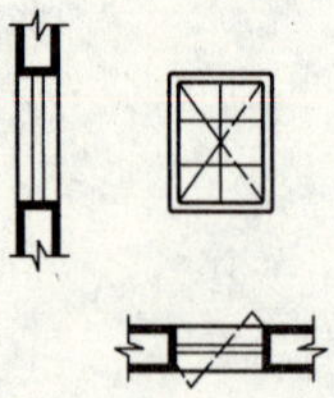	
45	单层外开平开窗	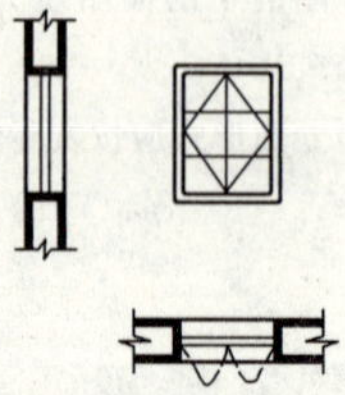	
46	单层内开平开窗	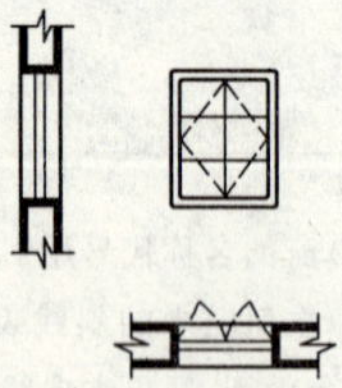	(1)窗的名称代号用C表示。 (2)立面图中的斜线表示窗的开启方向,实线为外开,虚线为内开;开启方向线交角的一侧为安装合页的一侧,一般设计图中可不表示。 (3)图例中,剖面图所示左为外,右为内,平面图所示下为外,上为内。 (4)平面图和剖面图上的虚线仅说明开关方式,在设计图中不需表示。 (5)窗的立面形式应按实际绘制。 (6)小比例绘图时平、剖面的窗线可用单粗实线表示。
47	双层内外开平开窗	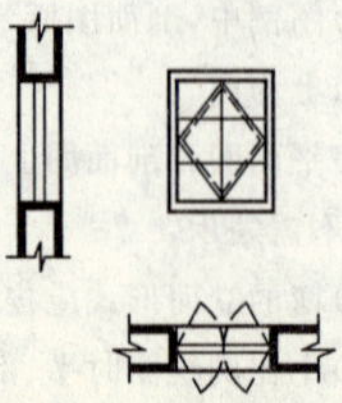	

续表

序号	名称	图例	说明
48	推拉窗	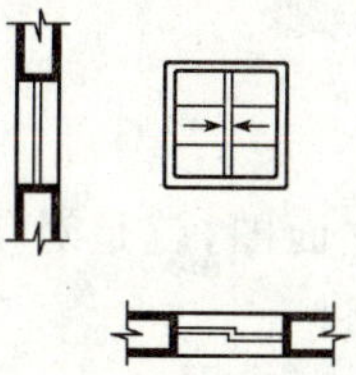	(1)窗的名称代号用C表示。 (2)图例中,剖面图所示左为外,右为内,平面图所示下为外,上为内。 (3)窗的立面形式应按实际绘制。 (4)小比例绘图时平、剖面的窗线可用单粗实线表示。
49	上推窗	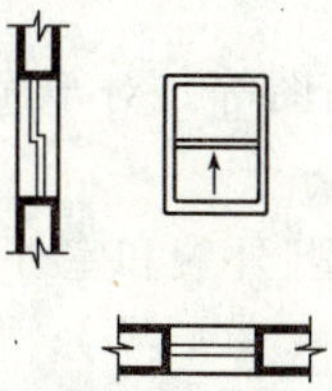	
50	百叶窗	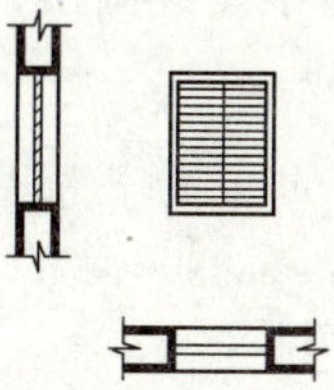	(1)窗的名称代号用C表示。 (2)立面图中的斜线表示窗的开启方向,实线为外开,虚线为内开;开启方向线交角的一侧为安装合页的一侧,一般设计图中可不表示。 (3)图例中,剖面图所示左为外,右为内,平面图所示下为外,上为内。 (4)平面图和剖面图上的虚线仅说明开关方式,在设计图中不需表示。 (5)窗的立面形式应按实际绘制。 (6)h 为窗底距本层楼地面的高度。
51	高窗	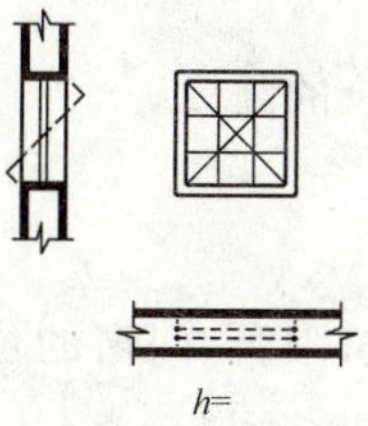 $h=$	

2)定位轴线。所谓定位轴线是表示建筑物主要结构或构件位置的点画线。凡是承重墙、柱、梁、屋架等主要承重构件都应画上轴线,并编上轴线号,以确定其位置;对于次要的墙、柱等承重构件,则编附加轴线号确定其位置。

3)房屋平面布置,包括平面形状、朝向、出入口、房间、走廊、门厅、楼梯间等的布置组合情况。

4)阅读各类尺寸。图中标注房屋总长及总宽尺寸,各房间开间、进深、细部尺寸和室内外地面标高。阅读时,应依次查阅总长和总宽尺寸,轴线间尺寸,门窗洞口和窗间墙尺寸,外部及内部局(细)部尺寸和高度尺寸(标高)。

5)门窗的类型、数量、位置及开启方向。

6)墙体、(构造)柱的材料、尺寸。涂黑的小方块表示构造柱的位置。

7)阅读剖切符号和索引符号的位置和数量。

(6)屋顶平面图。屋顶平面图是俯视屋顶时的水平投影图,主要表示屋面的形状及排水

情况和突出屋面的构造位置。由图可见:
1)屋面排水情况,如排水坡度、排水分区、天沟、檐沟和下水口的位置等。
2)突出屋面的构造有出入口及水箱等。
3)屋顶隔热板做法详图索引标志。

3. 建筑立面图阅读

(1)立面图的形成及名称。建筑立面图,简称立面图,就是对房屋的前后左右各个方向所作的正投影图。立面图的命名方法有:
1)按房屋朝向,如南立面图,北立面图,东立面图,西立面图。
2)按轴线的编号。
3)按房屋的外貌特征命名,如正立面图,背立面图等。对于简单的对称式房屋,立面图可只绘一半,但应画出对称轴线和对称符号。

(2)立面图的用途。立面图是表示建筑物的体型、外貌和室外装修要求的图样。主要用于外墙的装修施工和编制工程预算。

(3)图线规定。立面图的外形轮廓线用粗实线表示;室外地坪线用特粗实线绘制,勒脚、门窗洞口、檐口、阳台、雨篷、台阶、花池等的轮廓线用中实线画出;其他次要部分如门窗扇、墙面分格线等用细实线表示。

(4)立面图的基本内容。
1)表示房屋的外貌。
2)表示门窗的位置、外形与开启方向(用图例表示)。
3)表示主要出入口、台阶、勒脚、雨篷、阳台、檐沟及雨水管等的布置位置、立面形状。
4)外墙装修材料与做法。
5)标高及竖向尺寸,表示建筑物的总高及各部位的高度。
6)另画详图的部位用详图索引符号表示。

(5)立面图阅读要点。
1)了解立面图的朝向及外貌特征。如房屋层数,阳台、门窗的位置和形式,雨水管、水箱的位置以及屋顶隔热层的形式等。
2)外墙面装饰做法。
3)各部位标高尺寸。找出图中标示室外地坪、勒脚、窗台、门窗顶及檐口等处的标高。

4. 建筑剖面图阅读

(1)剖面图的形成和用途。建筑剖面图简称剖面图,一般是指建筑物的垂直剖面图,且多为横向剖切形式。剖面图的用途:
1)主要表示建筑物内部垂直方向的结构形式、分层情况,内部构造及各部位的高度等,用于指导施工。
2)编制工程预算时,与平、立面图配合计算墙体、内部装修等的工程量。

(2)图线画法规定。剖面图中的室内外地坪用特粗实线表示;剖切到的部位如墙、楼板、楼梯等用粗实线画出;没有剖切到的可见部分用中实线表示;其他如引出线用细实线表示。习惯上,基础部分用折断线省略,另画结构图表达。

(3)剖面图的基本内容。
1)建筑物从地面到屋面的内部构造及其空间组合。

2)竖向尺寸与标高,表示建筑物的总高、层高、各层楼地面的标高、室内外地坪标高及门窗洞口高度等。

3)各主要承重构件的位置及其相互关系,如各层梁、板的位置与墙体的关系等。

4)楼面、地面、墙面、屋顶、顶棚等的内装修材料与做法。

5)详图索引符号。

(4)剖面图阅读要点。

1)熟悉建筑材料图例,见表2-9。

表2-9 常用建筑材料图例

序号	名 称	图 例	备 注
1	自然土壤		包括各种自然土壤。
2	夯实土壤	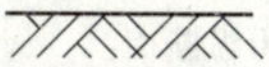	
3	砂、灰土		靠近轮廓线绘较密的点。
4	砂砾石、碎砖三合土	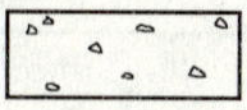	
5	石 材		
6	毛 石		
7	普通砖		包括实心砖、多孔砖、砌块等砌体。断面较窄不易绘出图例线时,可涂红。
8	耐火砖		包括耐酸砖等砌体。
9	空心砖		指非承重砖砌体。
10	饰面砖	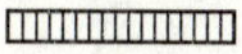	包括铺地砖、马赛克、陶瓷锦砖、人造大理石等。
11	焦渣、矿渣	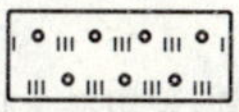	包括与水泥、石灰等混合而成的材料。
12	混凝土	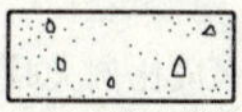	(1)本图例指能承重的混凝土及钢筋混凝土。 (2)包括各种强度等级、骨料、添加剂的混凝土。 (3)在剖面图上画出钢筋时,不画图例线。 (4)断面图形小,不易画出图例线时,可涂黑。
13	钢筋混凝土		

续表

序号	名　称	图　例	备　注
14	多孔材料		包括水泥珍珠岩、沥青珍珠岩、泡沫混凝土、非承重加气混凝土、软木、蛭石制品等。
15	纤维材料	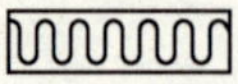	包括矿棉、岩棉、玻璃棉、麻丝、木丝板、纤维板等。
16	泡沫塑料材料		包括聚苯乙烯、聚乙烯、聚氨酯等多孔聚合物类材料。
17	木　材	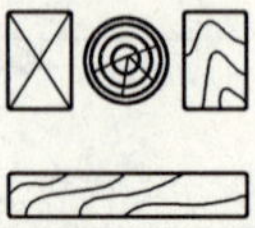	(1)上图为横断面，上左图为垫木、木砖或木龙骨。 (2)下图为纵断面。
18	胶合板	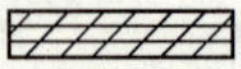	应注明为×层胶合板。
19	石膏板	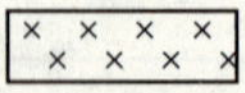	包括圆孔、方孔石膏板、防水石膏板等。
20	金　属		(1)包括各种金属。 (2)图形小时，可涂黑。
21	网状材料		(1)包括金属、塑料网状材料。 (2)应注明具体材料名称。
22	液　体	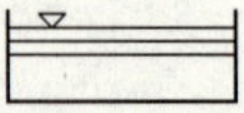	应注明具体液体名称。
23	玻　璃	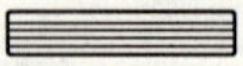	包括平板玻璃、磨砂玻璃、夹丝玻璃、钢化玻璃、中空玻璃、加层玻璃、镀膜玻璃等。
24	橡　胶		
25	塑　料	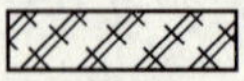	包括各种软、硬塑料及有机玻璃等。
26	防水材料	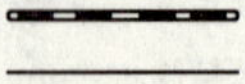	构造层次多或比例大时，采用上面图例。
27	粉　刷		本图例采用较稀的点。

2)了解剖切位置、投影方向和比例。注意图名及轴线编号应与底层平面图相对应。

3)分层、楼梯分段与分级情况。

4)标高及竖向尺寸。图中的主要标高有:室内外地坪、入口处、各楼层、楼梯休息平台、窗台、檐口、雨篷底等;主要尺寸有:房屋进深、窗高度,上下窗间墙高度,阳台高度等。

5)主要构件间的关系,图中各楼板、屋面板及平台板均搁置在砖墙上,并设有圈梁和过梁。

6)屋顶、楼面、地面的构造层次和做法。

5. 建筑详图阅读

建筑详图是把房屋的某些细部构造及构配件用较大的比例(如1:20,1:10,1:5等)将其形状、大小、材料和做法详细表达出来的图样,简称详图或大样图、节点图。常用的详图一般有:墙身详图、楼梯详图、门窗详图、厨房、卫生间、浴室、壁橱及装修详图(吊顶、墙裙、贴面)等。

(1)明确详图与被索引图样的对应关系。

(2)查看详图所表达的细部或构配件的名称及其图样组成。图示厨厕详图包括平面图、立面图和剖面图以及做法大样。

(3)将上述图样对照阅读,即可了解详图所表达的具体内容。

第四节　建筑设计中需考虑的人体及家具尺寸

一、人体的功能尺度

(1)人体动作及相对关系的略算值(见图2-31)。

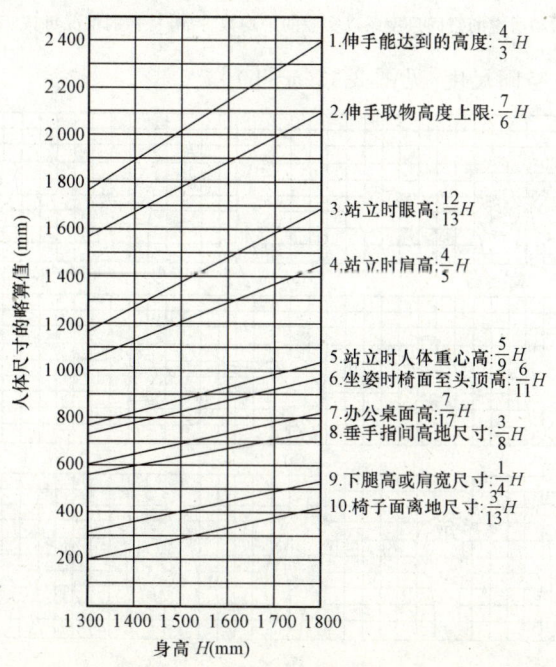

图2-31　人体动作及相对关系的略算值

(2) 人体基本动作尺度[见图2-32(a～h)]

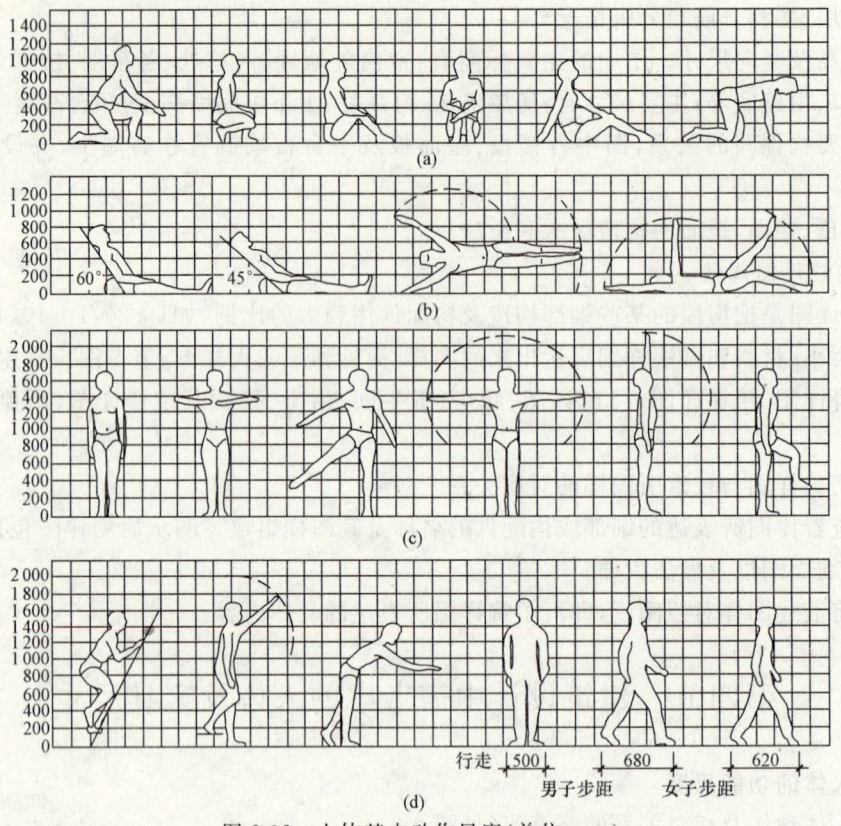

图 2-32　人体基本动作尺度(单位:mm)

注:本图中人体活动所占的空间尺度系以实测的平均数为准,特殊的情况可按实际需要适当增减。

(3) 人体活动所占空间尺度[见图2-33(a～h)]。

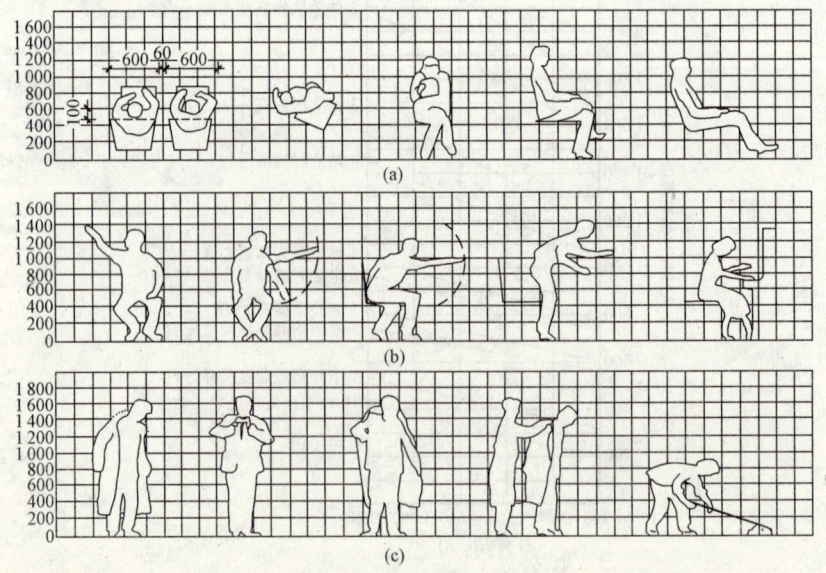

图 2-33　人体活动所占空间尺度(单位:mm)(一)

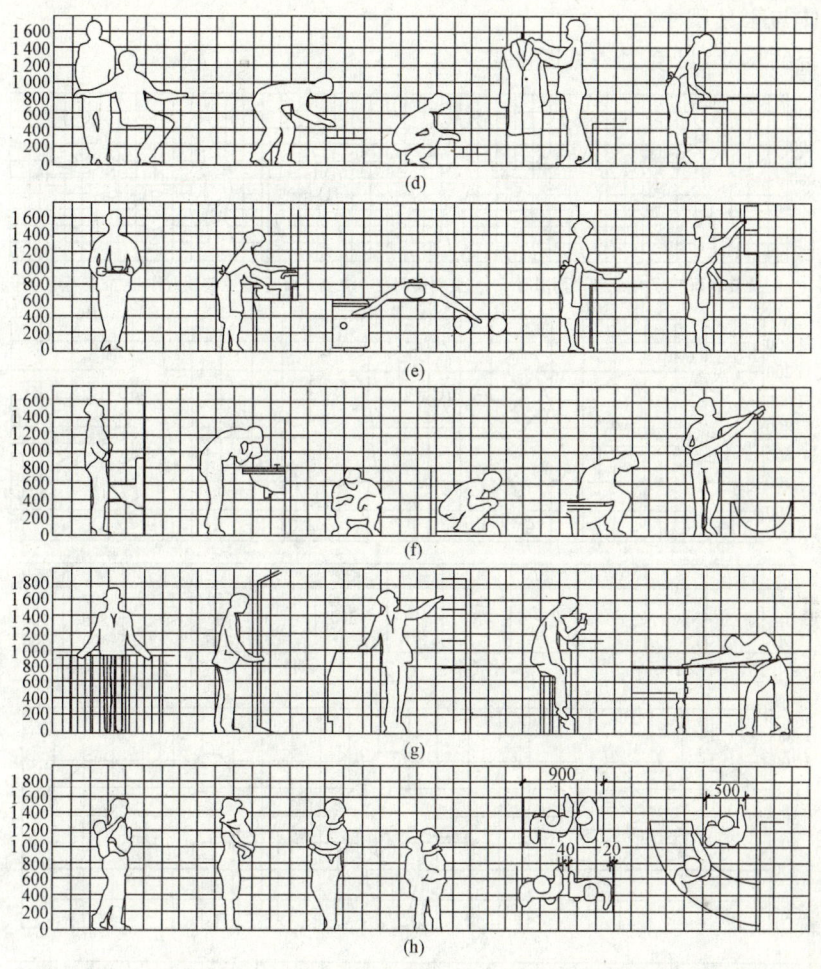

图 2-33 人体活动所占空间尺度（单位：mm）（二）

注：① a~c 图为生活起居动作；d 为存取动作；e 为厨房操作动作；f 为厕浴动作；g~h 为其他动作。

② 图中各项人体活动尺度已包括一般衣服厚度（各为 20mm），寒冷地区应按冬衣厚度适当增加（人体宽度及厚度各增 40mm）。在考虑人的组合间隔时采用：人与人之间隔≥40mm，人与墙之间隔≥20mm。

(3) **人体感觉尺度示意见图 2-34。**

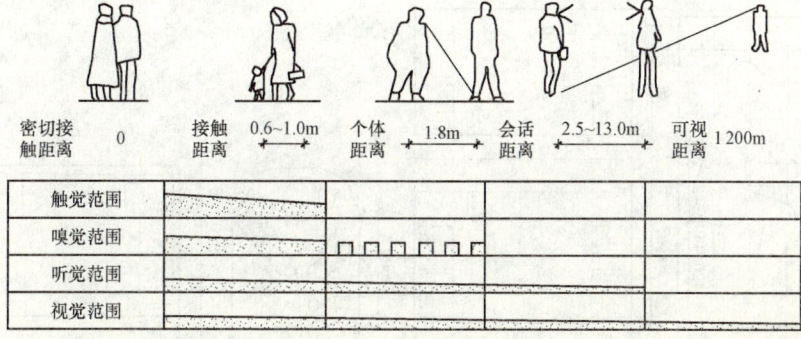

图 2-34 人体感觉尺度示意

(4) 人体与家具尺寸。

1) 桌、台的尺寸、尺度之一见图 2-35。

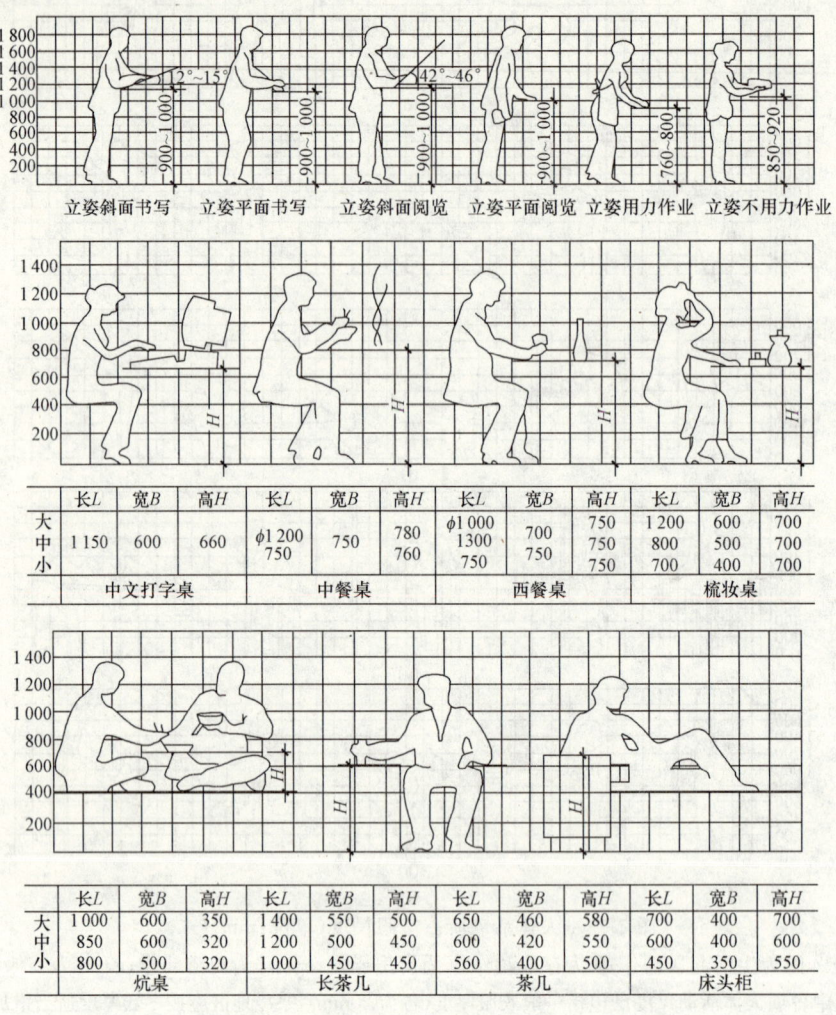

图 2-35　桌、台的尺寸,尺度之一(单位:mm)

2) 桌、台的尺寸、尺度之二见图 2-36。

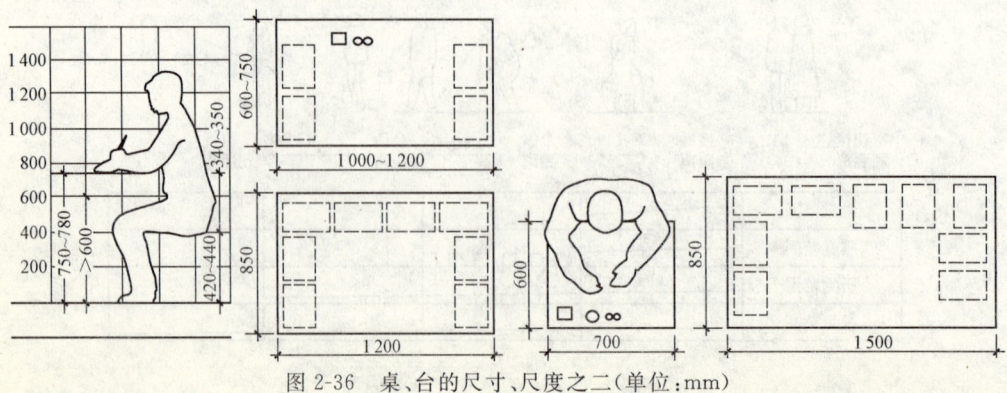

图 2-36　桌、台的尺寸,尺度之二(单位:mm)

(2) 在不同高度工作面上右臂舒适范围见图 2-37。

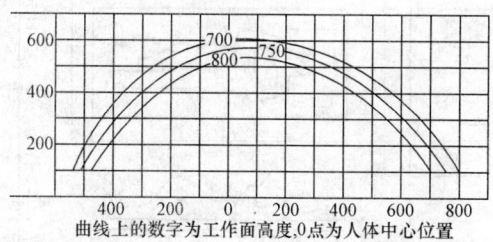
曲线上的数字为工作面高度,0 点为人体中心位置

图 2-37 在不同高度工作面上右臂舒适范围(单位:mm)

(3) 床的尺度见表 2-10、表 2-11、表 2-12、图 2-38。

表 2-10 单人床常用尺寸

	长 L	宽 B	高 H
大	2 000	1 050	450
中	1 900	900	420
小	1 850	850	420

表 2-11 双人床常用尺寸

	长 L	宽 B	高 H
大	2 000	1 500	450
中	1 900	1 350	420
小	1 850	1 200	420

表 2-12 欧美国家常用床尺寸

类	型	宽 /mm	长 /mm
美国式	双床间的单人床	990	1 900
	双人床	1 370	2 030
	大号床	1 520	2 100
	特大号床	1 830	
	(a) 推荐供旅馆和汽车旅馆使用		
欧洲式	单人间	1 000	2 000
	双人间	1 500	
	(b) 适合家用(公寓等)		
	小单人床	900	1 900
	小双人床	1 350	

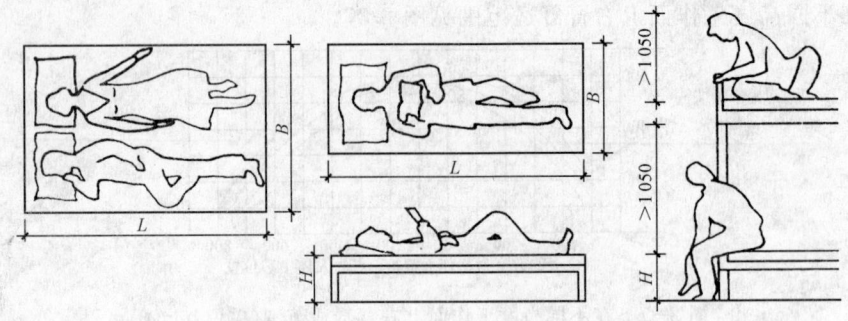

图 2-38 床的尺度(单位:mm)

二、家具设备常见尺寸

(1)各种坐椅的尺寸见表 2-13。

表 2-13 各种坐椅的尺寸

类 型	宽 度/mm	深 度/mm	高 度/mm	
			椅面高	椅背高
硬 椅	350~380	400~430	405~425	800~870
软 椅	360~400	450~480	同 上	同 上
折 椅	380~430	380~520	同 上	790~800

(2)躺椅、沙发的尺寸见表 2-14。

表 2-14 躺椅、沙发的尺寸

类 型	宽 度/mm	深 度/mm	背 高/mm
木躺椅	650~750	1 020~1 100	800~980
沙发式躺椅	730~800	930~970	880~
软椅式躺椅	580~850	950~1 100	850~900
单人沙发	670~880	720~880	800~900
三人沙发	1 600~1 900	600~880	750~890

(3)各种学习、办公用桌的尺寸见表 2-15。

表 2-15 各种学习、办公用桌的尺寸

类 型	宽 度/mm	深 度/mm	背 高/mm
单层桌	900~1 250	500~650	750~780
单柜办公桌	900~1 300	同 上	同 上
双柜办公桌	1 200~1 300	600~750	780~800
大型办公桌	1 600~2 000	760~1 100	同 上
木制绘图桌	1 200	900	1 000~1 100
机械绘图桌	1 200	1 000	1 000

(4)餐桌尺寸:矩形餐桌的尺寸见表 2-16;圆形餐桌的尺寸见图 2-39。

表 2-16　矩形餐桌的尺寸

类　　型	长　度/mm	宽　度/mm	高　度/mm
两人长桌	700~800	600	750~780
四人方桌	750~850	750~850	同　上
六人长桌	1 500~1 600	600~700	同　上
八人方桌	900~1 100	900~1 100	同　上

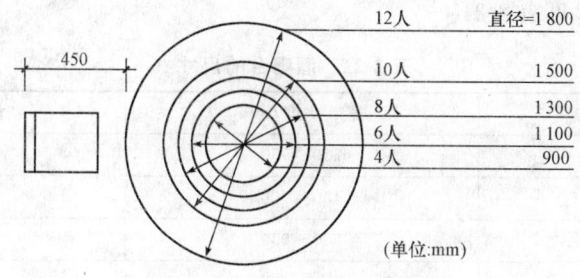

图 2-39　圆形餐桌的尺寸

(5)梳妆台及床头柜尺寸见表 2-17。

表 2-17　梳妆台及床头柜尺寸

	长　度/mm	宽　度/mm	高　度/mm	
			面高	通高
带镜梳妆台	1 150~1 400	450~500	750 左右	1 600~1 800
床头柜	400~500	350~600	600~700	

(6)衣柜、书柜和书架尺寸见表 2-18。

表 2-18　衣柜、书柜和书架的尺寸

	长　度/mm	宽　度/mm	高　度/mm
二开门衣柜	950~1 200	530~600	1 800~1 900
三开门衣柜	1 200~1 500	同　上	同　上
书柜(橱)	750~950	300~400	1 200~1 800
书架	900~1 200	350~450	1 700~1 900

(7)幼儿用椅子的尺寸见表 2-19。

表 2-19　幼儿用椅子的尺寸

	宽　度/mm	深　度/mm	高　度/mm	
			椅面高	椅背高
3~5 岁	260~280	230~260	220~250	450~500
5~7 岁	300~310	290~310	280~300	550~590

(8)幼儿床和桌的尺寸见表2-20。

表2-20 幼儿床和桌的尺寸

		长度/mm	宽度/mm	高度/mm
桌子	3~5岁	1 000	700	410~470
	5~7岁	1 000	700	520~560
床		900~1 240	550~700	800~1 100

注:床高指床头高度。

(9)酒吧台的尺寸见表2-21。

表2-21 酒吧台的尺寸

酒吧台部位	宽度/mm	高度/mm
总体	700~950	1 000~1 150
吧台面	450~700	1 000~1 150
售酒台面	550~650	760
吧座	φ300~500	750~840

(10)乒乓球和台球桌尺寸见表2-22。

表2-22 乒乓球和台球桌尺寸

	长度/mm	宽度/mm	高度/mm
乒乓球桌	2 740	1 525	760
台球桌(一)	2 880~3 300	1 530~1 800	780
台球桌(二)	2 900	1 600	780

(11)钢琴的基本尺寸见表2-23。

表2-23 钢琴的基本尺寸

	长度/mm	宽度/mm	高度/mm
立式钢琴	1 400~1 600	600~700	1 100~1 500
三角钢琴	1 450~1 650	1 100~2 300 1 700~2 800	1 900

注:长度指琴键方向。

第三章 民用建筑设计

第一节 民用建筑设计一般规定

一、民用建筑设计基本规定

(1)专用术语释义。
1)民用建筑供。人们居住和进行公共活动的建筑的总称。
2)居住建筑供。人们居住使用的建筑。
3)公共建筑供。人们进行各种公共活动的建筑。
4)无障碍设施。方便残疾人、老年人等行动不便或有视力障碍者使用的安全设施。
5)停车空间。停放机动车和非机动车的室内、外空间。
6)日照标准。根据建筑物所处的气候区、城市大小和建筑物的使用性质确定的,在规定的日照标准日(冬至日或大寒日)的有效日照时间范围内,以底层窗台面为计算起点的建筑外窗获得的日照时间。
7)层高。建筑物各层之间以楼、地面面层(完成面)计算的垂直距离,屋顶层由该层楼面面层(完成面)至平屋面的结构面层或至坡顶的结构面层与外墙外皮延长线的交点计算的垂直距离。
8)室内净高。从楼、地面面层(完成面)至吊顶或楼盖、屋盖底面之间的有效使用空间的垂直距离。
9)地下室。房间地平面低于室外地平面的高度超过该房间净高的1/2者为地下室。
10)半地下室。房间地平面低于室外地平面的高度超过该房间净高的1/3,且不超过1/2者为半地下室。
11)设备层。建筑物中专为设置暖通、空调、给水排水和配变电等的设备和管道且供人员进入操作用的空间层。
12)避难层。建筑高度超过100m的高层建筑,为消防安全专门设置的供人们疏散避难的楼层。
13)架空层。仅有结构支撑而无外围护结构的开敞空间层。
14)台阶。在室外或室内的地坪或楼层不同标高处设置的供人行走的阶梯。
15)坡道。连接不同标高的楼面、地面,供人行或车行的斜坡式交通道。
16)栏杆。高度在人体胸部至腹部之间,用以保障人身安全或分隔空间用的防护分隔构件。
17)楼梯由连续行走的梯级、休息平台和维护安全的栏杆(或栏板)、扶手以及相应的支托结构组成的作为楼层之间垂直交通用的建筑部件。
18)变形缝为防止建筑物在外界因素作用下,结构内部产生附加变形和应力,导致建筑物开裂、碰撞甚至破坏而预留的构造缝,包括伸缩缝、沉降缝和抗震缝。
19)建筑幕墙由金属构架与板材组成的,不承担主体结构荷载与作用的建筑外围护结构。

20) 吊顶 悬吊在房屋屋顶或楼板结构下的顶棚。
21) 管道井。建筑物中用于布置竖向设备管线的竖向井道。
22) 烟道。排除各种烟气的管道。
23) 通风道。排除室内蒸汽、潮气或污浊空气以及输送新鲜空气的管道。
24) 装修以建筑物主体结构为依托,对建筑内、外空间进行的细部加工和艺术处理。
25) 采光。为保证人们生活、工作或生产活动具有适宜的光环境,使建筑物内部使用空间取得的天然光照度满足使用、安全、舒适、美观等要求的技术。
26) 采光系数。在室内给定平面上的一点,由直接或间接地接收来自假定和已知天空亮度分布的天空漫射光而产生的照度与同一时刻该天空半球在室外无遮挡水平面上产生的天空漫射光照度之比。
27) 采光系数标准值。室内和室外天然光临界照度时的采光系数值。
28) 通风。为保证人们生活、工作或生产活动具有适宜的空气环境,采用自然或机械方法,对建筑物内部使用空间进行换气,使空气质量满足卫生、安全、舒适等要求的技术。
29) 噪声。影响人们正常生活、工作、学习、休息,甚至损害身心健康的外界干扰声。

(2) 民用建筑分类。

1) 民用建筑按使用功能可分为居住建筑和公共建筑两大类。
2) 民用建筑按地上层数或高度分类划分应符合下列规定:
① 住宅建筑按层数分类:一层至三层为低层住宅,四层至六层为多层住宅,七层至九层为中高层住宅,十层及十层以上为高层住宅;
② 除住宅建筑之外的民用建筑高度不大于24m者为单层和多层建筑,大于24m者为高层建筑(不包括建筑高度大于24m的单层公共建筑);
③ 建筑高度大于100m的民用建筑为超高层建筑。
注:本条建筑层数和建筑高度计算应符合防火规范的有关规定。
3) 民用建筑等级分类划分应符合有关标准或行业主管部门的规定。

(3) 建筑气候分区对建筑基本要求。建筑气候分区对建筑的基本要求应符合表3-1的规定,中国建筑气候区划图见图3-1。

表3-1 不同分区对建筑基本要求

分区名称		热工分区名称	气候主要指标	建筑基本要求
Ⅰ	ⅠA ⅠB ⅠC ⅠD	严寒地区	1月平均气温≤−10℃ 7月平均气温≤25℃ 7月平均相对湿度≥50%	(1) 建筑物必须满足冬季保温、防寒、防冻等要求。 (2) ⅠA、ⅠB区应防止冻土、积雪对建筑物的危害。 (3) ⅠB、ⅠC、ⅠD区的西部,建筑物应防冰雹、防风沙。
Ⅱ	ⅡA ⅡB	寒冷地区	1月平均气温−10~0℃ 7月平均气温18~28℃	(1) 建筑物应满足冬季保温、防寒、防冻等要求,夏季部分地区应兼顾防热。 (2) ⅡA区建筑物应防热、防潮、防暴风雨,沿海地带应防盐雾侵蚀。
Ⅲ	ⅢA ⅢB ⅢC	夏热冬冷地区	1月平均气温0~10℃ 7月平均气温25~30℃	(1) 建筑物必须满足夏季防热、遮阳、通风降温要求,冬季应兼顾防寒。 (2) 建筑物应防雨、防潮、防洪、防雷电。 (3) ⅢA区应防台风、暴雨袭击及盐雾侵蚀。

续表

分区名称	热工分区名称	气候主要指标	建筑基本要求
Ⅳ ⅣA ⅣB	夏热冬暖地区	1月平均气温≥10℃ 7月平均气温 25～29℃	(1)建筑物必须满足夏季防热、遮阳、通风、防雨要求。 (2)建筑物防暴雨、防潮、防洪、防雷电。 (3)ⅣA区应防台风、暴雨袭击及盐雾侵蚀。
Ⅴ ⅤA ⅤB	温和地区	7月平均气温 18～25℃ 1月平均气温 0～13℃	(1)建筑物应满足防雨和通风要求。 (2)ⅤA区建筑物应注意防寒,ⅤB区应特别注意防雷电。
Ⅵ ⅥA ⅥB	严寒地区	7月平均气温<18℃ 1月平均气温 0～-22℃	(1)热工应符合严寒和寒冷地区相关要求。 (2)ⅥA、ⅥB应防冻土对建筑物地基及地下管道的影响,并应特别注意防风沙。 (3)ⅥC区的东部,建筑物应防雷电。
	ⅥC	寒冷地区		
Ⅶ ⅦA ⅦB ⅦC	严寒地区	7月平均气温≥18℃ 1月平均气温-5～-20℃ 7月平均相对湿度<50%	(1)热工应符合严寒和寒冷地区相关要求。 (2)除ⅦD区外,应防冻土对建筑物地基及地下管道的危害。 (3)ⅦB区建筑物应特别注意积雪的危害。 (4)ⅦC区建筑物应特别注意防风沙,夏季兼顾防热。 (5)ⅦD区建筑物应注意夏季防热,吐鲁番盆地应特别注意隔热、降温。
	ⅦD	寒冷地区		

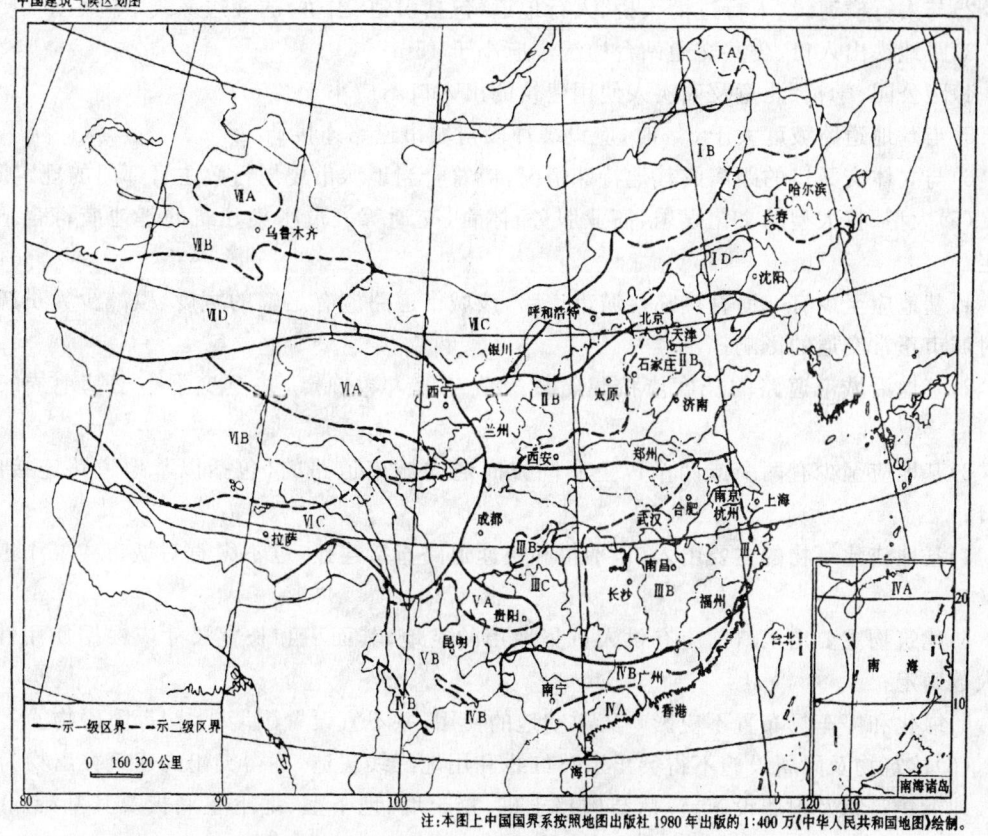

图 3-1 中国建筑气候区划

二、城市规划对建筑的限定

(1)基地应与道路红线相邻接,否则应设基地道路与道路红线所划定的城市道路相连接。基地内建筑面积小于或等于 3 000m² 时,基地道路的宽度不应小于 4m,基地内建筑面积大于 3 000m² 且只有一条基地道路与城市道路相连接时,基地道路的宽度不应小于 7m,若有两条以上基地道路与城市道路相连接时,基地道路的宽度不应小于 4m。

(2)基地地面高程应符合下列规定:

1)基地地面高程应按城市规划确定的控制标高设计;

2)基地地面高程应与相邻基地标高协调,不妨碍相邻各方的排水;

3)基地地面最低处高程宜高于相邻城市道路最低高程,否则应有排除地面水的措施。

(3)相邻基地的关系应符合下列规定:

1)建筑物与相邻基地之间应按建筑防火等要求留出空地和道路。当建筑前后各自留有空地或道路,并符合防火规范有关规定时,则相邻基地边界两边的建筑可毗连建造;

2)本基地内建筑物和构筑物均不得影响本基地或其他用地内建筑物的日照标准和采光标准;

3)除城市规划确定的永久性空地外,紧贴基地用地红线建造的建筑物不得向相邻基地方向设洞口、门、外平开窗、阳台、挑檐、空调室外机、废气排出口及排泄雨水。

(4)基地机动车出入口位置应符合下列规定:

1)与大中城市主干道交叉口的距离,自道路红线交叉点量起不应小于 70m;

2)与人行横道线、人行过街天桥、人行地道(包括引道、引桥)的最边缘线不应小于 5m;

3)距地铁出入口、公共交通站台边缘不应小于 15m;

4)距公园、学校、儿童及残疾人使用建筑的出入口不应小于 20m;

5)当基地道路坡度大于 8%时,应设缓冲段与城市道路连接;

6)与立体交叉口的距离或其他特殊情况,应符合当地城市规划行政主管部门的规定。

(5)大型、特大型的文化娱乐、商业服务、体育、交通等人员密集建筑的基地应符合下列规定:

1)基地应至少有一面直接临接城市道路,该城市道路应有足够的宽度,以减少人员疏散时对城市正常交通的影响;

2)基地沿城市道路的长度应按建筑规模或疏散人数确定,并至少不小于基地周长的 1/6;

3)基地应至少有两个或两个以上不同方向通向城市道路的(包括以基地道路连接的)出口;

4)基地或建筑物的主要出入口,不得和快速道路直接连接,也不得直对城市主要干道的交叉口;

5)建筑物主要出入口前应有供人员集散用的空地,其面积和长宽尺寸应根据使用性质和人数确定;

6)绿化和停车场布置不应影响集散空地的使用,并不宜设置围墙、大门等障碍物。

(6)建筑物及附属设施不得突出道路红线和用地红线建造,不得突出的建筑突出物为:

地下建筑物及附属设施,包括结构挡土桩、挡土墙、地下室、地下室底板及其基础、化粪池等;

地上建筑物及附属设施,包括门廊、连廊、阳台、室外楼梯、台阶、坡道、花池、围墙、平台、散水明沟、地下室进排风口、地下室出入口、集水井、采光井等;

除基地内连接城市的管线、隧道、天桥等市政公共设施外的其他设施。

(7)经当地城市规划行政主管部门批准,允许突出道路红线的建筑突出物应符合下列规定:

1)在有人行道的路面上空:

①2.50m以上允许突出建筑构件:凸窗、窗扇、窗罩、空调机位,突出的深度不应大于0.50m;

②2.50m以上允许突出活动遮阳,突出宽度不应大于人行道宽度减1m,并不应大于3m;

③3m以上允许突出雨篷、挑檐,突出的深度不应大于2m;

④5m以上允许突出雨篷、挑檐,突出的深度不宜大于3m。

2)在无人行道的路面上空:4m以上允许突出建筑构件,窗罩,空调机位,突出深度不应大于0.50m。

3)建筑突出物与建筑本身应有牢固的结合。

4)建筑物和建筑突出物均不得向道路上空直接排泄雨水、空调冷凝水及从其他设施排出的废水。

(8)当地城市规划行政主管部门在用地红线范围内另行划定建筑控制线时,建筑物的基底不应超出建筑控制线,突出建筑控制线的建筑突出物和附属设施应符合当地城市规划的要求。

(9)属于公益上有需要而不影响交通及消防安全的建筑物、构筑物,包括公共电话亭、公共交通候车亭、治安岗等公共设施及临时性建筑物和构筑物,经当地城市规划行政主管部门的批准,可突入道路红线建造。

(10)骑楼、过街楼和沿道路红线的悬挑建筑建造不应影响交通及消防的安全;在有顶盖的公共空间下不应设置直接排气的空调机、排气扇等设施或排出有害气体的通风系统。

三、场地设计

(1)民用建筑应根据城市规划条件和任务要求,按照建筑与环境关系的原则,对建筑布局、道路、竖向、绿化及工程管线等进行综合性的场地设计。

(2)建筑布局应符合下列规定

1)建筑间距应符合防火规范要求;

2)建筑间距应满足建筑用房天然采光的要求,并应防止视线干扰;

3)有日照要求的建筑应符合建筑日照标准的要求,并应执行当地城市规划行政主管部门制定的相应的建筑间距规定;

4)对有地震等自然灾害的地区,建筑布局应符合有关安全标准的规定;

5)建筑布局应使建筑基地内的人流、车流与物流合理分流,防止干扰,并有利于消防、停车和人员集散;

6)建筑布局应根据地域气候特征,防止和抵御寒冷、暑热、疾风、暴雨、积雪和沙尘等灾害侵袭,并应利用自然气流组织好通风,防止不良小气候产生;

7)根据噪声源的位置、方向和强度,应在建筑功能分区、道路布置、建筑朝向、距离以及

地形、绿化和建筑物的屏障作用等方面采取综合措施,以防止或减少环境噪声;

　　8)建筑物与各种污染源的卫生距离,应符合有关卫生标准的规定。

　(3)建筑日照标准应符合下列要求:

　　1)每套住宅至少应有一个居住空间获得日照,该日照标准应符合现行国家标准《城市居住区规划设计规范》GB 50180 有关规定;

　　2)宿舍半数以上的居室,应能获得同住宅居住空间相等的日照标准;

　　3)托儿所、幼儿园的主要生活用房,应能获得冬至日不小于 3h 的日照标准;

　　4)老年人住宅、残疾人住宅的卧室、起居室,医院、疗养院半数以上的病房和疗养室,中小学半数以上的教室应能获得冬至日不小于 2h 的日照标准。

　(4)建筑基地内道路应符合下列规定:

　　1)基地内应设道路与城市道路相连接,其连接处的车行路面应设限速设施,道路应能通达建筑物的安全出口;

　　2)沿街建筑应设连通街道和内院的人行通道(可利用楼梯间),其间距不宜大于 80m;

　　3)道路改变方向时,路边绿化及建筑物不应影响行车有效视距;

　　4)基地内设地下停车场时,车辆出入口应设有效显示标志;标志设置高度不应影响人、车通行;

　　5)基地内车流量较大时应设人行道路。

　(5)建筑基地道路宽度应符合下列规定:

　　1)单车道路宽度不应小于 4m,双车道路不应小于 7m;

　　2)人行道路宽度不应小于 1.50m;

　　3)利用道路边设停车位时,不应影响有效通行宽度;

　　4)车行道路改变方向时,应满足车辆最小转弯半径要求;消防车道路应按消防车最小转弯半径要求设置。

　(6)道路与建筑物间距应符合下列规定:

　　1)基地内设有室外消火栓时,车行道路与建筑物的间距应符合防火规范的有关规定;

　　2)基地内道路边缘至建筑物、构筑物的最小距离应符合现行国家标准《城市居住区规划设计规范》GB 50180 的有关规定;

　　3)基地内不宜设高架车行道路,当设置高架人行道路与建筑平行时应有保护私密性的视距和防噪声。

　(7)建筑基地内地下车库的出入口设置应符合下列要求:

　　1)地下车库出入口距基地道路的交叉路口或高架路的起坡点不应小于 7.50m;

　　2)地下车库出入口与道路垂直时,出入口与道路红线应保持不小于 7.50m 安全距离;

　　3)地下车库出入口与道路平行时,应经不小于 7.50m 长的缓冲车道汇入基地道路。

　(8)建筑基地地面和道路坡度应符合下列规定:

　　1)基地地面坡度不应小于 0.2%,地面坡度大于 8%时宜分成台地,台地连接处应设挡墙或护坡;

　　2)基地机动车道的纵坡不应小于 0.2%,亦不应大于 8%,其坡长不应大于 200m,在个别路段可不大于 11%,其坡长不应大于 80m;在多雪严寒地区不应大于 5%,其坡长不应大于 600m;横坡应为 1%~2%;

3)基地非机动车道的纵坡不应小于0.2%,亦不应大于3%,其坡长不应大于50m;在多雪严寒地区不应大于2%,其坡长不应大于100m;横坡应为1%~2%;

4)基地步行道的纵坡不应小于0.2%,亦不应大于8%,多雪严寒地区不应大于4%,横坡应为1%~2%;

5)基地内人流活动的主要地段,应设置无障碍人行道。

注:山地和丘陵地区竖向设计尚应符合有关规范的规定。

(9)建筑基地地面排水应符合下列规定:

1)基地内应有排除地面及路面雨水至城市排水系统的措施。排水方式应根据城市规划的要求确定,有条件的地区应采取雨水回收利用措施;

2)采用车行道排泄地面雨水时,雨水口形式及数量应根据汇水面积、流量、道路纵坡等确定;

3)单侧排水的道路及低洼易积水的地段,应采取排雨水时不影响交通和路面清洁的措施。

(10)建筑物底层出入口处应采取措施防止室外地面雨水回流。

(11)建筑工程项目应包括绿化工程,其设计应符合下列要求:

1)宜采用包括垂直绿化和屋顶绿化等在内的全方位绿化;绿地面积的指标应符合有关规范或当地城市规划行政主管部门的规定;

2)绿化的配置和布置方式应根据城市气候、土壤和环境功能等条件确定;

3)绿化与建筑物、构筑物、道路和管线之间的距离,应符合有关规范规定;

4)应保护自然生态环境,并应对古树名木采取保护措施;

5)应防止树木根系对地下管线缠绕及对地下建筑防水层的破坏。

四、室内环境

(1)各类建筑应进行采光系数的计算,其采光系数标准值应符合下列规定。

1)居住建筑的采光系数标准值应符合表3-2的规定。

表3-2 居住建筑的采光系数标准值

采光等级	房间名称	侧面采光	
		采光系数最低值C_{min}(%)	室内天然光临界照度/lx
Ⅳ	起居室(厅)、卧室、书房、厨房	1	50
Ⅴ	卫生间、过厅、楼梯间、餐厅	0.5	25

2)办公建筑的采光系数标准值应符合表3-3的规定。

表3-3 办公建筑采光系数标准值

采光等级	房间名称	侧面采光	
		采光系数最低值C_{min}(%)	室内天然光临界照度/lx
Ⅱ	设计室、绘图室	3	150
Ⅲ	办公室视屏工作室、会议室	2	100
Ⅳ	复印室、档案室	1	50
Ⅴ	走道、楼梯间、卫生间	0.5	25

3) 学校建筑的采光系数标准值必须符合 3-4 的规定。

表 3-4　学校建筑的采光系数标准值

采光等级	房间名称	侧面采光	
		采光系数最低值 C_{min}(%)	室内天然光临界照度/lx
Ⅲ	教室、阶梯教室实验室、报告厅	2	100
Ⅴ	走道、楼梯间、卫生间	0.5	25

4) 图书馆建筑的采光系数标准值应符合表 3-5 的规定。

表 3-5　图书馆建筑的采光系数标准值

采光等级	房间名称	侧面采光		侧面采光	
		采光系数最低值 C_{min}(%)	室内天然光临界照度/lx	采光系数平均值 C_{av}(%)	室内天然光临界照度/lx
Ⅲ	阅览室、开架书库	2	100	—	—
Ⅳ	目录室	1	50	1.5	75
Ⅴ	书库、走道、楼梯间、卫生间	0.5	25	—	—

5) 医院建筑的采光系数标准值应符合表 3-6 的规定。

表 3-6　医院建筑的采光系数标准值

采光等级	房间名称	侧面采光		顶部采光	
		采光系数最低值 C_{min}(%)	室内天然光临界照度/lx	采光系数平均值 C_{av}(%)	室内天然光临界照度/lx
Ⅲ	诊室、药房、治疗室、化验室	2	100	—	—
Ⅳ	候诊室、挂号处、综合大厅病房、医生办公室(护士室)	1	50	1.5	75
Ⅴ	走道、楼梯间、卫生间	0.5	25	—	—

注：表 3-2 至 3-6 所列采光系数标准值适用于Ⅲ类光气候区。其他地区的采光系数标准值应乘以相应地区光气候系数。

(2) 有效采光面积计算应符合下列规定：

1) 侧窗采光口离地面高度在 0.80m 以下的部分不应计入有效采光面积；

2) 侧窗采光口上部有效宽度超过 1m 以上的外廊、阳台等外挑遮挡物，其有效采光面积

可按采光口面积的70%计算;

3)平天窗采光时,其有效采光面积可按侧面采光口面积的2.50倍计算。

(3)建筑物室内应有与室外空气直接流通的窗口或洞口,否则应设自然通风道或机械通风设施。

(4)采用直接自然通风的空间,其通风开口面积应符合下列规定:

1)生活、工作的房间的通风开口有效面积不应小于该房间地板面积的1/20;

2)厨房的通风开口有效面积不应小于该房间地板面积的1/10,并不得小于0.60m²,厨房的炉灶上方应安装排除油烟设备,并设排烟道。

(5)严寒地区居住用房,厨房、卫生间应设自然通风道或通风换气设施。无外窗的浴室和厕所应设机械通风换气设施,并设通风道。厨房、卫生间的门的下方应设进风固定百叶,或留有进风缝隙。自然通风道的位置应设于窗户或进风口相对的一面。

(6)建筑物宜布置在向阳、无日照遮挡、避风地段。设置供热的建筑物体形应减少外表面积。严寒地区的建筑物宜采用围护结构外保温技术,并不应设置开敞的楼梯间和外廊,其出入口应设门斗或采取其他防寒措施;寒冷地区的建筑物不宜设置开敞的楼梯间和外廊,其出入口宜设门斗或采取其他防寒措施。建筑物的外门窗应减少其缝隙长度,并采取密封措施,宜选用节能型外门窗。严寒和寒冷地区设置集中供暖的建筑物,其建筑热工和采暖设计应符合有关节能设计标准的规定。夏热冬冷地区、夏热冬暖地区建筑物的建筑节能设计应符合有关节能设计标准的规定。

(7)夏季防热的建筑物应符合下列规定:

1)建筑物的夏季防热应采取绿化环境、组织有效自然通风、外围护结构隔热和设置建筑遮阳等综合措施;

2)建筑群的总体布局、建筑物的平面空间组织、剖面设计和门窗的设置,应有利于组织室内通风;

3)建筑物的东、西向窗户,外墙和屋顶应采取有效的遮阳和隔热措施;

4)建筑物的外围护结构,应进行夏季隔热设计,并应符合有关节能设计标准的规定。

(8)设置空气调节的建筑物应符合下列规定:

1)建筑物的体形应减少外表面积;

2)设置空气调节的房间应相对集中布置;

3)空气调节房间的外部窗户应有良好的密闭性和隔热性;向阳的窗户宜设遮阳设施,并宜采用节能窗;

4)设置非中央空气调节设施的建筑物,应统一设计、安装空调机的室外机位置,并使冷凝水有组织排水;

5)间歇使用的空气调节建筑,其外围护结构内侧和内围护结构宜采用轻质材料;连续使用的空调建筑,其外围结构内侧和内围护结构宜采用重质材料;

6)建筑物外围护结构应符合有关节能设计标准的规定。

(9)民用建筑各类主要用房的室内允许噪声级应符合表3-7的规定。

表3-7 室内允许噪声级(昼间)

建筑类别	房间名称	允许噪声级(A声级,dB)			
		特级	一级	二级	三级
住宅	卧室、书房	—	≤40	≤45	≤50
	起居室	—	≤45	≤50	≤50
学校	有特殊安静要求的房间	—	≤40	—	—
	一般教室	—	—	≤50	—
	无特殊安静要求的房间	—	—	—	≤55
医院	病房、医务人员休息室	—	≤40	≤45	≤50
	门诊室	—	≤55	≤55	≤60
	手术室	—	≤45	≤45	≤50
	听力测听室	—	≤25	≤25	≤30
旅馆	客房	≤35	≤40	≤45	≤55
	会议室	≤40	≤45	≤50	≤50
	多用途大厅	≤40	≤45	≤50	—
	办公室	≤45	≤50	≤55	≤55
	餐厅、宴会厅	≤50	≤55	≤60	—

注:夜间室内允许噪声级的数值比昼间小10dB(A)。

(10)不同房间围护结构(隔墙、楼板)的空气声隔声标准应符合表3-8规定。

表3-8 空气声隔声标准

建筑类别	围护结构部位	计权隔声量(dB)			
		特级	一级	二级	三级
住宅	分户墙、楼板	—	≥50	≥45	≥40
学校	隔墙、楼板	—	≥50	≥45	≥40
医院	病房与病房之间	—	≥45	≥40	≥35
	病房与产生噪声房间之间	—	≥50	≥50	≥45
	手术室与病房之间	—	≥50	≥45	≥40
	手术室与产生噪声房间之间	—	≥50	≥50	≥45
	听力测听室围护结构	—	≥50	≥50	≥50
旅馆	客房与客房隔墙	≥50	≥45	≥40	≥40
	客房与走廊间隔墙(含门)	≥40	≥40	≥35	≥30
	客房外墙(含窗)	≥40	≥35	≥25	≥20

(11)不同房间楼板撞击声隔声标准应符合表3-9的规定。

表 3-9　撞击声隔声标准

建筑类别	楼板部位	计权标准化撞击声压级/dB			
		特级	一级	二级	三级
住宅	分户层间	—	≤65	≤75	≤75
学校	教室层间	—	≤65	≤65	≤75
医院	病房与病房之间	—	≤65	≤75	≤75
	病房与手术室之间	—	—	≤75	≤75
	听力测听室上部	—	≤65	≤65	≤65
旅馆	客房层间	≤55	≤65	≤75	≤75
	客房与有振动房间之间	≤55	≤55	≤65	≤65

(12)民用建筑的隔声减噪设计应符合下列规定：

1)对于结构整体性较强的民用建筑，应对附着于墙体和楼板的传声源部件采取防止结构声传播的措施；

2)有噪声和振动的设备用房应采取隔声、隔振和吸声的措施，并应对设备和管道采取减振、消声处理；平面布置中，不宜将有噪声和振动的设备用房设在主要用房的直接上层或贴邻布置，当其设在同一楼层时，应分区布置；

3)安静要求较高的房间内设置吊顶时，应将隔墙砌至梁、板底面；采用轻质隔墙时，其隔声性能应符合有关隔声标准的规定。

第二节　民用建筑建筑物设计

一、平面布置

(1)平面布置应根据建筑的使用性质、功能、工艺要求，合理布局。

平面布置的柱网、开间、进深等定位轴线尺寸，应符合现行国家标准《建筑模数协调统一标准》等有关标准的规定。根据使用功能，应使大多数房间或重要房间布置在有良好日照、采光、通风和景观的部位。对有私密性要求的房间，应防止视线干扰。平面布置宜具有一定的灵活性。地震区的建筑，平面布置宜规整，不宜错层。

(2)建筑层高应结合建筑使用功能、工艺要求和技术经济条件综合确定，并符合专用建筑设计规范的要求。室内净高应按楼地面完成面至吊顶或楼板或梁底面之间的垂直距离计算；当楼盖、屋盖的下悬构件或管道底面影响有效使用空间者，应按楼地面完成面至下悬构件下缘或管道底面之间的垂直距离计算。建筑物用房的室内净高应符合专用建筑设计规范的规定；地下室、局部夹层、走道等有人员正常活动的最低处的净高不应小于2m。

(3)地下室、半地下室应有综合解决其使用功能的措施，合理布置地下停车库、地下人防、各类设备用房等功能空间及各类出入口部分；地下空间与城市地铁、地下人行道及地下空间之间应综合开发，相互连接，做到导向明确、流线简捷。

(4)地下室、半地下室作为主要用房使用时,应符合安全、卫生的要求,并应符合下列要求:

1)严禁将幼儿、老年人生活用房设在地下室或半地下室;

2)居住建筑中的居室不应布置在地下室内;当布置在半地下室时,必须对采光、通风、日照、防潮、排水及安全防护采取措施;

3)建筑物内的歌舞、娱乐、放映、游艺场所不应设置在地下二层及二层以下;当设置在地下一层时,地下一层地面与室外出入口地坪的高差不应大于10m。

(5)地下室平面外围护结构应规整,其防水等级及技术要求除应符合现行国家标准《地下工程防水技术规范》GB 50108 的规定外,尚应符合下列规定:

1)地下室应在一处或若干处地面较低点设集水坑,并预留排水泵电源和排水管道;

2)地下管道、地下管沟、地下坑井、地漏、窗井等处应有防止涌水、倒灌的措施。

(6)地下室、半地下室的耐火等级、防火分区、安全疏散、防排烟设施、房间内部装修等应符合防火规范的有关规定。

(7)设备层设置应符合下列规定:

1)设备层的净高应根据设备和管线的安装检修需要确定;

2)当宾馆、住宅等建筑上部有管线较多的房间,下部为大空间房间或转换为其他功能用房而管线需转换时,宜在上下部之间设置设备层;

3)设备层布置应便于市政管线的接入;在防火、防爆和卫生等方面互有影响的设备用房不应相邻布置;

4)设备层应有自然通风或机械通风;当设备层设于地下室又无机械通风装置时,应在地下室外墙设置通风口或通风道,其面积应满足送、排风量的要求;

5)给排水设备的机房应设集水坑并预留排水泵电源和排水管路或接口;配电房应满足线路的敷设;

6)设备用房布置位置及其围护结构,管道穿过隔墙、防火墙和楼板等应符合防火规范的有关规定。

(8)建筑高度超过 100m 的超高层民用建筑,应设置避难层(间)。

(9)有人员正常活动的架空层及避难层的净高不应低于2m。

二、卫生设备

(1)厕所、盥洗室、浴室应符合下列规定:

1)建筑物的厕所、盥洗室、浴室不应直接布置在餐厅、食品加工、食品贮存、医药、医疗、变配电等有严格卫生要求或防水、防潮要求用房的上层;除本套住宅外,住宅卫生间不应直接布置在下层的卧室、起居室、厨房和餐厅的上层;

2)卫生设备配置的数量应符合专用建筑设计规范的规症,在公用厕所男女厕位的比例中,应适当加大女厕位比例;

3)卫生用房宜有天然采光和不向邻室对流的自然通风,无直接自然通风和严寒及寒冷地区用房宜设自然通风道;当自然通风不能满足通风换气要求时,应采用机械通风;

4)楼地面、楼地面沟槽、管道穿楼板及楼板接墙面处应严密防水、防渗漏。

5) 楼地面、墙面或墙裙的面层应采用不吸水、不吸污、耐腐蚀、易清洗的材料；

6) 楼地面应防滑，楼地面标高宜略低于走道标高，并应有坡度坡向地漏或水沟；

7) 室内上下水管和浴室顶棚应防冷凝水下滴，浴室热水管应防止烫人；

8) 公用男女厕所宜分设前室，或有遮挡措施；

9) 公用厕所宜设置独立的清洁间。

(2) 厕所和浴室隔间的平面尺寸不应小于表 3-10 的规定。

表 3-10　厕所和浴室隔间平面尺寸

类　　　型	平面尺寸(宽度 m×深度 m)
外开门的厕所隔间	0.90×1.20
内开门的厕所隔间	0.90×1.40
医院患者专用厕所隔间	1.10×1.40
无障碍厕所隔间	1.40×1.80(改建用 1.00×2.00)
外开门淋浴隔间	1.00×1.20
内设更衣凳的淋浴隔间	1.00×(1.00+0.60)
无障碍专用浴室隔间	盆浴(门扇向外开启)2.00×2.25 淋浴(门扇向外开启)1.50×2.35

(3) 卫生设备间距应符合下列规定：

1) 洗脸盆或盥洗槽水嘴中心与侧墙面净距不宜小于 0.55m；

2) 并列洗脸盆或盥洗槽水嘴中心间距不应小于 0.70m；

3) 单侧并列洗脸盆或盥洗槽外沿至对面墙的净距不应小于 1.25m；

4) 双侧并列洗脸盆或盥洗槽外沿之间的净距不应小于 1.80m；

5) 浴盆长边至对面墙面的净距不应小于 0.65m；无障碍盆浴间短边净宽度不应小于 2m；

6) 并列小便器的中心距离不应小于 0.65m；

7) 单侧厕所隔间至对面墙面的净距：当采用内开门时，不应小于 1.10m；当采用外开门时不应小于 1.30m；双侧厕所隔间之间的净距：当采用内开门时，不应小于 1.10m；当采用外开门时不应小于 1.30m；

8) 单侧厕所隔间至对面小便器或小便槽外沿的净距：当采用内开门时，不应小于 1.10m；当采用外开门时，不应小于 1.30m。

三、台阶、坡道和栏杆

(1) 台阶设置应符合下列规定：

1) 公共建筑室内外台阶踏步宽度不宜小于 0.30m，踏步高度不宜大于 0.15m，并不宜小于 0.10m，踏步应防滑。室内台阶踏步数不应少于 2 级，当高差不足 2 级时，应按坡道设置；

2) 人流密集的场所台阶高度超过 0.70m 并侧面临空时，应有防护设施。

(2) 坡道设置应符合下列规定：
1) 室内坡道坡度不宜大于1∶8,室外坡道坡度不宜大于1∶10;
2) 室内坡道水平投影长度超过15m时,宜设休息平台,平台宽度应根据使用功能或设备尺寸所需缓冲空间而定;
3) 供轮椅使用的坡道不应大于1∶12,困难地段不应大于1∶8;
4) 自行车推行坡道每段坡长不宜超过6m,坡度不宜大于1∶5;
5) 机动车行坡道应符合国家现行标准《汽车库建筑设计规范》JGJ 100的规定;
6) 坡道应采取防滑措施。

(3) 阳台、外廊、室内回廊、内天井、上人屋面及室外楼梯等临空处应设置防护栏杆,并应符合下列规定：
1) 栏杆应以坚固、耐久的材料制作,并能承受荷载规范规定的水平荷载;
2) 临空高度在24m以下时,栏杆高度不应低于1.05m,临空高度在24m及24m以上(包括中高层住宅)时,栏杆高度不应低于1.10m;

注：栏杆高度应从楼地面或屋面至栏杆扶手顶面垂直高度计算,如底部有宽度大于或等于0.22m,且高度低于或等于0.45m的可踏部位,应从可踏部位顶面起计算。

3) 栏杆离楼面或屋面0.10m高度内不宜留空;
4) 住宅、托儿所、幼儿园、中小学及少年儿童专用活动场所的栏杆必须采用防止少年儿童攀登的构造。当采用垂直杆件做栏杆时,其杆件净距不应大于0.11m;
5) 文化娱乐建筑、商业服务建筑、体育建筑、园林景观建筑等允许少年儿童进入活动的场所,当采用垂直杆件做栏杆时,其杆件净距也不应大于0.11m。

四、楼梯

(1) 楼梯的数量、位置、宽度和楼梯间形式应满足使用方便和安全疏散的要求。
(2) 墙面至扶手中心线或扶手中心线之间的水平距离即楼梯梯段宽度除应符合防火规范的规定外,供日常主要交通用的楼梯的梯段宽度应根据建筑物使用特征。按每股人流为0.55+(0~0.15)m的人流股数确定,并不应少于两股人流。0~0.15m为人流在行进中人体的摆幅。公共建筑人流众多的场所应取上限值。
(3) 梯段改变方向时,扶手转向端处的平台最小宽度不应小于梯段宽度,并不得小于1.20m,当有搬运大型物件需要时应适量加宽。
(4) 每个梯段的踏步不应超过18级,亦不应少于3级。
(5) 楼梯平台上部及下部过道处的净高不应小于2m,梯段净高不宜小于2.20m。

注：梯段净高为自踏步前缘(包括最低和最高一级踏步前缘线以外0.30m范围内)量至上方突出物下缘间的垂直高度。

(6) 楼梯应至少于一侧设扶手,梯段净宽达三股人流时应两侧设扶手,达四股人流时宜加设中间扶手。
(7) 室内楼梯扶手高度自踏步前缘线量起不宜小于0.90m。靠楼梯井一侧水平扶手长度超过0.50m时,其高度不应小于1.05m。踏步应采取防滑措施。
(8) 托儿所、幼儿园、中小学及少年儿童专用活动场所的楼梯。梯井净宽大于0.20m

时，必须采取防止少年儿童攀滑的措施，楼梯栏杆应采取不易攀登的构造。当采用垂直杆件做栏杆时，其杆件净距不应大于0.11m。

（9）楼梯踏步的高宽比应符合表的规定。

表3-11　楼梯踏步最小宽度和最大高度　　　　　　　　　　（单位：m）

楼梯类别	最小宽度	最大高度
住宅共用楼梯	0.26	0.175
幼儿园、小学校等楼梯	0.26	0.15
电影院、剧场、体育馆、商场、医院、旅馆和大中学校等楼梯	0.28	0.16
其他建筑楼梯	0.26	0.17
专用疏散楼梯	0.25	0.18
服务楼梯、住宅套内楼梯	0.22	0.20

注：无中柱螺旋楼梯和弧形楼梯离内侧扶手中心0.25m处的踏步宽度不应小于0.22m。

（10）供老年人、残疾人使用及其他专用服务楼梯应符合专用建筑设计规范的规定。

五、电梯、自动扶梯和自动人行道

（1）电梯设置应符合下列规定：

1）电梯不得计作安全出口；

2）以电梯为主要垂直交通的高层公共建筑和12层及12层以上的高层住宅，每栋楼设置电梯的台数不应少于2台；

3）建筑物每个服务区单侧排列的电梯不宜超过4台，双侧排列的电梯不宜超过2×4台；电梯不应在转角处贴邻布置；

4）电梯候梯厅的深度应符合表3-12的规定，并不得小于1.50m；

表3-12　候梯厅深度

电梯类别	布置方式	候梯厅深度
住宅电梯	单台	≥B
	多台单侧排列	≥B*
	多台双侧排列	≥相对电梯B*之和并<3.50m
公共建筑电梯	单台	≥1.5B
	多台单侧排列	≥1.5B*，当电梯群为4台时应≥2.40m
	多台双侧排列	≥相对电梯B*之和并<4.50m
病床电梯	单台	≥1.5B
	多台单侧排列	≥1.5B*
	多台双侧排列	≥相对电梯B*之和

注：B为轿厢深度，B*为电梯群中最大轿厢深度。

5) 电梯井道和机房不宜与有安静要求的用房贴邻布置,否则应采取隔振、隔声措施;

6) 机房应为专用的房间,其围护结构应保温隔热,室内应有良好通风、防尘,宜有自然采光,不得将机房顶板作水箱底板及在机房内直接穿越水管或蒸汽管;

7) 消防电梯的布置应符合防火规范的有关规定。

(2) 自动扶梯、自动人行道应符合下列规定:

1) 自动扶梯和自动人行道不得计作安全出口;

2) 出入口畅通区的宽度不应小于 2.50m,畅通区有密集人流穿行时,其宽度应加大;

3) 栏板应平整、光滑和无突出物;扶手带顶面距自动扶梯前缘、自动人行道踏板面或胶带面的垂直高度不应小于 0.90m;扶手带外边至任何障碍物不应小于 0.50m,否则应采取措施防止障碍物引起人员伤害;

4) 扶手带中心线与平行墙面或楼板开口边缘间的距离、相邻平行交叉设置时两梯(道)之间扶手带中心线的水平距离不宜小于 0.50m,否则应采取措施防止障碍物引起人员伤害;

5) 自动扶梯的梯级、自动人行道的踏板或胶带上空,垂直净高不应小于 2.30m;

6) 自动扶梯的倾斜角不应超过 30°,当提升高度不超过 6m,额定速度不超过 0.50m/s时,倾斜角允许增至 35°;倾斜式自动人行道的倾斜角不应超过 12°;

7) 自动扶梯和层间相通的自动人行道单向设置时,应就近布置相匹配的楼梯;

8) 设置自动扶梯或自动人行道所形成的上下层贯通空间,应符合防火规范所规定的有关防火分区等要求。

六、墙身和变形缝

(1) 墙身材料应因地制宜,采用新型建筑墙体材料。

(2) 外墙应根据地区气候和建筑要求,采取保温、隔热和防潮等措施。

(3) 墙身防潮应符合下列要求:

1) 砌体墙应在室外地面以上,位于室内地面垫层处设置连续的水平防潮层;室内相邻地面有高差时,应在高差处墙身侧面加设防潮层;

2) 湿度大的房间的外墙或内墙内侧应设防潮层;

3) 室内墙面有防水、防潮、防污、防碰等要求时,应按使用要求设置墙裙。

注:地震区防潮层应满足墙体抗震整体连接的要求。

(4) 建筑物外墙突出物,包括窗台、凸窗、阳台、空调机搁板、雨水管、通风管、装饰线等处宜采取防止攀登入室的措施。

(5) 外墙应防止变形裂缝,在洞口、窗户等处采取加固措施。

(6) 变形缝设置应符合下列要求:

1) 变形缝应按设缝的性质和条件设计,使其在产生位移或变形时不受阻,不被破坏,并不破坏建筑物;

2) 变形缝的构造和材料应根据其部位需要分别采取防排水、防火、保温、防老化、防腐蚀、防虫害和防脱落等措施。

七、门窗

(1) 门窗产品应符合下列要求：

1) 门窗的材料、尺寸、功能和质量等应符合使用要求，并应符合建筑门窗产品标准的规定；

2) 门窗的配件应与门窗主体相匹配，并应符合各种材料的技术要求；

3) 应推广应用具有节能、密封、隔声、防结露等优良性能的建筑门窗。

注：门窗加工的尺寸，应按门窗洞口设计尺寸扣除墙面装修材料的厚度，按净尺寸加工。

(2) 门窗与墙体应连接牢固，且满足抗风压、水密性、气密性的要求，对不同材料的门窗选择相应的密封材料。

(3) 窗的设置应符合下列规定：

1) 窗扇的开启形式应方便使用，安全和易于维修、清洗；

2) 当采用外开窗时应加强牢固窗扇的措施；

3) 开向公共走道的窗扇，其底面高度不应低于2m；

4) 临空的窗台低于0.80m时，应采取防护措施，防护高度由楼地面起计算不应低于0.80m；

5) 防火墙上必须开设窗洞时，应按防火规范设置；

6) 天窗应采用防破碎伤人的透光材料；

7) 天窗应有防冷凝水产生或引泄冷凝水的措施；

8) 天窗应便于开启、关闭、固定、防渗水，并方便清洗。

注：①住宅窗台低于0.90m时，应采取防护措施；
②低窗台、凸窗等下部有能上人站立的宽窗台面时，贴窗护栏或固定窗的防护高度应从窗台面起计算。

(4) 门的设置应符合下列规定：

1) 外门构造应开启方便，坚固耐用；

2) 手动开启的大门扇应有制动装置，推拉门应有防脱轨的措施；

3) 双面弹簧门应在可视高度部分装透明安全玻璃；

4) 旋转门、电动门、卷帘门和大型门的邻近应另设平开疏散门，或在门上设疏散门；

5) 开向疏散走道及楼梯间的门扇开足时，不应影响走道及楼梯平台的疏散宽度；

6) 全玻璃门应选用安全玻璃或采取防护措施，并应设防撞提示标志；

7) 门的开启不应跨越变形缝。

八、建筑幕墙

(1) 建筑幕墙技术要求应符合下列规定：

1) 幕墙所采用的型材、板材、密封材料、金属附件、零配件等均应符合现行的有关标准的规定；

2) 幕墙的物理性能：风压变形、雨水渗漏、空气渗透、保温、隔声、耐撞击、平面内变形、防火、防雷、抗震及光学性能等应符合现行的有关标准的规定。

(2) 玻璃幕墙应符合下列规定：

1) 玻璃幕墙适用于抗震地区和建筑高度应符合有关规范的要求；

2) 玻璃幕墙应采用安全玻璃，并应具有抗撞击的性能；

3) 玻璃幕墙分隔应与楼板、梁、内隔墙处连接牢固，并满足防火分隔要求；

4)玻璃窗扇开启面积应按幕墙材料规格和通风口要求确定,并确保安全。

九、楼地面

(1)底层地面的基本构造层宜为面层、垫层和地基;楼层地面的基本构造层宜为面层和楼板。当底层地面或楼面的基本构造不能满足使用或构造要求时,可增设结合层、隔离层、填充层、找平层和保温层等其他构造层。

(2)除有特殊使用要求外,楼地面应满足平整、耐磨、不起尘、防滑、防污染、隔声、易于清洁等要求。

(3)厕浴间、厨房等受水或非腐蚀性液体经常浸湿的楼地面应采用防水、防滑类面层,且应低于相邻楼地面,并设排水坡坡向地漏;厕浴间和有防水要求的建筑地面必须设置防水隔离层;楼层结构必须采用现浇混凝土或整块预制混凝土板,混凝土强度等级不应小于C20;楼板四周除门洞外,应做混凝土翻边,其高度不应小于120mm。

经常有水流淌的楼地面应低于相邻楼地面或设门槛等挡水设施,且应有排水措施,其楼地面应采用不吸水、易冲洗、防滑的面层材料,并应设置防水隔离层。

(4)筑于地基土上的地面,应根据需要采取防潮、防基土冻胀、防不均匀沉陷等措施。

(5)存放食品、食料、种子或药物等的房间,其存放物与楼地面直接接触时,严禁采用有毒性的材料作为楼地面,材料的毒性应经有关卫生防疫部门鉴定。存放吸味较强的食物时,应防止采用散发异味的楼地面材料。

(6)受较大荷载或有冲击力作用的楼地面,应根据使用性质及场所选用由板、块材料、混凝土等组成的易于修复的刚性构造,或由粒料、灰土等组成的柔性构造。

(7)木板楼地面应根据使用要求,采取防火、防腐、防潮、防蛀、通风等相应措施。

(8)采暖房间的楼地面,可不采取保温措施,但遇下列情况之一时应采取局部保温措施:

1)架空或悬挑部分楼层地面,直接对室外或临非采暖房间的;

2)严寒地区建筑物周边无采暖管沟时,底层地面在外墙内侧0.50~1.00m范围内宜采取保温措施,其传热阻不应小于外墙的传热阻。

十、屋面和吊顶

(1)屋面工程应根据建筑物的性质、重要程度、使用功能及防水层合理使用年限,结合工程特点、地区自然条件等,按不同等级进行设防。

(2)屋面排水坡度应根据屋顶结构形式,屋面基层类别,防水构造形式,材料性能及当地气候等条件确定,并应符合表3-13的规定。

(3)屋面构造应符合下列要求:

1)屋面面层应采用不燃烧体材料,包括屋面突出部分及屋顶加层,但一、二级耐火等级建筑物,其不燃烧体屋面基层上可采用可燃卷材防水层;

2)屋面排水宜优先采用外排水;高层建筑、多跨及集水面积较大的屋面宜采用内排水;屋面水落管的数量、管径应通过验(计)算确定;

3)天沟、檐沟、檐口、水落口、泛水、变形缝和伸出屋面管道等处应采取与工程特点相适应的防水加强构造措施,并应符合有关规范的规定;

4)当屋面坡度较大或同一屋面落差较大时,应采取固定加强和防止屋面滑落的措施;平瓦必须铺置牢固；

表 3-13　屋面的排水坡度

屋面类别	屋面排水坡度/(%)
卷材防水、刚性防水的平屋面	2~5
平瓦	20~50
波形瓦	10~50
油毡瓦	≥20
网架、悬索结构金属板	≥4
压型钢板	5~35
种植土屋面	1~3

注：①平屋面采用结构找坡不应小于 3%，采用材料找坡宜为 2%；
　　②卷材屋面的坡度不宜大于 25%，当坡度大于 25% 时应采取固定和防止滑落的措施；
　　③卷材防水屋面天沟、檐沟纵向坡度不应小于 1%，沟底水落差不得超过 200mm。天沟、檐沟排水不得流经变形缝和防火墙；
　　④平瓦必须铺置牢固，地震设防地区或坡度大于 50% 的屋面，应采取固定加强措施；
　　⑤架空隔热屋面坡度不宜大于 5%，种植屋面坡度不宜大于 3%。

5) 地震设防区或有强风地区的屋面应采取固定加强措施；

6) 设保温层的屋面应通过热工验算，并采取防结露、防蒸汽渗透及施工时防保温层受潮等措施；

7) 采用架空隔热层的屋面，架空隔热层的高度应按照屋面的宽度或坡度的大小变化确定，架空层不得堵塞；当屋面宽度大于 10m 时，应设置通风屋脊；屋面基层上宜有适当厚度的保温隔热层；

8) 采用钢丝网水泥或钢筋混凝土薄壁构件的屋面板应有抗风化、抗腐蚀的防护措施；刚性防水屋面应有抗裂措施；

9) 当无楼梯通达屋面时，应设上屋面的检修人孔或低于 10m 时可设外墙爬梯，并应有安全防护和防止儿童攀爬的措施；

10) 闷顶应设通风口和通向闷顶的检修人孔；闷顶内应有防火分隔。

(4) 吊顶构造应符合下列要求：

1) 吊顶与主体结构吊挂应有安全构造措施；高大厅堂管线较多的吊顶内，应留有检修空间，并根据需要设置检修走道和便于进入吊顶的人孔，且应符合有关防火及安全要求；

2) 当吊顶内管线较多，而空间有限不能进入检修时，可采用便于拆卸的装配式吊顶板或在需要部位设置检修手孔；

3) 吊顶内敷设有上下水管时应采取防止产生冷凝水措施；

4) 潮湿房间的吊顶，应采用防水材料和防结露、滴水的措施；钢筋混凝土顶板宜采用现浇板。

十一、管道井、烟道、通风道和垃圾管道

(1) 管道井、烟道、通风道和垃圾管道应分别独立设置。不得使用同一管道系统，并应用非燃烧体材料制作。

(2)管道井的设置应符合下列规定：

1)管道井的断面尺寸应满足管道安装、检修所需空间的要求；

2)管道井宜在每层靠公共走道的一侧设检修门或可拆卸的壁板；

3)在安全、防火和卫生方面互有影响的管道不应敷设在同一竖井内；

4)管道井壁、检修门及管井开洞部分等应符合防火规范的有关规定。

(3)烟道和通风道的断面、形状、尺寸和内壁应有利于排烟(气)通畅,防止产生阻滞、涡流、窜烟、漏气和倒灌等现象。

(4)烟道和通风道应伸出屋面,伸出高度应有利烟气扩散,并应根据屋面形式、排出口周围遮挡物的高度、距离和积雪深度确定。平屋面伸出高度不得小于0.60m。且不得低于女儿墙的高度。坡屋面伸出高度应符合下列规定：

1)烟道和通风道中心线距屋脊小于1.50m时,应高出屋脊0.60m；

2)烟道和通风道中心线距屋脊1.50～3.00m时,应高于屋脊,且伸出屋面高度不得小于0.60m；

3)烟道和通风道中心线距屋脊大于3m时,其顶部同屋脊的连线同水平线之间的夹角不应大于10°,且伸出屋面高度不得小于0.60m。

(5)民用建筑不宜设置垃圾管道。多层建筑不设垃圾管道时,应根据垃圾收集方式设置相应设施。中高层及高层建筑不设置垃圾管道时,每层应设置封闭的垃圾分类、贮存收集空间,并宜有冲洗排污设施。

(6)如设置垃圾管道时,应符合下列规定：

1)垃圾管道宜靠外墙布置,管道主体应伸出屋面,伸出屋面部分加设顶盖和网栅,并采取防倒灌措施；

2)垃圾出口应有卫生隔离,底部存纳和出运垃圾的方式应与城市垃圾管理方式相适应；

3)垃圾道内壁应光滑、无突出物；

4)垃圾斗应采用不燃烧和耐腐蚀的材料制作,并能自行关闭密合；高层建筑、超高层建筑的垃圾斗应设在垃圾道前室内,该前室应采用丙级防火门。

十二、室内外装修

(1)室内外装修应符合下列要求：

1)室内外装修严禁破坏建筑物结构的安全性；

2)室内外装修应采用节能、环保型建筑材料；

3)室内外装修工程应根据不同使用要求,采用防火、防污染、防潮、防水和控制有害气体和射线的装修材料和辅料；

4)保护性建筑的内外装修尚应符合有关保护建筑条例的规定。

(2)室内装修应符合下列规定：

1)室内装修不得遮挡消防设施标志、疏散指示标志及安全出口,并不得影响消防设施和疏散通道的正常使用；

2)室内如需要重新装修时,不得随意改变原有设施、设备管线系统。

(3)室外装修应符合下列规定：

1) 外墙装修必须与主体结构连接牢靠;
2) 外墙外保温材料应与主体结构和外墙饰面连接牢固,并应防开裂、防水、防冻、防腐蚀、防风化和防脱落;
3) 外墙装修应防止污染环境的强烈反光。

第三节 居住区规划

一、居住区级数

(1) 居住区按居住户数或人口规模可分为居住区、小区、组团三级。各级标准控制规模,应符合表3-14的规定。其规划组织结构可采用居住区-小区-组团、居住区-组团、小区-组团及独立式组团等多种类型。

表3-14 居住区分级控制规模

	居 住 区	小 区	组 团
户数(户)	10 000~15 000	2 000~4 000	300~700
人口(人)	30 000~50 000	7 000~15 000	1 000~3 000

(2) 宅旁(宅间)绿地面积计算起止界示意图见图3-2。
(3) 院落式组团绿地面积计算起止界示意图见图3-3。

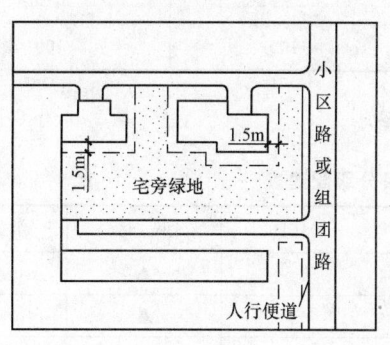
图3-2 宅旁(宅间)绿地面积计算起止界示意图

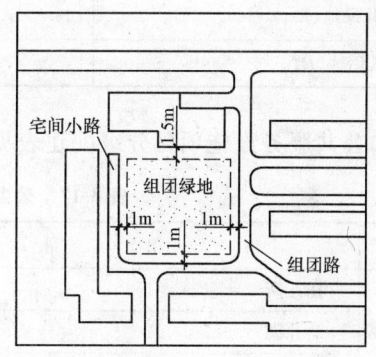
图3-3 院落式组团绿地面积计算起止界示意图

(4) 开敞型院落式组团绿地示意图见图3-4。

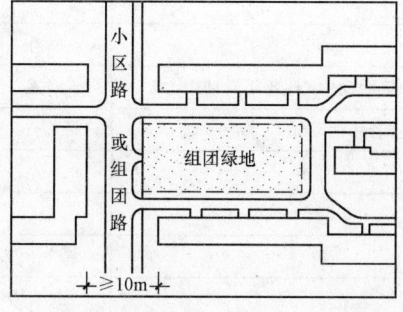
图3-4 开敞型院落式组团绿地示意图

二、用地与建筑

(1)居住区用地平衡表和用地平衡建筑指标分别见表3-15～表3-16。

表 3-15　居住区用地平衡表

用　地		面积/hm²	所占比例(%)	人均面积/(m²/人)
一、居住区用地(R)		▲	100	▲
1	住宅用地(R01)	▲	▲	▲
2	公建用地(R02)	▲	▲	▲
3	道路用地(R03)	▲	▲	▲
4	公共绿地(R04)	▲	▲	▲
二、其他用地(E)		△	—	—
居住区规划总用地		△	—	—

注："▲"为参与居住区用地平衡的项目。

表 3-16　居住区用地平衡控制指标　　　　　　(单位:%)

用 地 构 成	居　住　区	小　区	组　团
1. 住宅用地(R_{01})	45～60	55～65	60～75
2. 公建用地(R_{02})	20～32	18～27	6～18
3. 道路用地(R_{03})	8～15	7～13	5～12
4. 公共绿地(R_{04})	7.5～15	5～12	3～8
居住区用地(R)	100	100	100

(2)公共服务设施项目分级配建表见表3-17。

表 3-17　公共服务设施项目分级配建表

类　别	项　目	居住区	小　区	组　团
教　育	托儿所	—	▲	△
	幼儿园	—	▲	—
	小　学	—	▲	—
	普通中学	△	▲	—
医疗卫生	门诊所	▲	△	—
	卫生站	—	—	▲
	医院(200～300床)	△	—	—
文化体育	文化活动中心(含青少年活动中心、老年活动中心)	▲	—	—
	文化活动站(含青少年、老年活动站)	—	▲	△
	居民运动场	△	—	—
商业服务	粮油店	—	—	△
	煤(气)站	—	▲	—
	菜站	—	▲	△
	菜市场	▲	—	—

续表

类别	项目	居住区	小区	组团
商业服务	食品店	▲	—	—
	综合副食店	—	▲	△
	早点、小吃部	—	▲	▲
	小饭铺(含早点、小吃)	—	▲	—
	饭馆	▲	△	—
	冷饮乳制品店	△	△	—
	小百货店	—	▲	—
	综合百货商场	▲	—	—
	照相馆	△	—	—
	服装加工部	▲	△	—
	服装店	△	—	—
	日杂商店	▲	△	—
	中西药店	▲	—	—
	理发店	▲	▲	—
	浴室	△	—	—
	洗染门市部	▲	—	—
	书店	▲	△	—
	弹棉花门市部	△	—	—
	自行车修理部	▲	△	—
	综合修理部	▲	△	—
商业服务	旅店	▲	—	—
	物资回收站	▲	△	—
	综合基层店	—	—	▲
	早晚服务点	—	△	▲
	集贸市场	▲	△	—
金融邮电	银行	△	—	—
	储蓄所	—	▲	—
	邮电局	△	—	—
	邮政所	—	▲	—
市政公用	锅炉房	△	—	—
	变电室	—	▲	△
	开闭所	▲	—	—
	路灯配电室	—	▲	—
	燃气调压站	△	▲	—
	高压水泵房	△	△	—
	公共厕所	▲	▲	△

续表

类别	项目	居住区	小区	组团
市政公用	垃圾转运站	△	—	—
	垃圾站	—	—	▲
	居民存车处	—	—	△
	居民小汽车停车场	—	△	△
	公共停车场(库)	▲	▲	—
	公交始末站	△	△	—
	汽车出租站	△	—	—
	电话总机房	△	—	—
	消防站	△	—	—
行政管理	街道办事处	▲	—	—
	派出所	▲	—	—
	居(里)委会	—	—	▲
	粮食办公室	▲	—	—
	房管所	▲	—	—
	房管段	—	▲	—
	市政管理机构(所)	▲	—	—
	绿化、环卫管理点	▲	△	—
	市场管理用房	▲	▲	—
	工商管理及税务(所)	▲	▲	—
	居住区综合管理处	△	—	—
其他	防空地下室	△	△	△
	街道第三产业	△	△	—

注：①▲为应配建的项目，△为宜设置的项目。
②在国家确定的一、二类人防重点城市，应按人防有关规定配建防空地下室。

(3) 公共服务设施各项目的设置规定见表3-18。

表3-18 公共服务设施各项目的设置规定

设施名称	项目名称	服务内容	设置规定	每处一般规模	
				建筑面积/m²	用地面积/m²
教育	(1)托儿所	保教小于3周岁儿童	(1)设于阳光充足，接近公共绿地，便于家长接送的地段。 (2)托儿所每班按25座计；幼儿园每班按30座计。 (3)服务半径不宜大于300m；层数不宜高于3层。	—	4班：≥1 200 6班：≥1 400 8班：≥1 600

续表

设施名称	项目名称	服务内容	设置规定	每处一般规模	
				建筑面积/m²	用地面积/m²
教育	(2)幼儿园	保教学龄前儿童	(4)三班和三班以下的托、幼园所,可混合设置,也可附设于其他建筑,但应有独立院落和出入口,四班和四班以上的托、幼园所均应独立设置。 (5)八班和八班以上的托、幼园所,其用地应分别按每座不小于7m²或9m²计。	—	4班:≥1 500 6班:≥2 000 8班:≥2 400
	(3)小学	6～12周岁儿童入学	(6)托、幼建筑宜布置于可挡寒风的建筑物的背风面,但其主要房间应满足冬至日不小于2h的日照标准。 (7)活动场地应有不少于1/2的活动面积在标准的建筑日照阴影线之外。	—	12班:≥6 000 18班:≥7 000 24班:≥8 000
	(4)中学	12～18周岁青少年入学	(1)应符合现行国家标准《中小学校建筑设计规范》的规定。 (2)学生不应穿越城市道路。 (3)服务半径不宜大于500m。 (4)教学楼应满足冬至日不小于2h的日照标准。 (1)应符合现行国家标准《中小学校建筑设计规范》的规定。 (2)在拥有3所或3所以上中学的居住区或居住地区内,应有一所设置400m环形跑道的运动场。 (3)服务半径不宜大于1 000m。 (4)教学楼应满足冬至日不小于2h的日照标准。	—	18班:≥11 000 24班:≥12 000 30班:≥14 000
医疗卫生	(5)卫生站	防疫、保健、就近打针	可附设于居(里)委会建筑内。	30	—
	(6)门诊所	儿科、内科、妇幼与老年保健	(1)设于交通便捷,服务距离适中的地段。 (2)独立设置。 (3)独立地段小区,酌情设门诊所,一般小区不设。	2 000～3 000	3 000～5 000
	(7)医院	设综合性科室门诊和住院部(200～300床)	(1)宜设于交通方便,环境较安静地段。 (2)一般10万人左右应设一所医院、一所门诊,设医院的居住区不再设门诊所。 (3)病房楼应满足冬至日不小于2h的日照标准。	12 000～18 000	15 000～25 000

续表

设施名称	项目名称	服务内容	设置规定	每处一般规模 建筑面积/m²	每处一般规模 用地面积/m²
文体	(8)文化活动站	书报阅览、书画、文娱、健身、音乐欣赏、茶座等主要供青少年和老年人活动	(1)宜结合或靠近同级中心绿地安排。(2)独立性组团应设置本站,但一般组团可不设。	150～300	—
	(9)文化活动中心(含青少年、老年活动中心)	小型图书馆、科普知识宣传与教育;影视厅、舞厅、游艺厅、球类、棋类活动室;科技活动、各类艺术训练班等	宜结合或靠近同级中心绿地安排。	4 000～6 000	8 000～12 000
	(10)居民运动场	健身场地	宜设置60～100m直跑道和200m环形跑道及简单的运动设施。	—	10 000～15 000
商业服务	(11)粮油店	粮油及粮油制品	(1)服务半径:居住区不宜大于500m;居住小区不宜大于300m;基层网点(综合副食店、菜店、早点铺等)及自行车存车处,不宜大于150m。(2)地处山坡地的居住区,其商业服务设施的布点,除满足服务半径的要求外,还应考虑上坡空手,下坡负重的原则。	200～300	—
	(12)煤(气)站	煤或罐煤气		150～200	450～600
	(13)菜店	大宗蔬菜、肉、蛋等		150～500	—
	(14)菜市场副食店	鱼、肉、禽、蛋、菜、水产、调味品与熟食品等		1 500～2 500	—
	(15)食品店	糖、烟、酒、糕点、干鲜果及熟食品等		300～500	—
	(16)综合副食店	含小百货、小日杂等		300～600	—
	(17)早点小吃店	早点、主食与小吃		120～150	—
	(18)小饭铺(含早点、小吃)	早点、主食与快餐		150～300	—
	(19)饭馆	快餐、炒菜与正餐		500～600	—
	(20)冷饮乳制品店	冷、热饮及乳品		200～350	—
	(21)小百货店	日用百货、小五金		400～600	—
	(22)综合百货商场	日用百货、鞋帽、服装、布匹、五金及家用电器等		2 000～3 000	—
	(23)照相馆	照相、冲印		300～500	—
	(24)服装加工部	服装剪裁加工		200～300	—
	(25)服装店	男女及儿童服装		100～300	—
	(26)日杂商店	土产、日杂		200～300	—
	(27)中西药店	汤药、中成药与西药		200～500	—

续表

设施名称	项目名称	服务内容	设置规定	每处一般规模 建筑面积/m²	每处一般规模 用地面积/m²
商业服务	(28)理发店	理发、烫发	根据服务规模设置对应等级。	100~300	—
	(29)浴室	含理发部与小吃部		1 000~1 300	
	(30)洗染门市部	含洗染、织补		100~150	—
	(31)书店	一般图书及科技书刊		300~1 000	—
	(32)弹棉花门市部	弹棉花		150~200	
	(33)自行车修理部	修理自行车		100~150	
	(34)综合修理部	除自行车外的其他物品修理		300~500	
	(35)旅店	住宿	宜与浴室合设。	1 000~1 200	1 000
	(36)物资回收站	废旧物品回收	应设于对居民干扰小和便于转运的地段。	60~80	100~200
	(37)综合服务站	公用电话、取牛奶等	宜与居(里)委会合设。	70~100	
	(38)综合基层店	烟、纸、调料等	宜设于组团的出入口附近。	50~60	
	(39)集贸市场	以销售农副产品和小商品为主	(1)宜邻近菜市场(店)和副食店设置。(2)设置方式应根据气候特点与当地传统的集市要求而定。	居住区：1 000~1 200 小　区：500~1 000	1 500~2 000 800~1 500
金融邮电	(40)银行	存取业务		800~1 000	400~500
	(41)储蓄所	储蓄为主		100~150	—
	(42)邮电局	信函、包裹、兑汇、电话、电报、报刊订售、储蓄等	宜与商业服务中心结合或邻近设置。	1 000~2 500	600~1 500
	(43)邮政所	信函、包裹、兑汇和报刊零售		100~150	—
市政公用	(44)锅炉房	采暖供热	非采暖地区不设。	根据供暖规模定	
	(45)变电室		每个变电室负荷半径不应大于250m；尽可能设于其他建筑内。	30~50	—
	(46)开闭所		0.2万~2.0万户设一所；独立设置。	200~300	≥500
	(47)路灯配电室		可与变电室合设于其他建筑内。	20~40	—
	(48)燃气调压站		按每个中低调压站负荷半径500m设置；无管道燃气地区不设。	50	100~120
	(49)高压水泵房		一般为低水压区住宅加压供水附属工程。	40~60	
	(50)公共厕所		每1 000~1 500户设一处；宜设于人流集中之处。	30~60	60~100

续表

设施名称	项目名称	服务内容	设置规定	每处一般规模	
				建筑面积/m²	用地面积/m²
市政公用	(51)垃圾转运站		应采用封闭式设施,力求垃圾存放和转运不外露,当用地规模为0.7～1km²设一处,每处面积不应小于100m²,与周围建筑物的间隔不应小于5m。	—	—
	(52)垃圾站		服务半径不应大于70m。	—	—
	(53)居民存车处	存放自行车、摩托车	宜设于组团内或靠近组团设置,可与居(里)委会合设于组团的入口处。	1～2辆/户;地上0.8～1.2m²/辆 地下1.5～1.8m²/辆	
	(54)居民小汽车停车处	存放居民小汽车、通勤车等	宜设于组团入口处	各地根据情况而定	
	(55)公共停车场(库)	存放自行车、机动车	宜设于居住区、小区人流集中地段。	—	—
	(56)公交始末站		可根据具体情况设置。	—	—
	(57)出租汽车站		可根据具体情况设置。	100～200	250～1 000
	(58)电话总机房	电话总机	可根据具体情况设置。	—	—
	(59)消防站		可根据具体情况设置。	—	—
行政管理	(60)街道办事处		3万～5万人设一处。	700～1 200	300～500
	(61)派出所	户籍治安管理	3万～5万人设一处;宜有独立院落。	700～1 000	600
	(62)居(里)委会		300～700户设一处。	30～50	—
	(63)粮食办公室	粮油票证管理	3万～5万人设一处;可与派出所合设。	75～200	—
	(64)房管所	房屋管理与维修	3万～5万人设一处;宜有独立院落。	700～1 500	1 000～3 000
	(65)房管段	房屋管理与维修	2 000～4 000户设一处。	100～200	250～300
	(66)市政管理机构(所)	供电、供水、雨污水等管理与维修	宜合并设置。	550～900	500～1 000
	(67)绿化、环卫管理点	环卫与绿化管理	2 000～4 000户设一处,宜合并设置。	80～120	150～200
	(68)市场管理用房	集贸市场管理	3万～5万人设一处,可结合集贸市场设置。	100	—
	(69)工商管理及税务(所)	税收管理	1万户左右设一处;可与街道办事处合设。	100	—
	(70)居住区综合管理处	居住区管理和服务	居住区或小区设一处。	200	250

续表

设施名称	项目名称	服务内容	设置规定	每处一般规模	
				建筑面积/m²	用地面积/m²
其他	（71）防空地下室	掩蔽体、救护站、指挥所等	在国家确定的一、二类人防重点城市中，凡高层建筑下设满堂人防，另以地面建筑面积2%配建。出入口宜设于交通方便的地段，考虑平战结合。	—	—
	（72）街道第三产业	残疾人福利工厂等	交通方便，与居民互不干扰。	各地根据情况而定	

(4) 人均居住区用地控制指标，应符合表3-19规定。

表3-19 人均居住区用地控制指标 （单位：m²/人）

居住规模	层数	大城市	中等城市	小城市
居住区	多层	16～21	16～22	16～25
	多层、中高层	14～18	15～20	15～20
	多、中高、高层	12.5～17	13～17	13～17
	多层、高层	12.5～16	13～16	13～16
小区	低层	20～25	20～25	20～30
	多层	15～19	15～20	15～22
	多层、中高层	14～18	14～20	14～20
	中高层	13～14	13～14	13～15
	多层、高层	11～14	12.5～15	—
	高层	10～12	10～13	—
组团	低层	18～20	20～23	20～25
	多层	14～15	14～16	14～20
	多层、中高层	12.5～15	12.5～15	12.5～15
	中高层	12.5～14	12.5～14	12.5～15
	多层、高层	10～13	10～13	—
	高层	7～10	8～10	—

注：本表各项指标按每户3.5人计算。

(5) 居住区内建筑应包括住宅建筑和公共服务设施建筑（也称公建）两部分；在居住区规划用地内的其他建筑的设置，应符合无污染不扰民的要求。

第四节 住　宅

一、住宅间距

住宅间距，应以满足日照要求为基础，综合考虑采光、通风、消防、防震、管线埋设、避免视线干扰等要求确定。

(1) 住宅日照标准应符合表3-20规定；旧区改造可酌情降低，但不宜低于大寒日日照1小时的标准。

表 3-20　住宅建筑日照标准

建筑气候区划	Ⅰ、Ⅱ、Ⅲ、Ⅶ气候区		Ⅳ气候区		Ⅴ、Ⅵ气候区
	大城市	中小城市	大城市	中小城市	
日照标准日	大寒日				冬至日
日照时数/h	≥2		≥3		≥1
有效日照时间带/h	8～16				9～15
计算起点	底层窗台面				

(2)住宅正面间距,应按日照标准确定的不同方位的日照间距系数控制,也可采用表 3-21 不同方位间距折减系数换算。

表 3-21　不同方位间距折减系数

方位	0°～15°	15°～30°	30°～45°	45°～60°	>60°
折减值	1.00L	0.90L	0.80L	0.90L	0.95L

注:①表中方位为正南向(0°)偏东、偏西的方位角。
②L 为当地正南向住宅的标准日照间距(M)。

(3)住宅侧面间距,应符合下列规定:
1)条式住宅,多层之间不宜小于 6m;高层与各种层数住宅之间不宜小于 13m;
2)高层塔式住宅、多层和中高层点式住宅与侧面有窗的各种层数住宅之间应考虑视线干扰因素,适当加大间距。

二、住宅净密度

(1)住宅建筑净密度的最大值,不得超过表 3-22 规定;

表 3-22　住宅建筑净密度最大值控制指标　　　　　(单位:%)

住宅层数	建筑气候区划		
	Ⅰ、Ⅴ、Ⅵ、Ⅶ	Ⅲ、Ⅴ	Ⅳ
低层	35	40	43
多层	28	30	32
中高层	25	28	30
高层	20	20	22

注:混合层取两者的指标值作为控制指标的上、下限值。

(2)住宅面积净密度的最大值,应符合表 3-23 规定。

表 3-23　住宅面积净密度最大值控制指标　　　　　(单位:万 m^2/hm^2)

住宅层数	建筑气候区划		
	Ⅰ、Ⅱ、Ⅵ、Ⅶ	Ⅲ、Ⅴ	Ⅳ
低层	1.10	1.20	1.30
多层	1.70	1.80	1.90
中高层	2.00	2.20	2.40
高层	3.50	3.50	3.50

注:①混合层取两者的指标值作为控制指标的上、下限值;
②本表不计入地下层面积。

第五节 公共服务设施及绿地、道路

一、公共服务设施

(1)居住区公共服务设施(也称配套公建),应包括:教育、医疗卫生、文化体育、商业服务、金融邮电、市政公用、行政管理和其他八类设施。其控制指标见表3-24。

居住区配套公建各项目的规划布局,应符合下列规定:

1)根据不同项目的使用性质和居住区的规划组织结构类型,应采用相对集中与适当分散相结合的方式合理布局。并应利于发挥设施效益,方便经营管理、使用和减少干扰;

2)商业服务与金融邮电、文体等有关项目宜集中布置,形成居住区各级公共活动中心。在使用方便、综合经营、互不干扰的前提下,可采用综合楼或组合体;

3)基层服务设施的设置应方便居民,满足服务半径的要求。

(2)居住区内公共活动中心、集贸市场和人流较多的公共建筑,必须相应配建公共停车场(库),并应符合下列规定:

1)配建停车场(库)应就近设置,并宜采用地下或多层车库。

表3-24 公共服务设施控制指标　　　　　　(单位:m²/千人)

类别	居住规模	居住区		小区		组团	
		建筑面积	用地面积	建筑面积	用地面积	建筑面积	用地面积
总指标		1065~2700 (2165~3620)	2065~4680 (2655~5450)	1176~2102 (1546~2682)	1282~3334 (1682~4084)	363~854 (704~1354)	502~1070 (882~1590)
其中	教育	600~1200	1000~2400	600~1200	1000~2400	160~400	300~500
	医疗卫生(含医院)	60~80 (160~280)	100~190 (260~360)	20~80	40~190	6~20	12~40
	文体	100~200	200~600	20~30	40~60	18~24	40~60
	商业服务	700~910	600~940	450~570	100~600	150~370	100~400
	金融邮电(含银行、邮电局)	20~30 (60~80)	25~50	16~22	22~34	—	—
	市政公用(含自行车存车处)	40~130 (460~800)	70~300 (500~900)	30~120 (400~700)	50~80 (450~700)	9~10 (350~510)	20~30 (400~550)
	行政管理	85~150	70~200	40~80	30~100	20~30	30~40
	其他	—	—	—	—	—	—

注:①居住区级指标含小区和组团级指标,小区级含组团级指标;

②总指标未含其他类,使用时应根据规划设计要求确定本类面积指标;

③小区医疗卫生类未含门诊所;

④市政公用类未含锅炉房。在采暖地区应自行确定。

2)配建公共停车场(库)的停车位控制指标,应符合表 3-25 规定;

表 3-25 配建公共停车场(库)停车位控制指标

名　称	单　位	自行车	机动车
公共中心	车位/100m² 建筑面积	7.5	0.3
商业中心	车位/100m² 营业面积	7.5	0.3
集贸市场	车位/100m² 营业场地	7.5	—
饮食店	车位/100m² 营业面积	3.6	1.7
医院、门诊所	车位/100m² 建筑面积	1.5	0.2

注:本表机动车停车位以小型汽车为标准当量表示。

二、绿地

(1)居住区内绿地,应包括公共绿地、宅旁绿地、配套公建所属绿地和道路绿地等。

(2)居住区内绿地应符合下列规定:

1)一切可绿化的用地均应绿化,并宜发展垂直绿化;

2)宅间绿地应精心规划与设计。

3)绿地率:新区建设不应低于 30%;旧区改造不宜低于 25%。

(3)居住区内的绿地规划,应根据居住区的规划组织结构类型、不同的布局方式、环境特点及用地的具体条件,采用集中与分散相结合,点、线、面相结合的绿地系统。并宜保留和利用规划或改造范围内的已有树木和绿地。

(4)居住区内的公共绿地,应根据居住区不同的规划组织结构类型,设置相应的中心公共绿地,包括居住区公园(居住区级)、小游园(小区级)和组团绿地(组团级),以及儿童游戏场和其他的块状、带状公共绿地等,并应符合以下规定:

1)中心公共绿地的设置应符合下列规定:

①符合表 3-26 规定,表内"设置内容"可视具体条件选用;

表 3-26 各级中心公共绿地设置规定

中心绿地名称	设置内容	要　求	最小规模/hm²
居住区公园	花木草坪、花坛水面、凉亭雕塑、小卖茶座、老幼设施、停车场地和铺装地面等	园内布局应有明确的功能划分	1.0
小游园	花木草坪、花坛水面、雕塑、儿童设施和铺装地面等	园内布局应有一定的功能划分	0.4
组团绿地	花木草坪、桌椅、简易儿童设施等	灵活布局	0.04

②至少应有一个边与相应级别的道路相邻;

③绿化面积(含水面)不宜小于 70%;

④便于居民休憩、散步和交往之用,宜采用开敞式,以绿篱或其他通透式院墙栏杆作分隔;

⑤组团绿地的设置应满足有不少于 1/3 的绿地面积在标准的建筑日照阴影线范围之外的要求,并便于设置儿童游戏设施和适于成人游憩活动。其中院落式组团绿地的设置还应同时满足表 3-27 中各项要求。

表 3-27　院落式组团绿地设置规定

封闭型绿地		开敞型绿地	
南侧多层楼	南侧高层楼	南侧多层楼	南侧高层楼
$L \geqslant 1.5L_2$ 或 $L \geqslant 30\text{m}$ $S_1 \geqslant 800\text{m}^2$ $S_2 \geqslant 1\,000\text{m}^2$	$L \geqslant 1.5L_2$ 或 $L \geqslant 50\text{m}$ $S_1 \geqslant 1\,800\text{m}^2$ $S_2 \geqslant 2\,000\text{m}^2$	$L \geqslant 1.5L_2$ 或 $L \geqslant 30\text{m}$ $S_1 \geqslant 500\text{m}^2$ $S_2 \geqslant 600\text{m}^2$	$L \geqslant 1.5L_2$ 或 $L \geqslant 50\text{m}$ $S_1 \geqslant 1\,200\text{m}^2$ $S_2 \geqslant 1\,400\text{m}^2$

注：①L——南北两楼正面间距(m)；

L_2——当地住宅的标准日照间距(m)；

S_1——北侧为多层楼的组团绿地面积(m²)；

S_2——北侧为高层楼的组团绿地面积(m²)。

②开敞型院落式组团绿地应符合本规范附录 A 第 A.0.4 条规定。

2)其他块状、带状公共绿地应同时满足宽度不小于 8m、面积不小于 400m² 和本条第 1 款②③④项及第⑤项。

(5)居住区内公共绿地的总指标，应根据居住人口规模分别达到：组团不少于 0.5m²/人，小区(含组团)不少于 1m²/人，居住区(含小区与组团)不少于 1.5m²/人，并应根据居住区规划组织结构类型统一安排、灵活使用。

旧区改造可酌情降低，但不得低于相应指标的 50%。

三、道路

(1)居住区内道路可分为：居住区道路、小区路、组团路和宅间小路四级。其道路宽度，应符合下列规定：

1)居住区道路：红线宽度不宜小于 20m；

2)小区路：路面宽 6~9m，建筑控制线之间的宽度，采暖区不宜小于 14m；非采暖区不宜小于 10m；

3)组团路：路面宽 3~5m，建筑控制线之间的宽度，采暖区不宜小于 10m；非采暖区不宜小于 8m；

4)宅间小路：路面宽不宜小于 2.5m；

5)在多雪地区，应考虑堆积清扫道路积雪的面积，道路宽度可酌情放宽，但应符合当地城市规划管理部门的有关规定。

(2)居住区内道路纵坡规定，应符合下列规定：

1)居住区内道路纵坡控制指标应符合表 3-28 规定；

表 3-28　居住区内道路纵坡控制指标　　　　　　(单位：%)

道路类别	最小纵坡	最大纵坡	多雪严寒地区最大纵坡
机动车道	≥0.3	≤8.0 $L \leqslant 200\text{m}$	≤5 $L \leqslant 600\text{m}$
非机动车道	≥0.3	≤3.0 $L \leqslant 50\text{m}$	≤2 $L \leqslant 100\text{m}$
步行道	≥0.5	≤8.0	≤4

注：L 为坡长(m)。

2)机动车与非机动车混行的道路,其纵坡宜按非机动车道要求,或分段按非机动车道要求控制。

(3)居住区内道路设置,应符合下列规定:

1)小区内主要道路至少应有两个出入口;居住区内主要道路至少应有两个方向与外围道路相连;机动车道对外出入口数应控制,其出入口间距不应小于150m。沿街建筑物长度超过150m时,应设不小于4m×4m的消防车通道。人行出口间距不宜超过80m,当建筑物长度超过80m时,应在底层加设人行通道;

2)居住区内道路与城市道路相接时,其交角不宜小于75°;当居住区内道路坡度较大时,应设缓冲段与城市道路相接;

3)进入组团的道路,既应方便居民出行和利于消防车、救护车的通行,又应维护院落的完整性和利于治安保卫;

4)在居住区内公共活动中心,应设置为残疾人通行的无障碍通道。通行轮椅车的坡道宽度不应小于2.5m,纵坡不应大于2.5%;

5)居住区内尽端式道路的长度不宜大于120m,并应设不小于12m×12m的回车场地;

6)当居住区内用地坡度大于8%时,应辅以梯步解决竖向交通,并宜在梯步旁附设推行自行车的坡道;

7)在多雪严寒的山坡地区,居住区内道路路面应考虑防滑措施;在地震设防地区,居住区内的主要道路,宜采用柔性路面;

8)居住区内道路边缘至建筑物、构筑物的最小距离,应符合表3-29规定;

表3-29 道路边缘至建、构筑物最小距离 (单位:m)

与建、构筑物关系	道路级别	居住区道路	小区路	组团路及宅间小路
建筑物面向道路	无出入口	高层5.0 多层3.0	3.0 3.0	2.0 2.0
	有出入口	—	5.0	2.5
建筑物山墙面向道路		高层4.0 多层2.0	2.0 2.0	1.5 1.5
围墙面向道路		1.5	1.5	1.5

注:居住区道路的边缘指红线;小区路、组团路及宅间小路的边缘指路面边线。当小区路设有人行便道时,其道路边缘指便道边线。

9)居住区内宜考虑居民小汽车和单位通勤车的停放。

第六节 综合技术经济指标

(1)居住区综合技术经济指标的项目应包括必要指标和可选用指标两类,其项目及计量单位应符合表3-30规定。

表 3-30 综合技术经济指标系列一览表

项目	计量单位	数值	所占比重(%)	人均面积/(m²/人)
居住区规划总用地	hm²	▲	—	—
1. 居住区用地(R)	hm²	▲	100	▲
①住宅用地(R01)	hm²	▲	▲	▲
②公建用地(R02)	hm²	▲	▲	▲
③道路用地(R03)	hm²	▲	▲	▲
④公共绿地(R04)	hm²	▲	▲	▲
2. 其他用地(E)	hm²	▲	—	—
居住户(套)数	户(套)	▲	—	—
居住人数	人	▲	—	—
户均人口	人/户	△	—	—
总建筑面积	万 m²	▲	—	—
1. 居住区用地内建筑总面积	万 m²	▲	100	▲
①住宅建筑面积	万 m²	▲	▲	▲
②公建面积	万 m²	▲	▲	▲
2. 其他建筑面积	万 m²	△	—	—
住宅平均层数	层	▲	—	—
高层住宅比例	%	▲	—	—
中高层住宅比例	%	▲	—	—
人口毛密度	人/hm²	▲	—	—
人口净密度	人/hm²	△	—	—
住宅建筑套密度(毛)	套/hm²	△	—	—
住宅建筑套密度(净)	套/hm²	△	—	—
住宅面积毛密度	万 m²/hm²	▲	—	—
住宅面积净密度	万 m²/hm²	▲	—	—
(住宅容积率)	—	▲	—	—
居住区建筑面积(毛)密度	万 m²/hm²	△	—	—
(容积率)	—	△	—	—
住宅建筑净密度	%	▲	—	—
总建筑密度	%	△	—	—
绿地率	%	▲	—	—
拆建比	—	△	—	—
土地开发费	万元/hm²	△	—	—
住宅单方综合造价	元/m²	△	—	—

注：▲必要指标；△选用指标。

(2) 各项指标含义。

1) 建筑红线,也称"建筑控制线",指城市规划管理中,控制城市道路两侧沿街建筑物或构筑物(如外墙、台阶等)靠临街面的界线。任何临街建筑物或构筑物不得超过建筑红线。建筑红线由道路红线和建筑控制线组成。道路红线是城市道路(含居住区级道路)用地的规划控制线;建筑控制线是建筑物基底位置的控制线。基地与道路邻近一侧,一般以道路红线为建筑控制线,如果因城市规划需要,主管部门可在道路线以外另订建筑控制线,一般称后退道路红线建造。任何建筑都不得超越给定的建筑红线。

2) 容积率是衡量建筑用地使用强度的一项重要指标。容积率的值是无量纲的比值,通常以地块面积为1,地块内建筑物的总建筑面积对地块面积的倍数,即为容积率以公式表示如下:

容积率＝总建筑面积÷建筑用地面积

3) 建筑密度是反映建筑用地经济性的主要指标之一。计算公式为:

建筑密度＝建筑基底总面积÷建筑用地总面积

4) 公共绿地是指满足规定的日照要求、适合于安排游憩活动设施的、供居民共享的游憩绿地,应包括居住区公园、小游园和组团绿地及其他块状、带状绿地等,供游览休息的各种公园、动物园、植物园、陵园以及花园、游园和供游览休息用地的林荫道绿地、广场绿地,不包括一般栽植的行道树及林荫道的面积。

城市的总绿地率是指城市建成区内各类绿化用地总面积占城市建成区总面积的比例。城市道路网密度是指城市建成区或城市某一地区内平均每平方公里城市用地上拥有的道路长度。

5) 绿地率描述的是居住区用地范围内各类绿地的总和与居住区用地的比率(%)。绿地率是规划指标,描述的是居住区用地范围内各类绿地的总和与居住区用地的比率。主要包括公共绿地、宅旁绿地等,其中,公共绿地,又包括居住区公园、小游园、组团绿地及其他的一些块状、带状化公共绿地。而宅旁绿地等庭院绿化的用地面积,在设计计算时也要求距建筑外墙1.5米和道路边线1米以内的用地,不得计入绿化用地,地下车库、化粪池这些设施的地表覆土一般达不到3米的深度,在上面种植大型乔木成活率较低,所以不能计入绿地率的绿化面积,但屋顶绿化按目前国家的技术规范也算正式绿地。

(3) 各项指标的计算,应符合下列规定:

1) 规划总用地范围应按下列规定确定:

① 当规划总用地周界为城市道路、居住区(级)道路、小区路或自然分界线时,用地范围划至道路中心线或自然分界线;

② 当规划总用地与其他用地相邻,用地范围划至双方用地的交界处。

2) 底层公建住宅或住宅公建综合楼用地面积应按下列规定确定:

① 按住宅和公建各占该幢建筑总面积的比例分摊用地,并分别计入住宅用地和公建用地;

② 底层公建突出于上部住宅或占有专用场院或因公建需要后退红线的用地,均应计入公建用地。

3) 底层架空建筑用地面积的确定,应按底层及上部建筑的使用性质及其各占该幢建筑总建筑面积的比例分摊用地面积,并分别计入有关用地内;

4) 绿地面积应按下列规定确定:

①宅旁（宅间）绿地面积计算的起止界应符合：绿地边界对宅间路、组团路和小区路算到路边，当小区路设有人行便道时算到便道边，沿居住区路、城市道路则算到红线；距房屋墙脚1.5m；对其他围墙、院墙算到墙脚；

②道路绿地面积计算，以道路红线内规划的绿地面积为准进行计算；

③院落式组团绿地面积计算起止界应符合：绿地边界距宅间路、组团路和小区路路边1m；当小区路有人行便道时，算到人行便道边；临城市道路、居住区级道路时算到道路红线；距房屋墙脚1.5m；

④开敞型院落组团绿地，应至少有一个面面向小区路，或向建筑控制线宽度不小于10m的组团级主路敞开；

⑤其他块状、带状公共绿地面积计算的起止界同院落式组团绿地。沿居住区（级）道路、城市道路的公共绿地算到红线。

5）居住区用地内道路用地面积应按下列规定确定：

①按与居住人口规模相对应的同级道路及其以下各级道路计算用地面积，外围道路不计入；

②居住区（级）道路，按红线宽度计算；

③小区路、组团路，按路面宽度计算。当小区路设有人行便道时，人行便道计入道路用地面积；

④非公建配建的居民小汽车和单位通勤车停放场地，按实际占地面积计算；

⑤宅间小路不计入道路用地面积。

6）其他用地面积应按下列规定确定：

①规划用地外围的道路算至外围道路的中心线；

②规划用地范围内的其他用地，按实际占有面积计算。

7）其他各型车辆的停车位，应按表3-31中相应的换算系数折算。

表3-31 各型车辆停车位换算系数

车　　型	换算系数
微型客、货汽车机动三轮车	0.7
卧车、两吨以下货运汽车	1.0
中型客车、面包车、2t～4t货运汽车	2.0
铰接车	3.5

第四章 住宅设计

第一节 住宅设计的一般规定

一、住宅层数

住宅按层数划分如下：
(1) 低层住宅为一层至三层；
(2) 多层住宅为四层至六层；
(3) 中高层住宅为七层至九层；
(4) 高层住宅为十层及以上。

二、住宅设计需满足的规范

住宅设计应符合以下强制性标准的规定，主要有：

《住宅设计规范》GB

《建筑设计防火规范》GBJ 16；

《高层民用建筑设计防火规范》GB 50045；

《城市居住区规划设计规范》GB 50180；

《民用建筑设计通则》JGJ 37；

《民用建筑隔声设计规范》GBJ 118；

《民用建筑照明设计规范》GBJ 133；

《民用建筑热工设计规范》GB 50176；

《民用建筑节能设计标准(采暖居住建筑部分)》JGJ 26；

《建筑给排水设计规范》GBJ 15；

《采暖通风和空气调节设计规范》GBJ 19；

《城镇燃气设计规范》GB 50028；

《方便残疾人使用的城市道路和建筑物设计规范》JGJ 50 等。

三、套型

(1) 住宅应按套型设计，每套住宅应设卧室、起居室(厅)、厨房和卫生间等基本空间。
(2) 普通住宅套型分为一至四类，其居住空间个数和使用面积不宜小于表4-1的规定。

表 4-1 套型分类

套型	居住空间数(个)	使用面积/m²
一类	2	34
二类	3	45
三类	3	56
四类	4	68

注：表内使用面积均未包括阳台面积。

四、卧室、起居室(厅)

(1)卧室之间不应穿越,卧室应有直接采光、自然通风,其使用面积不应小于下列规定:

1)双人卧室为 $10m^2$;

2)单人卧室为 $6m^2$;

3)兼起居的卧室为 $12m^2$。

(2)起居室(厅)应有直接采光、自然通风,其使用面积不应小于 $12m^2$。

(3)起居室(厅)内的门洞布置应综合考虑使用功能要求,减少直接开向起居室(厅)的门的数量。起居室(厅)内布置家具的墙面直线长度应大于 3m。

(4)无直接采光的厅,其使用面积不应大于 $10m^2$。

五、厨房

(1)厨房的使用面积不应小于下列规定:

1)一类和二类住宅为 $4m^2$;

2)三类和四类住宅为 $5m^2$。

(2)厨房应有直接采光、自然通风,并宜布置在套内近入口处。

(3)厨房应设置洗涤池、案台、炉灶及排油烟机等设施或预留位置,按炊事操作流程排列,操作面净长不应小于 2.10m。

(4)单排布置设备的厨房净宽不应小于 1.50m;双排布置设备的厨房其两排设备的净距不应小于 0.90m。

六、卫生间

(1)每套住宅应设卫生间,第四类住宅宜设二个或二个以上卫生间。每套住宅至少应配置三件卫生洁具,不同洁具组合的卫生间使用面积不应小于下列规定:

1)设便器、洗浴器(浴缸或喷淋)、洗面器三件卫生洁具的为 $3m^2$;

2)设便器、洗浴器二件卫生洁具的为 $2.50m^2$;

3)设便器、洗面器二件卫生洁具的为 $2m^2$;

4)单设便器的为 $1.10m^2$;

(2)无前室的卫生间的门不应直接开向起居室(厅)或厨房。

(3)卫生间不应直接布置在下层住户的卧室、起居室(厅)和厨房的上层,可布置在本套内的卧室、起居室(厅)和厨房上层,并均应有防水、隔声和便于检修的措施。

(4)套内应设置洗衣机的位置。

七、技术经济指标计算

(1)住宅设计应计算下列技术经济指标:

1)各功能空间使用面积(m^2);

2)套内使用面积(m^2/套);

3)住宅标准层总使用面积(m^2);

4)住宅标准层总建筑面积(m^2);

5)住宅标准层使用面积系数(%);

6)套型建筑面积(m^2/套);

7)套型阳台面积(m^2/套)。

(2)住宅设计技术经济指标计算,应符合下列规定:

1）各功能空间使用面积等于各功能使用空间墙体内表面所围合的水平投影面积之和；

　　2）套内使用面积等于套内各功能空间使用面积之和；

　　3）住宅标准层总使用面积等于本层各套型内使用面积之和；

　　4）住宅标准层建筑面积，按外墙结构外表面及柱外沿或相邻界墙轴线所围合的水平投影面积计算，当外墙设外保温层时，按保温层外表面计算；

　　5）标准层使用面积系数等于标准层使用面积除以标准层建筑面积；

　　6）套型建筑面积等于套内使用面积除以标准层的使用面积系数；

　　7）套型阳台面积等于套内各阳台结构底板投影净面积之和。

　　（3）套内使用面积计算，应符合下列规定：

　　1）套内使用面积包括卧室、起居室（厅）、厨房、卫生间、餐厅、过厅、过道、前室、贮藏室、壁柜等的使用面积的总和；

　　2）跃层住宅中的套内楼梯按自然层数的使用面积总和计入使用面积；

　　3）烟囱、通风道、管井等均不计入使用面积；

　　4）室内使用面积按结构墙体表面尺寸计算，有复合保温层，按复合保温层表面尺寸计算；

　　5）利用坡屋顶内空间时，顶板下表面与楼面的净高低于1.20m的空间不计算使用面积；净高在1.20~2.10m的空间按1/2计算使用面积；净高超过2.10m的空间全部计入使用面积；

　　6）坡屋顶内的使用面积应单独计算，不得列入标准层使用面积和标准层建筑面积中，需计算建筑总面积时，利用标准层使用面积系数反求。

　　（4）阳台面积应按结构底板投影净面积单独计算，不计入每套使用面积或建筑面积内。

八、层高和室内净高

　　（1）普通住宅层高不宜高于2.80m。

　　（2）卧室、起居室（厅）的室内净高不应低于2.40m，局部净高不应低于2.10m，且其面积不应大于室内使用面积的1/3。

　　（3）利用坡屋顶内空间作卧室、起居室（厅）时，其1/2面积的室内净高不应低于2.10m。

　　（4）厨房、卫生间的室内净高不应低于2.20m。

　　（5）厨房、卫生间内排水横管下表面与楼面、地面净距不得低于1.90m，且不得影响门、窗扇开启。

九、阳台

　　（1）每套住宅应设阳台或平台。

　　（2）阳台栏杆设计应防止儿童攀登，栏杆的垂直杆件间净距不应大于0.11m，放置花盆处必须采取防坠落措施。

　　（3）低层、多层住宅的阳台栏杆净高不应低于1.05m，中高层、高层住宅的阳台栏杆净高不应低于1.10m。中高层、高层及寒冷、严寒地区住宅的阳台宜采用实体栏板。

　　（4）阳台应设置晾、晒衣物的设施，顶层阳台应设雨罩。各套住宅之间毗连的阳台应设分户隔板。

　　（5）阳台、雨罩均应做有组织排水，雨罩应做防水，阳台宜做防水。

十、过道、贮藏空间和套内楼梯

(1) 套内入口过道净宽不宜小于 1.20m；通往卧室、起居室（厅）的过道净宽不应小于 1m；通往厨房、卫生间、贮藏室的过道净宽不应小于 0.90m，过道拐弯处的尺寸应便于搬运家具。

(2) 套内吊柜净高不应小于 0.40m；壁柜净深不宜小于 0.50m；设于底层或靠外墙、靠卫生间的壁柜内部应采取防潮措施；壁柜内应平整、光洁。

(3) 套内楼梯的梯段净宽，当一边临空时，不应小于 0.75m；当两侧有墙时，不应小于 0.90m。

(4) 套内楼梯的踏步宽度不应小于 0.22m；高度不应大于 0.20m，扇形踏步转角距扶手边 0.25m 处，宽度不应小于 0.22m。

十一、门窗

(1) 外窗窗台距楼面、地面的净高低于 0.90m 时，应有防护设施，窗外有阳台或平台时可不受此限制。

(2) 底层外窗和阳台门、下沿低于 2m 且紧邻走廊或公用上人屋面上的窗和门，应采取防护措施。

(3) 面临走廊或凹口的窗，应避免视线干扰，向走廊开启的窗扇不应妨碍交通。

(4) 住宅户门应采用安全防卫门。向外开启的户门不应妨碍交通。

(5) 各部位门洞的最小尺寸应符合表 4-2 的规定。

表 4-2　门洞的最小尺寸

类　别	洞口宽度/m	洞口高度/m
公用外门	1.20	2.00
户（套）门	0.90	2.00
起居室（厅）门	0.90	2.00
卧室门	0.90	2.00
厨房门	0.80	2.00
卫生间门	0.70	2.00
阳台门（单扇）	0.70	2.00

注：①表中门洞口高度不包括门上亮子高度。

②洞口两侧地面有高低差时，以高地面为起算高度。

第二节　共用部分

一、楼梯和电梯

(1) 楼梯间设计应符合现行国家标准《建筑设计防火规范》（GBJ 16）和《高层民用建筑设计防火规范》（GB 50045）的有关规定。

(2) 楼梯梯段净宽不应小于 1.10m。六层及六层以下住宅，一边设有栏杆的梯段净宽不应小于 1m。

楼梯梯段净宽系指墙面至扶手中心之间的水平距离。

(3) 楼梯踏步宽度不应小于 0.26m,踏步高度不应大于 0.175m。扶手高度不应小于 0.90m。楼梯水平段栏杆长度大于 0.50m 时,其扶手高度不应小于 1.05m。楼梯栏杆垂直杆件间净空不应大于 0.11m。

(4) 楼梯平台净宽不应小于楼梯梯段净宽,且不得小于 1.20m。楼梯平台的结构下缘至人行通道的垂直高度不应低于 2m。入口处地坪与室外地面应有高差,并不应小于 0.10m。

(5) 楼梯井净宽大于 0.11m 时,必须采取防止儿童攀滑的措施。

(6) 七层及以上住宅或住户入口层楼面距室外设计地面的高度超过 16m 以上的住宅必须设置电梯。

底层作为商店或其他用房的多层住宅,其住户入口层楼面距该建筑物的室外设计地面高度超过 16m 时必须设置电梯。

底层做架空层或贮存空间的多层住宅,其住户入口层楼面距该建筑物的室外设计地面高度超过 16m 时必须设置电梯。

顶层为两层一套的跃层住宅时,跃层部分不计层数。其顶层住户入口层楼面距该建筑物室外设计地面的高度不超过 16m 时,可不设电梯。

住宅中间层有直通室外地面的出入口并具有消防通道时,其层数可由中间层起计算。

(7) 十二层及以上的高层住宅,每栋楼设置电梯不应少于两台,其中宜配置一台可容纳担架的电梯。

(8) 高层住宅电梯宜每层设站。当住宅电梯非每层设站时,不设站的层数不应超过两层。塔式和通廊式高层住宅电梯宜成组集中布置。单元式高层住宅每单元只设一部电梯时应采用联系廊联通。

(9) 候梯厅深度不应小于多台电梯中最大轿箱的深度,且不得小于 1.50m。

二、走廊和出入口

(1) 外廊、内天井及上人屋面等临空处栏杆净高,低层、多层住宅不应低于 1.05m,中高层、高层住宅不应低于 1.10m,栏杆设计应防止儿童攀登,垂直杆件间净空不应大于 0.11m。

(2) 高层住宅中作主要通道的外廊宜作封闭外廊,并设可开启的窗扇。走廊通道的净宽不应小于 1.20m。

(3) 住宅的公共出入口位于阳台、外廊及开敞楼梯平台的下部时,应采取设置雨罩等防止物体坠落伤人的安全措施。

(4) 住宅的公共出入口处应有识别标志;可按户设置信报箱。高层住宅的公共入口应设门厅、管理室及信报间。

(5) 设置电梯的住宅公共出入口,当有高差时,应设轮椅坡道和扶手。

三、垃圾收集设施

(1) 住宅不宜设置垃圾管道。多层住宅不设垃圾管道时,应根据垃圾收集方式设置相应设施。中高层及高层住宅不设置垃圾管道时,每层应设置封闭的垃圾收集空间。

(2) 住宅当设垃圾管道时,应符合下列要求:

1) 垃圾管道不得紧邻卧室、起居室(厅)布置;

2) 垃圾管道的有效断面不得小于下列规定:

①多层住宅为 0.40m×0.40m；
②中高层住宅为 0.50m×0.50m；
③高层住宅为 0.60m×0.60m；

3）垃圾斗和垃圾斗门应耐腐蚀，关闭严密；
4）垃圾管道顶部应通出屋面，底部应设封闭的垃圾间。

四、地下室和半地下室

(1) 住宅不应布置在地下室内。当布置在半地下室时，必须对采光、通风、日照、防潮、排水及安全防护采取措施。

(2) 地下室、半地下室作贮藏间、自行车库和设备用房使用时，其净高不得低于 2m；当作汽车库时，应符合现行行业标准《汽车库建筑设计规范》(JGJ 100) 的有关规定。

(3) 地下室、半地下室应采取防水、防潮及通风措施；采光井应采取排水措施。

五、附建公共用房

(1) 住宅建筑内严禁布置存放和使用火灾危险性为甲、乙类物品的商店、车间和仓库，并不应布置产生噪声、振动和污染环境卫生的商店、车间和娱乐设施。

(2) 住宅建筑内不宜布置餐饮店，当受条件限制需要布置时，其厨房的烟囱及排气道应高出住宅屋面，其空调、冷藏设备及加工机械应作减振、消声处理，并应达到环境保护规定的有关要求。

(3) 住宅建筑中不宜布置锅炉房、变压器室及其他有噪声振动源等设备用房。如受条件限制需要布置时，应符合现行的建筑防火、建筑隔声及有关专业规范的规定。

(4) 住宅与附建公共用房的出入口应分开布置。

第三节 室内环境

一、日照、天然采光、自然通风

(1) 每套住宅至少应有一个居住空间能获得日照，当一套住宅中居住空间总数超过四个时，其中宜有两个获得日照。

(2) 获得日照要求的居住空间，其日照标准应符合现行国家标准《城市居住区规划设计规范》(GB50180) 中关于住宅建筑日照标准的规定。

(3) 住宅采光标准应符合表 4-3 采光系数最低值的规定，其窗地面积比可按表 4-3 的规定取值。

表 4-3 住宅室内采光标准

房 间 名 称	侧 面 采 光	
	采光系数最低值(%)	窗地面积比值/(A_c/A_d)
卧室、起居室(厅)、厨房	1	1/7
楼梯间	0.5	1/12

注：①窗地面积比值为直接天然采光房间的侧窗洞口面积 A_c 与该房间地面面积 A_d 之比。
②本表系按Ⅲ类光气候区单层普通玻璃钢窗计算，当用于其他光气候区时或采用其他类型窗时，应按现行国家标准《建筑采光设计标准》的有关规定进行调整。
③离地面高度低于 0.80m 的窗洞口面积不计入采光面积内。窗洞口上沿距地面高度不宜低于 2m。

(4)卧室、起居室(厅)应有与室外空气直接流通的自然通风。单朝向住宅应采取通风措施。

(5)采用自然通风的房间,其通风开口面积应符合下列规定:

1)卧室、起居室(厅)、明卫生间的通风开口面积不应小于该房间地板面积的1/20。

2)厨房的通风开口面积不应小于该房间地板面积的1/10,并不得小于0.60m²。

(6)严寒地区住宅的卧室、起居室(厅)应设通风换气设施,厨房、卫生间应设自然通风道。

二、保温、隔热

(1)住宅应保证室内基本的热环境质量,采取冬季保温和夏季隔热、防热以及节约采暖和空调能耗的措施。

(2)严寒、寒冷地区住宅的节能设计应符合现行行业标准《民用建筑节能设计标准(采暖居住建筑部分)》(JGJ 26)的有关规定,其中建筑体型系数宜控制在0.30及以下。

(3)寒冷、夏热冬冷和夏热冬暖地区,住宅建筑的西向居住空间朝西外窗均应采取遮阳措施;屋顶和西向外墙应采取隔热措施。

(4)设有空调的住宅,其围护结构应采取保温隔热措施。

三、隔声

(1)住宅的卧室、起居室(厅)内的允许噪声级(A声级)昼间应小于或等于50dB,夜间应小于或等于40dB,分户墙与楼板的空气声的计权隔声量应大于或等于40dB,楼板的计权标准化撞击声压级宜小于或等于75dB。

(2)住宅的卧室、起居室(厅)宜布置在背向噪声源的一侧。

(3)电梯不应与卧室、起居室(厅)紧邻布置。凡受条件限制需要紧邻布置时,必须采取隔声、减振措施。

第四节 住宅设计建议标准及设计示范

一、城市示范小区设计建议标准

城市示范小区设计建议标准见表4-4~表4-5。

表4-4 城市示范小区设计建议标准

项目	类别	一	二	三	四
套型面积系列标准/m²	使用面积	42~48	53~60	64~71	75~90
	建筑面积	55~65	70~80	85~95	100~120
功能空间使用面积标准/m²	起居厅	18~25	主卧室		12~16
	餐厅	不小于8	双人次卧室		12~14
	厨房	不小于6	单人卧室		8~10
	卫生间	4~6(双卫可适当增加)	储藏		2~4(吊柜不计入)
	门厅	2~3			
	工作室	6~8			

续表

项目		类别	一	二	三	四
设施配置标准	厨房	Ⅰ型	灶台、调理台、洗池台、吊柜、冰箱位、排油烟机（操作面延长线≮2 700mm）。			
		Ⅱ型	灶台、调理台、洗池台、搁置台、吊柜、冰箱位、排油烟机（操作面延长线≮3 000mm）。			
	卫生间	Ⅰ型	淋浴、洗面盆、坐便器、镜（箱）、洗衣机位、自然换气（风道）。			
		Ⅱ型	浴盆(1.5m)和淋浴器、洗面化妆台、化妆镜、洗衣机位、坐便器(1～2个)、机械换气（风道）。			
设备标准	电气设备	用电量	80～200kWh/月			
		负荷	1 560～4 000W（大套可增至6 000W）			
		电表	5(20)A～10(40)A			
		电源插座	大居室	2～3组	厨房	3组
			小居室	2组	卫生间	3组
		电视插口	起居、主卧各一个			
		电话	1～2台			
		空调线	设专用线			
	给水设备		用水量 200～300L/人·d，热水器或热水管道系统			
	采暖通风		散热器、空调器（窗外预留位置）			
室内环境质量标准（按不同气候区区别）	光环境	采光	≥1%（室外全阴天空光照度与室内距窗1m高天然光照度比）。			
		照明	起居厅及一般活动区	30～70lx	卧室、书写阅读	150～300lx
			餐厅、厨房	50～100lx	床头阅读	75～150lx
			卫生间	20～50lx	楼梯间	15～30lx
	声环境	空气隔声	分户墙、楼板	≥40～50dB		
		撞击隔声	楼板	≤75～65dB		
	热环境	冬季	采暖区	16～21℃	非采暖区	12～21℃
		夏季	<28℃			
	卫生环境	日照	按不同地区区别		大寒日2小时～冬至日1小时	

表4-5 功能空间低限面积标准一览

功能空间	文件名称	小康住宅研究居住目标(1993.2)			住宅建筑设计规范(1999.3)	城市示范小区住宅设计建议标准(1996.11)
		最低目标	一般目标	理想目标		
主卧室或双人卧室		9m²	11m²		10m²	12m²
单人卧室		5m²	7m²		6m²	8m²
兼起居的卧室		—			12m²	—
工作室						6m²
过厅(方厅)		7m²	—			8m²

续表

文件名称 / 功能空间	小康住宅研究居住目标(1993.2)			住宅建筑设计规范(1999.3)			城市示范小区住宅设计建议标准(1996.11)
起居室(厅)	—	12m^2	14m^2	12m^2			18m^2
厨　房	4m^2	4.5m^2	5m^2	1、2类 4m^2	3、4类 5m^2		6m^2
卫 生 间	3m^2	3.5m^2	4m^2	三件(便器洗浴器洗脸器) 3m^2	两件(便器洗浴器) 2.5m^2	两件(便器洗脸器) 2m^2	4m^2
				洗衣机位置另计			
储　藏	1m^2	1.5m^2	2m^2	应设有			2m^2
交　通	1.5m^2	2m^2	2.5m^2	—			门厅 2m^2
说　明	供参考			—			小康型城乡住宅科技产业工程城市示范小区设计需遵守,有超前性。

二、厨房系列平面设计

厨房系列平面设计见表 4-6 及表 4-7。

表 4-6　厨房系列平面设计(WHOS)(一)　　(单位:mm)

	2 400	2 700
1 500		
1 800		
2 100		
2 400		
1 500		

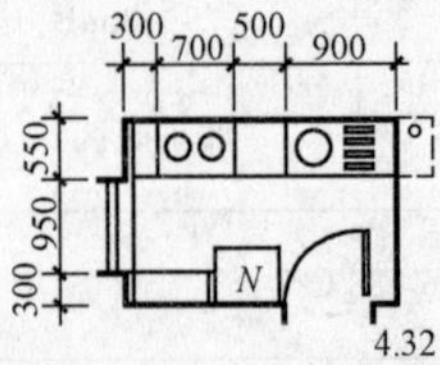

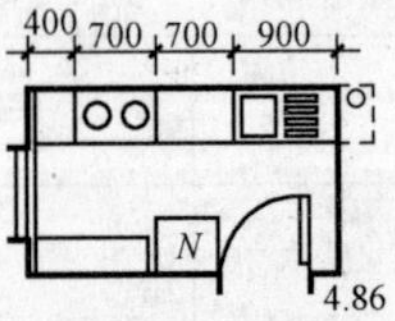

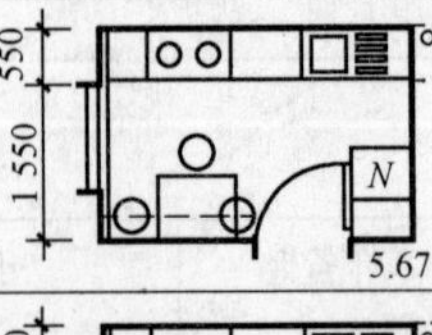

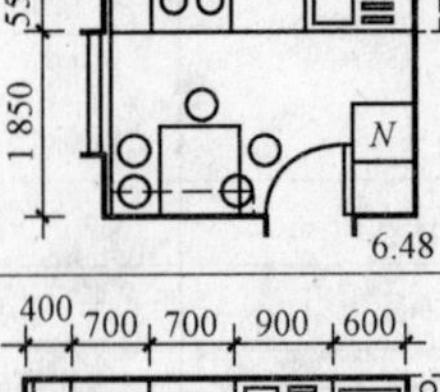

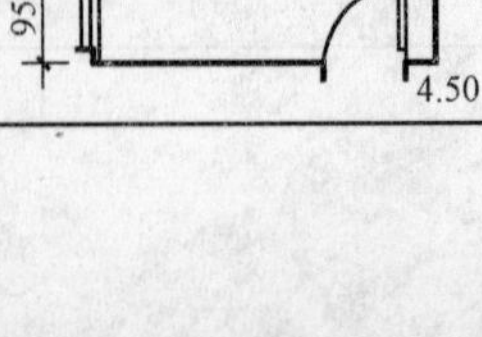

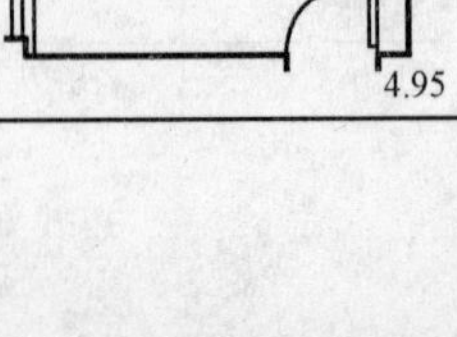

续表

	2 400	2 700
1 800	5.40	5.94
2 100	6.30	6.93
2 400	7.20	7.92

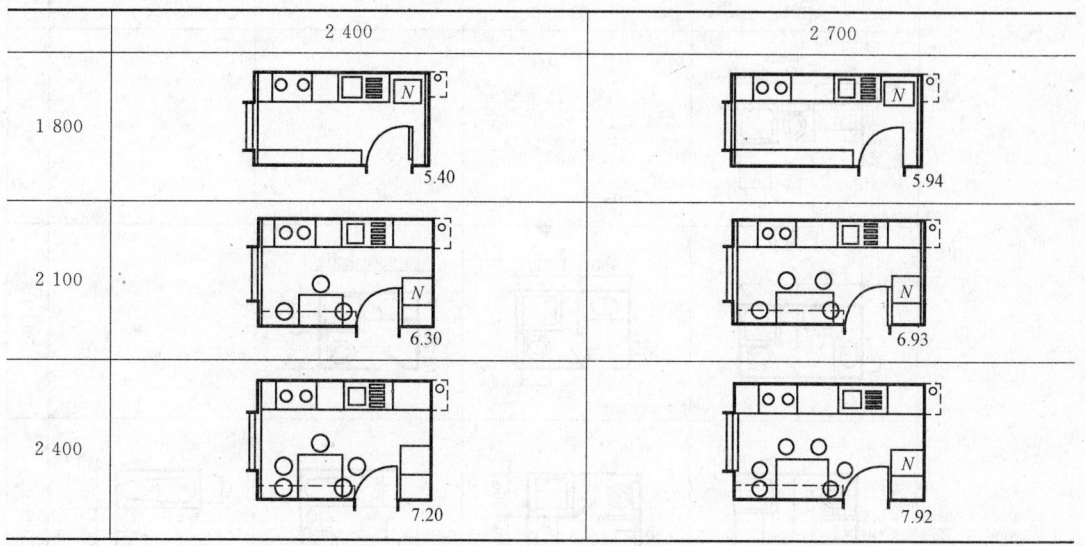

表 4-7　厨房系列平面设计(WHOS)(二)　　(单位:**mm**)

(a)Ⅰ字型操作台柜;(b)L 型操作台柜

	2 100	2 400	2 700	3 000	3 300
1 800		4.32	4.86	5.40	5.96
2 100	4.41	5.04	5.67	6.30	6.93
2 400		5.76	6.48	7.20	7.92
2 700			7.29	8.10	8.91

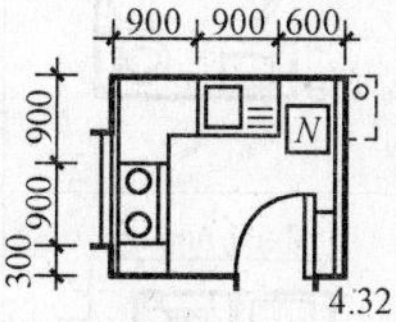

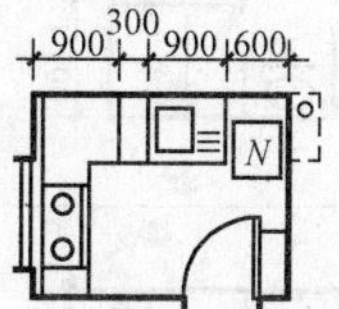

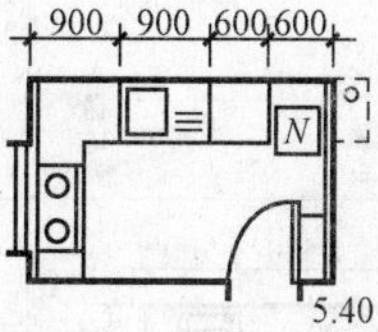

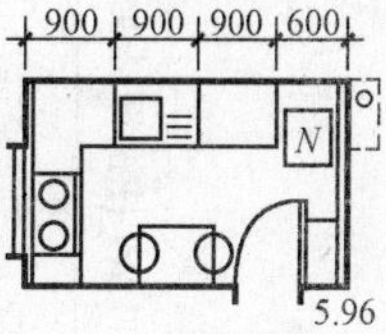

三、卫生间系列平面设计

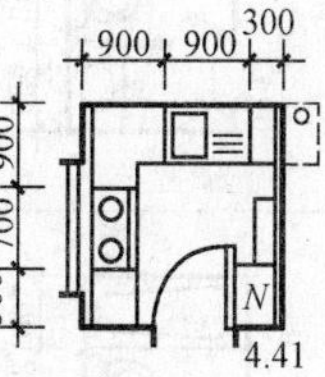

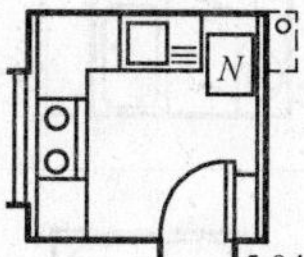

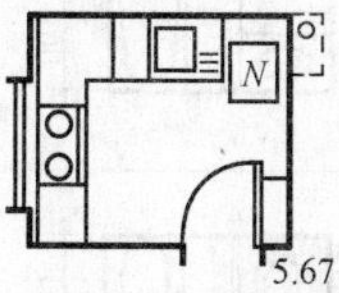

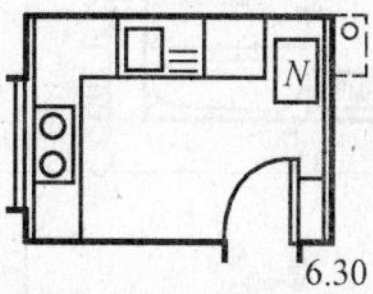

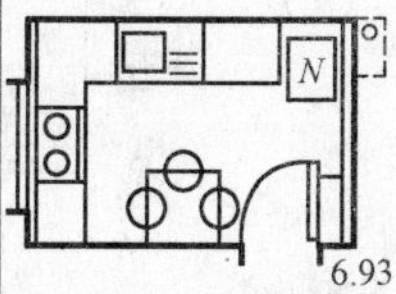

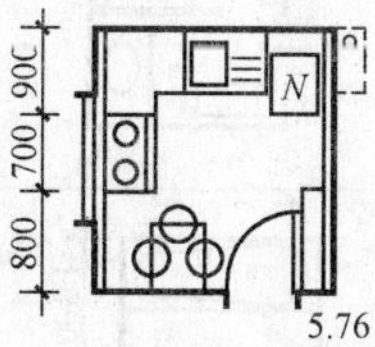

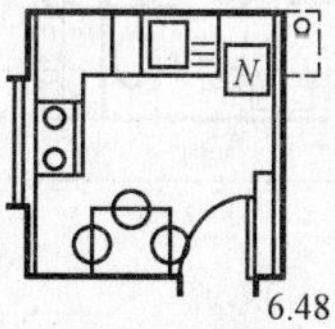

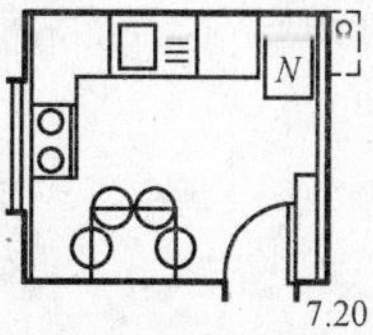

卫生间系列平面设计见图 4-1。

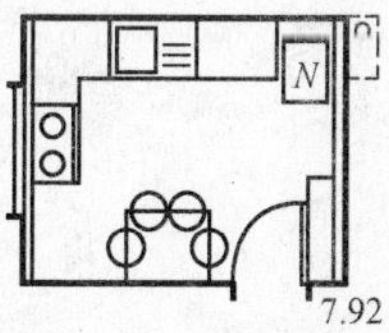

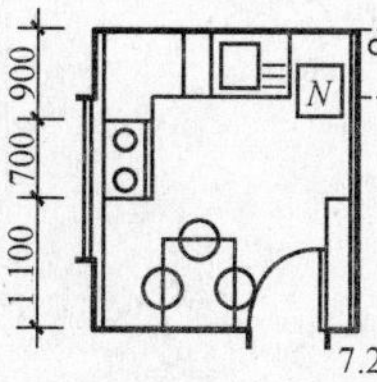

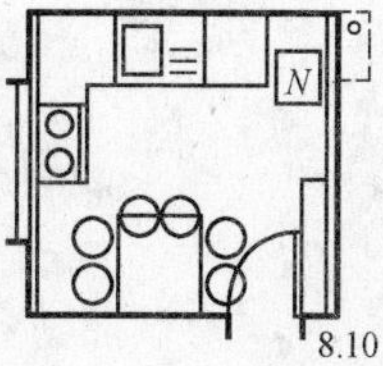

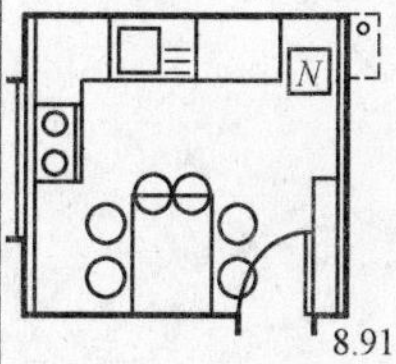

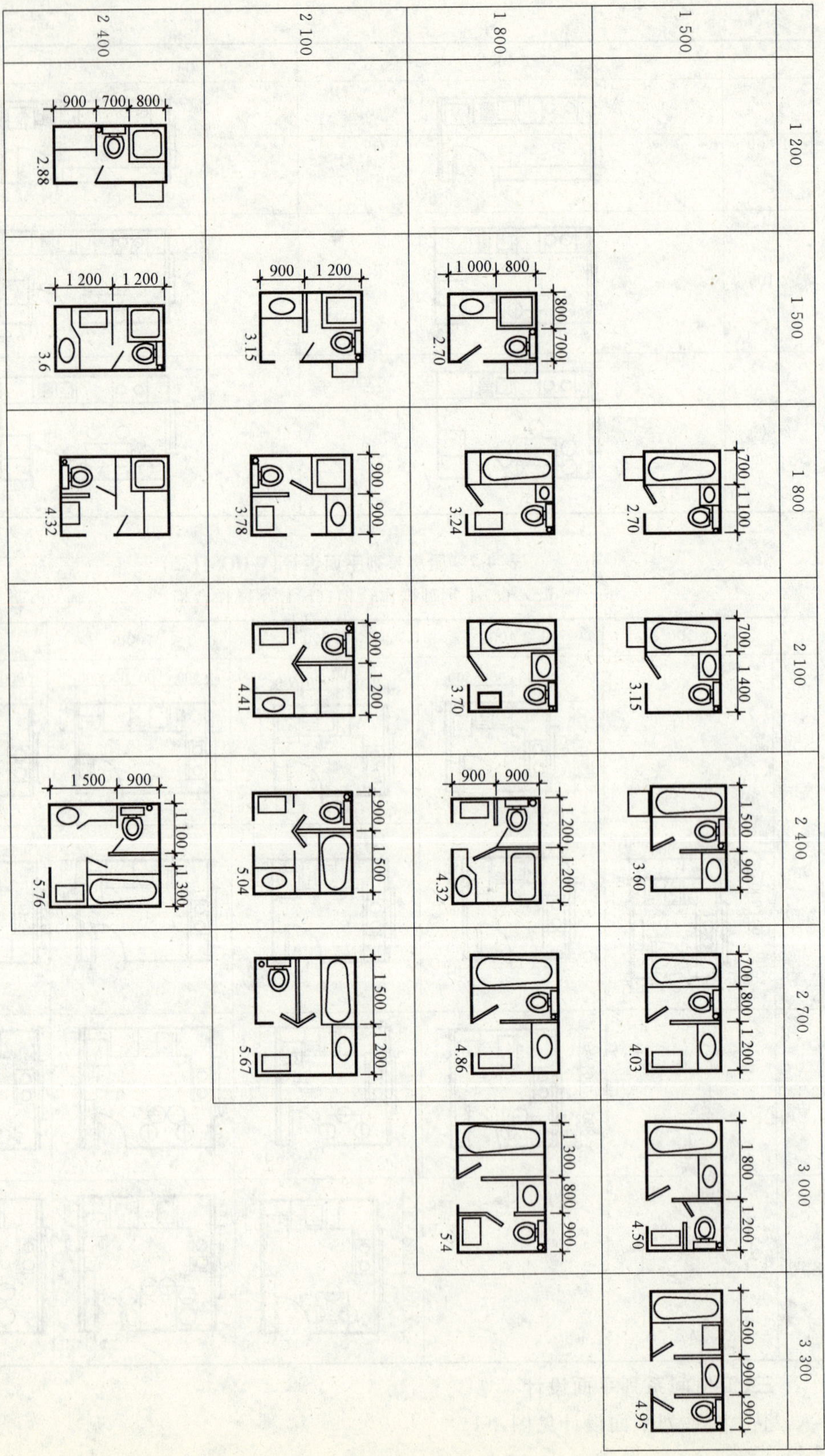

图 4-1 卫生间系列平面设计（WHOS）（单位：mm）

第五章　办公及商业建筑

第一节　办　公　建　筑

一、办公建筑高度划分

建筑高度 24m 以下为低层或多层办公建筑；建筑高度超过 24m 而未超过 100m 为高层办公建筑，建筑高度超过 100m 为超高层办公建筑。6 层及 6 层以上办公建筑应设电梯，建筑高度超过 75m 的办公建筑应分区或分层使用。

二、办公建筑一般规定

(1) 各种办公室、会议室面积定额见表 5-1。

表 5-1　各种办公室、会议室面积定额

房间名称	面积定额	房间名称	面积定额
普通办公室	≥3m²/人	中会议室	60m²/间
单间办公室	≥10m²/间	小会议室	30m²/间
研究工作室	≥4m²/人	有桌会议室	≥1.8m²/人
设计绘图室	≥5m²/人	无桌会议室	≥0.8m²/人

(2) 天然采光标准见表 5-2。

表 5-2　天然采光标准

房　间　名　称	窗地比
办公室、研究室、接待室、打字室、陈列室、复印室等	≥1:6
设计绘图时、阅览室等	≥1:5

注：① 窗地比为该房间侧窗洞口面积与该空间地面面积之比。
　　② 设采暖空调的办公建筑，外窗面积在满足采光要求的前提下，应尽量减少；空调办公建筑外窗应有良好的密闭性和隔热性，全空调办公建筑应设部分可开启窗扇。

(3) 室内净高见表 5-3。

表 5-3　室内净高　　　　　　　　　　（单位：m）

名　　称	普通办公室	设空调办公室	贮藏间	走　道
高　　度	≥2.6	≥2.4	≥2.0	≥2.1

注：办公室门洞口宽度不应小于 1m。高度不应小于 2m。

(4) 走道最小宽度见表 5-4。

表 5-4　走道最小净宽

走道长度/m	最小净宽/m	
	单面布房	双面布房
≤40	1.30	1.40
>40	1.50	1.80

注：内筒结构的回廊式走道净宽最小值同单面布房走道。

(5)室内温度、湿度的设计参数见表 5-5。

表 5-5　室内温度、湿度的设计参数

房间名称	夏　季		冬　季	
	温度/℃	相对湿度	温度/℃	相对湿度
高级办公室	24～27	<60%	20～22	≥35%
一般办公室	26～28	<65%	18～20	不规定
会议室接待室	25～27	<65%	16～18	不规定
电话总机房	25～27	<65%	16～18	同上
计算机房	24～28	≤60%	18～20	同上
复印机房	24～28	≤55%	18～20	同上

注：①大型电话总机房、计算机房应按设备要求设计。
　　②本表适合于设置空气调节及集中采暖的办公建筑。

(6)室内允许噪声见表 5-6。

表 5-6　室内允许噪声

房　间　名　称	噪声标准声级 dB/(A)	NC 数
一般办公室	40～55	40～55
高级办公室	30～40	25～35
会议室接待室	40～50	35～45
电话总机房	55～60	50～55
计算机房	55～65	50～60
复印机房	55～60	50～55

注：大型电话总机房、计算机房应按设备要求设计。

(7)各类房间照度值标准见表 5-7。

表 5-7　各类房间照度标准值

房　间　名　称	照度标准值/lx
办公室、研究工作室、会议室、接待室、陈列室	100～200
设计室、绘图室、打字室	200～500
图书阅览室	100～200
档案室、资料室等	75～150
计算机房	150～300
电话总机房、晒图室、复印室	75～150
电梯间、门厅	30～75
走道、厕所	15～30
开水间、楼梯间、贮藏室	20～50

(8) 前室厕所卫生器具数量规定见表 5-8。

表 5-8　前室厕所卫生器具数量规定

数量＼洁具＼房间	洗手盆	大便器	小便器	备注
前室	1具/40人	—	—	每个小便器相当于 0.6m 长小便槽
男厕所	—	1具/40人	1具/30人	
女厕所	—	1具/20人	—	

注：① 厕所距离最远的工作点不应大于 50m。
② 厕所应设前室，前室内宜设洗手盆。
③ 厕所应有天然采光和不向邻室对流的直接自然通风，条件不许可时，应设机械排风装置。
④ 每间厕所大便器三具以上者，其中一具宜设坐式大便器。
⑤ 设有大会议室的楼层应相应增加厕位。
⑥ 专用卫生间可只设坐式大便器、洗手盆和面镜。

(9) 汽车库、自行车库要求见表 5-9。

表 5-9　汽车库、自行车库要求

净高/m	自行车推行坡道			每辆停放面积/m²	
	长	宽	坡度	自行车	小汽车
≥2	≤6m	≥1.8m	≤1/5	1~1.2	25~30(含停车库内汽车进出通道)

注：① 净高指自行车停车库的净高。
② 停放车辆超过 25 辆的汽车停车库宜设置驾驶员休息室，休息室应靠近安全出口处。

三、厂区办公建筑

(1) 厂区及车间办公室建筑面积见表 5-10。

表 5-10　厂及车间办公室建筑面积

全厂职工人数	1 500 以下	1 501~3 000	3 001~5 000	5 001 以上
m²/每个办公人员	10~10.5	9.5	9	8.5
车间职工人数	150 以下	151~400	401 以上	
m²/每个办公人员	8.5	8	7.5	

(2) 其他用房建筑面积见表 5-11。

表 5-11　其他用房建筑面积

传达室(收发室)	值班室(门卫)	门卫宿舍	自行车棚及管理室	车间浴室	集中浴室
30~60m²	15m²	5.5m²/人	1.2m²/辆	5.5m²/个喷头	6m²/喷头

(3) 厂办公室各类人员面积定额见表 5-12。

表 5-12　厂办公室各类人员面积定额

人员名称	厂级干部	科级干部	一般工作人员	设计人员
使用面积/(m² 人)	10～20	5～9	3～3.5	4～4.5

（4）厕所位数见表 5-13。

表 5-13　厕所位数

	使用人数	蹲位数	备注
男厕	100 人以下每 25 人	1	厕所建筑面积按每个蹲位 5m² 计
	100 人以上每增加 50 人	1	
女厕	小于 20 人每 10 人	1	
	20 人以上每增加 35 人	1	

（5）存衣设备规格见表 5-14。

表 5-14　存衣设备规格

卫生级别	衣柜规格(宽×深×高)	备注
2、3 级	450×500×900	上下两层、供二人使用
4 级	同上	同上（适于严寒地区）
	450×500×600	上中下三层、供三人使用

第二节　商 业 建 筑

一、商业建筑一般规定

（1）大中型商店应至少有两个面出入口与城市道路相邻接；至少有 1/4 周边长度和建筑物的两个出入口与一边城市道路相邻接；在建筑物的侧面和背面，设置净宽不小于 4m 的运输道路。

大中型菜场的通路出口距城市干道交叉路口转弯起点处不少于 70m。

小区内商店的服务半径不超过 300m。

步行商业街：改、扩建的步行商业街红线宽度不小于 10m；新建步行商业街按街内设施和人行流量确定宽度，并留出不小于 5m 的消防车道；

长度不宜超过 500m，设置横穿街区消防车道的间距不大于 160m；

街道上空设顶盖时，净高不小于 5.5m。

（2）商店建筑规模见表 5-15。

表 5-15　商店建筑规模(建筑面积)　　　　　　　（单位：m²）

规模 \ 类别	百货商场(店)	菜市场	专业商店
大型	>15 000	>6 000	>5 000
中型	3 000～15 000	1 200～6 000	1 000～5 000
小型	<3 000	<1 200	<1 000

(3) 商店建筑面积分配比例见表 5-16。

表 5-16　商店建筑面积分配比例

建筑面积/m²	营业(%)	仓储(%)	辅助(%)
>15 000	>34	<34	<32
3 000~15 000	>45	<30	<25
<3 000	>55	<27	<18

注：①如营业部分混有大量仓储面积时，可仅采用其辅助部分配比。
　　②如城市设置集中商品储配库和社会服务设施等较完善时，可适当调整减少仓储、辅助部分配比。

(4) 普通营业厅平均每个售货岗位 15m²（含顾客占用部分）或每个顾客 1.35m²。营业厅净高见表 5-17，通道最小净宽见表 5-18。

表 5-17　营业厅净高

通风方式	自　然　通　风			机械排风和自然通风相结合	系统通风空调
	单面开窗	前面敞开	前后开窗		
最大进深与净高比	2∶1	2.5∶1	4∶1	5∶1	不限
最小净高/m	3.20	3.20	3.50	3.50	3.00

注：①营业厅净高按楼地面至吊顶或楼板底面之间的垂直高度计算。
　　②设有全年不断空调、人工采光的小型厅或局部空间的净高可酌减，但不小于 2.4m。

表 5-18　普通营业厅内通道最小净宽

通　道　位　置	最　小　净　宽/m
通道在柜台与墙面或陈列窗之间	2.20
通道在两个平行柜台之间。如 A. 每个柜台长度<7.5m	2.20
B. 一个柜台长度<7.5m 　 另一个柜台长度 7.50~15.0m	3.00
C. 每个柜台长度 7.50~15.0m	2.70
D. 每个柜台长度>15.0m	4.00
E. 通道一端设有楼梯	上下两个梯段之和再加 1m
柜台边与开敞楼梯最近踏步间距	4.0m 且≥楼梯间净宽

注：①通道内如设有陈设物时，通道最小净宽应增加该物宽度。
　　②无柜台售区，小型厅可按实际情况酌减不超过 20%。
　　③菜市场、摊贩市场营业厅按本表增加 20%。

(5) 自选营业厅应按每位顾客 1.35m²（有小车选购时 1.70m²）计算；其厅前面积包括顾客存包、进厅闸位、购物盛器堆放、收款位、服务台等应不小于营业厅面积的 8%；收款位按厅内容纳顾客人数每 100 人设 1 个（含 0.6m 宽顾客通过口）；面积超过 1 000m² 的营业厅设闭路电设监控装置。

其通道最小净宽见表 5-19。

表 5-19　自选营业厅内通道最小净宽

通 道 位 置	最 小 净 宽/m
通道在两个平行货架之间，如 　A. 靠墙货架长度不限，离墙货架长度小于 15m 　B. 每个货架长度小于 15m 　C. 每个货架长度为 15～24m	1.60(1.80) 2.20(2.40) 2.80(3.00)
与各货架相垂直的通道，如 　A. 通道长度＜15m 　B. 通道长度≥15m 货架与出入闸位间的通道	2.40(3.00) 3.00(3.60) 3.80(4.20)

注：①括号内数字为用小车选购时要求。
　　②如采用货台、货区时，其周围留出的通道宽度，可按商品的选择性强弱等情况，调整上表所列数字。

(6)联营商场内连续排列店铺设计应符合下列规定：

一、各店铺的内业运输于营业时间内不应占用公共通道(内街)，必要时可另设作业通道；

二、饮食店的灶台不宜面向公共通道，并应有良好排烟通风设施；

三、各店铺的隔墙、吊顶等的饰面材料和构造不得降低商场建筑物的耐火等级规定，并不得任意添加设计规定以外的超载物；

联营商场内连续排列店铺的公共通道见表 5-20。

表 5-20　联营商场内连续排列店铺的公共通道

通 道 名 称	最 小 净 宽/m
主要通道	4.00(3.00)并不小于通道长度的 1/10(1/15)
次要通道	3.00(2.00)
内部作业通道(按需要)	1.80

注：①括号内数字为公共通道仅有一侧设铺面时的要求。
　　②主通道长度按其两端安全出口间距计算。
　　③店铺内面向公共通道营业的柜台，其前沿应后退道边线不小于 0.5m。

(7)大中型商店的顾客休息面积应为营业厅面积的 1%～1.4%，顾客卫生间器具数量见表 5-21，营业厅内的垂直交通见表 5-22～表 5-23。

表 5-21　大中型商店顾客卫生间器具数量

部　　位	大　便　位	小　便　斗	备　　注
男 厕 所	1/100 人	2/100 人	
女 厕 所	1/50 人		至少设坐便位 1～2 个
前　　室	洗脸盆按每 6 个大便位设 1 个，但至少设污水池 1 个。		

表 5-22　营业厅内楼梯及坡道

位置＼楼梯	梯段净宽/m	踏步高/m	踏步宽/m
室　内	≥1.4	≤0.16	≥0.28
室　外	—	≤0.15	≥0.30

	坡　度	扶手高度
供轮椅使用的坡道	≤1∶12	0.65m

注：坡道水平投影长度超过 15m 时，设休息平台。

表 5-23　大型商店营业厅内的自动扶梯

层　数	倾　角	上下两端水平部分	备　注
≥4	≤30°	≥3m	单向自动扶梯须配楼梯

二、商业建筑辅助设计

(1) 仓库库房内通道净宽度见表 5-24，净高见表 5-25。

表 5-24　库房内通道净宽度

通道位置	净宽度/m
货架或堆垛端部与墙面间的通风通道。	＞0.3
平行两组货架或堆垛间的手携商品通道。	0.7～1.25
垂直于货架或堆垛的主通道（可通行轻便手推车）。	1.5～1.8
电瓶车通道。	≥2.5

注：①单个货架宽度 0.3～0.9m，一般为两架并靠成组；堆垛宽度为 0.6～1.8m。
②库内电瓶车行速不应超过 75m/min，其通道宜取直，回车场地不小于 6m×6m。

表 5-25　库房净高　　　　　　　　　　（单位：m）

有货架库房	有夹层库房	无固定堆放形式库房
≥2.10	≥4.60	≥3.00

注：库房净高应按地面至楼板或主梁下皮的垂直高度计算。

(2) 食品类商店仓储部分尚应符合下列规定：

根据商品不同保存条件和商品之间存在串味、污染的影响，应分设库房或在库内采取有效隔离措施；

各种用房地面、墙裙等均应为可冲洗的面层，并严禁采用有毒和起化学反应的涂料。

(3) 办公业务和职工福利用房面积指标 3～3.5m^2/每个售货岗位。大中型商店设集中浴室面积指标 0.1m^2/每一定员。内部用卫生间器具数见表 5-26。

表 5-26　内部用卫生间器具数

部　位	大便位	小便斗	备　注
男厕所	1/50 人	1/50 人	
女厕所	1/30 人		至少设 1～2 个坐便位
前　室	每 35 人设洗脸盆 1 个，设污水池一个		

三、商业建筑建筑设备、建筑环境

(1) 在距地面 0.8m 水平工作面处的照明推荐照度值见表 5-27。

表 5-27　在距地面 0.8m 水平工作面处的照明推荐照度值

房间或场所名称	推荐照度/lx
百货自选商场(超级市场)的营业厅。	150～300
百货商店、商场、文物字画商店、中西药店等的营业厅及选购用房。	100～200
书店、服装店、钟表眼镜店、鞋帽店等的营业厅及选购用房。	75～150
百货商店、商场的大门厅、广播室、电视监控室、美工室和试衣间。	75～150
粮油店、副食店等的营业厅。	50～100
值班室、换班室和一般工作室。	30～75
一般商品库及主要的楼梯间、走道、卫生间。	20～50
供内部使用的楼梯间、走道、卫生间、更衣室。	10～20

注：①设在地下室的营业厅，如无天然光或天然光不足时，宜将表中推荐照度提高一级。
　　②采用荧光灯等气体放电光源时，其推荐照度不宜低于30lx。
　　③供继续营业的事故照明，其照度不应低于推荐照度的10%。

(2)营业厅内的照度和亮度的分布：
一般照明的均匀度(工作面上最低照度与平均照度之比)不低于0.6。
顶棚的照度为水平照度的0.3～0.9。
墙面的照度应为水平照度的0.5～0.8。
视觉作业亮度与其相邻环境的亮度比宜为3∶1。
在需要提高亮度对比或增加阴影的地方，可装设局部定向照明。
橱窗照明的照度宜为营业厅照度2～4倍。
柜台区的照度为一般垂直照度2～3倍。
货架柜的垂直照度不宜低于50lx。
(3)商店建筑常用光源的色温、显色指数、特征及用途见表5-28。

表 5-28　商店建筑常用光源的色温、显色指数、特征及用途

光源		色温/K	显色指数/R_a	主要特征	主要用途
白炽灯类	白炽灯	2 400～3 000	～100	・亮度高。 ・发光效率低，发热大。 ・稳重，温暖。 ・寿命短。	・营业厅部分照明，或主要商品的局部或重点照明。 ・低照度营业厅可作一般照明。 ・高照度面积大的营业厅，不宜作一般照明。
	卤素灯	3 000	～100		
气体放电灯类	荧光灯	6 500 (日光色) 4 800 (白色)	63～99	・扩散光、发光效率高。 ・色温、显色性的种类多。 ・寿命长。	・营业厅的基本照明。 ・可按各类商品要求，选择色温和显色性。
	荧光水银灯	3 300～4 100	40～55	・发光效率高。 ・单灯可获得较大光束。 ・显色性差。 ・寿命长	多用于商店外部照明。
	金属钠盐灯	3 800～6 000	63～92	・效率高、显色性好。 ・外管有透明和扩散型。	・用于商店的入口。 ・商店内的高顶棚。 ・小瓦数用于局部照明和点光源。

注：①主要光源的色温，在高照度处宜用高色温光源，低照度处宜用低色温光源。
　　②一般反映颜色真实性的商品 R_a 可取 60～80，需高保真反映颜色的商品 R_a 宜大于 80。

(4)商店用水量标准见表5-29。

表 5-29 商店用水量标准

用水项目	饮用水	生活用水
用水量	2～4L/人·h	20～30L/人·h

注：①生活用水包括洗刷、冲洗厕所用水。
②商店加工生产和空调冷却用水量按实际需要确定。

(5) 书店。开架书廊和书库储存面积指标：400～500册/m^2。
开架书廊和书库净高不小于2.1m。
(6) 粮油店。库房面积不大于营业厅面积的200%。
库房面积为粮油堆垛总面积的170%（含通道和空位）。
收款发票台位面积15～20m^2（含顾客等候面积）。
(7) 中药店。配售饮片的每个售货岗位面积指标：20m^2（含顾客占用部分）。
附设门诊面积指标：10m^2/每一医师（含顾客候诊面积），单独诊室面积不宜小于12m^2。

四、商业建筑防火

(1) 建筑构件的耐火极限：
综合性建筑中商店部分与其他建筑部分之间的分隔构件的耐火极限：
隔墙：不低于3h；
楼板：不低于1.5h（非燃烧体）。
多层住宅与底层商店间的楼板：不低于1小时（非燃烧体）。
综合性建筑的商店部分应采用耐火极限不低于3h的隔墙和耐火极限不低于1.50h的非燃烧体楼板与其他建筑部分隔开；商店部分的安全出口必须与其他建筑部分隔开。

注：多层住宅底层商店的顶楼板耐火极限可不低于1h。

商店建筑内如设有上下层相连通的开敞楼梯、自动扶梯等开口部位时，应按上下连通层作为一个防火分区，其建筑面积之和不应超过防火规范的规定。
(2) 通廊宽度。
大中型商业建筑中通廊或中庭两侧各式防火分区的最小宽度：
两侧建筑高度小于24m时：不小于6m。
两侧建筑高度大于24m时：不小于13m。
(3) 营业厅内安全疏散设计要求见表5-30。

表 5-30 营业厅内安全疏散设计要求

每一防火分区安全出口数目	任何一点至靠近安全出口直线距离	安全出口门净宽
≥2个	≤20m	≥1.4m

商店营业部分的疏散通道和楼梯间内的装修、橱窗和广告牌等均不得影响设计要求的疏散宽度。
大型商店的营业层在五层以上时：
设直通屋顶平台的疏散楼梯不少于2座。
屋顶平台的避难面积不小于最大营业层建筑面积的50%。
(4) 商店营业部分的疏散人数计算指标见表5-31。

表 5-31 商店营业部分的疏散人数计算指标

第一、二层	第三层	第四层及以上各层
0.85人/m^2	0.77人/m^2	0.6人/m^2

注：每层的疏散人数按每层营业厅和为顾客服务用房的面积总数计算。

第六章 公用建筑

第一节 幼儿园建筑

一、幼儿园建筑一般规定

(1)幼儿园的规模可分为大、中、小型。大型为10个班至12个班。中型为6个班至9个班。小型为5个班以下。单独的托儿所以不超过5个班为宜。

(2)托儿所、幼儿园每班人数。其中,托儿所:乳儿班及托儿小班、中班15~20人,托儿大班21~25人。幼儿园:小班20~25人,中班26~30人,大班31~35人。

(3)各班专用的室外游戏场地,面积不小于60m²/班。全园共用的室外游戏场地:

$$场地面积(m^2)=180+20(N-1)$$

其中 N 为班数(乳儿班不计。)

室外共用游戏场地考虑设置游戏器具。30m 跑道、沙坑、洗手池和池水深度不超过0.3m 的戏水池等。

(4)严禁将幼儿生活用房设在地下室或半地下室。

生活用房室内最低净高见表6-1。窗地面积比见表6-2。

表 6-1 生活用房室内最低净高

房间名称	净高/m
活动室、寝室、乳儿室	2.80
音体活动室	3.60

注:特殊形状顶棚,最低处净高不少于2.20m。

表 6-2 窗地面积比

房间名称	窗地面积比
音体活动室、活动室、乳儿室	1/5
寝室、喂奶室、医务保健室、隔离室	1/6
其他房间	1/8

注:单侧采光时,房间进深与窗上口距地面高度的比值不宜大于2.5。

二、幼儿园建筑设计

(1)幼儿园生活用房的最小使用面积见表6-3,其中每班卫生间内最小设备数量见表6-4,托儿所、乳儿班每班最小使用面积见表6-5。其主体建筑走廊最小净宽度见表6-6。

表 6-3 生活用房的最小使用面积　　　　　(单位:m²)

房间名称	大 型	中 型	小 型	备 注
活 动 室	50	50	50	每班面积
寝　　室	50	50	50	同　上
卫 生 间	15	15	15	同　上
衣帽贮藏室	9	9	9	同　上
音体活动室	150	120	90	全园共用面积

注:全日制幼儿园活动室与寝室合并设置时,其面积按两者之和的80%计算。

表 6-4　每班卫生间内最少设备数量

污水池(个)	大便器或沟槽(个或位)	小便槽(位)	盥洗台(水龙头、个)	淋　浴(位)
1	4	4	6～8	2

注：盥洗池高度为 0.50～0.55m，宽度为 0.40～0.45m，水龙头间距为 0.35～0.4m，厕所每个厕位平面尺寸为 0.8×0.7m²，沟槽式的槽宽 0.16～0.18m，坐式便器高度 0.25～0.3m。

表 6-5　托儿所乳儿班每班房间最小使用面积

房间名称	使用面积/m²	房间名称	使用面积/m²
乳儿室	50	卫生间	10
喂奶室	15	贮藏室	6
配乳室	8		

表 6-6　托儿所、幼儿园主体建筑走廊最小净宽度　　　　（单位：m）

房间名称	双面布房	单面布房或外廊
生活用房	1.8	1.5
服务供应用房	1.5	1.3

(2)辅助设施设计。幼儿园服务用房最小使用面积见表 6-7。供应用房最小使用面积见表 6-8。房间平均照度标准见表 6-9。主要房间内采暖计算温度见表 6-10。

表 6-7　服务用房的最小使用面积　　　　（单位：m²）

房间名称	规　　　　模		
	大　型	中　型	小　型
医务保健室	12	12	10
隔离室	2×8	8	8
晨检室	15	12	10

表 6-8　供应用房最小使用面积　　　　（单位：m²）

房间名称		规　　　　模		
		大　型	中　型	小　型
厨房	主副食加工间	45	36	30
	主食库	15	10	15
	副食库	15	10	
	冷藏室	8	6	4
	配餐间	18	15	10
消毒间		12	10	8
洗衣房		15	12	8

表6-9　托儿所、幼儿园房间平均照度标准

房　间　名　称	照度值/lx	工作面距地/m
活动室、乳儿室、音体活动室	150	0.5
医务保健室、隔离室、办公室	100	0.80
寝室、喂奶室、配奶室、厨房	75	0.80
卫生间、洗衣房	30	地面
门厅、烧火间、库房	20	地面

表6-10　主要房间室内采暖计算温度及每小时换气次数

房　间　名　称	室内计算温度/℃	每小时换气次数
音体活动室、活动室、寝室、乳儿室、办公室、喂奶室、医务保健室、隔离室	20	1.5
卫　生　间	22	3
浴室、更衣室	25	1.5
厨　　房	16	3
洗　衣　房	18	5
走　　廊	16	

注：采暖应用低温热水集中采暖，热煤温度不超过95～70℃。

三、幼儿园设计注意事项

(1) 严寒、寒冷地区主体建筑的主要出入口应设挡风门斗，其双层门中心距离不应小于1.6m。幼儿经常出入的门应符合下列规定：

(2) 在距地0.60～1.20m高度内，不应装易碎玻璃。

在距地0.70m处，宜加设幼儿专用拉手。

门的双面均宜平滑、无棱角。

(3) 不应设置门坎和弹簧门。

窗：活动室窗台距地面高度不宜大于0.6m。距地面1.3m内不应设平开窗。

栏杆：阳台、平台护栏净高不小于1.2m。护栏垂直线饰净空不大于0.11m。内侧不应设有支撑。

(4) 幼儿经常接触的1.30m以下的室外墙面不应粗糙，室内墙面宜采用光滑易清洁的材料，墙角、窗台、暖气罩、窗口竖边等棱角部位必须做成小圆角。

(5) 幼儿疏散和经常出入用的通道不应设台阶，必要时设防滑坡道，坡度不大于1∶12。

(6) 楼梯设成人扶手同时设幼儿扶手，高度不大于0.6m。楼梯栏杆垂直线饰净间距不大于0.11m。楼梯踏步高度不大于0.15m，宽度不小于0.26m。

(7) 在严寒、寒冷地区设置的室外安全疏散楼梯，应有防滑措施。

活动室、寝室、音体活动室应设双扇平开门，宽度不小于1.2m。疏散通道中不应使用转门、弹簧门和推拉门。

第二节 中、小学建筑

一、中、小学建筑一般规定

(1)中、小学主要服务半径,中学不宜大于 1 000m;小学不宜大于 500m。小学教学楼不应超过 4 层;中学、中师、幼师不超过 5 层。

学生运动场地为:小学 2.3m²/学生;中学 3.3m²/学生。建筑容积率见表 6-11。

表 6-11 建筑容积率

学校类型	小 学	中 学	中师、幼师
容积率	≤0.8	≤0.9	≤0.7

注:建筑容积率为学校总建筑面积与学校建筑用地面积之比。

(2)主要教学用房外墙与铁路的距离:≥300m。

与机动车流量超过每小时 270 辆的道路同侧路边的距离:≥80m。

学校不宜与市场、公共娱乐场所,医院太平间等不利于学生学习和身心健康以及危及学生安全的场所毗邻。

(3)校区内不得有架空高压输电线穿过。

二、教室及教学辅助房

(1)学校主要房间使用面积指标见表 6-12。

表 6-12 学校主要房间使用面积指标

房间名称	按使用人数计算每人所占面积/m²			
	小 学	中 学	中 师	幼 师
普通教室	1.1	1.12	1.37	1.37
实验室	—	1.8	2	2
自然教室	1.57	—	—	—
史地教室	—	1.8	2	2
美术教室	1.57	1.8	2.84	2.84
书法教室	1.57	1.5	1.94	1.94
音乐教室	1.57	1.5	1.94	1.94
舞蹈教室	—	—	—	6
语言教室	—	—	2	2
微型电子计算机教室	1.57	1.8	2	2
微型电子计算机教室附属用房	0.75	0.87	0.95	0.95
演示教室	—	1.22	1.37	1.37
合班教室	1	1	1	1

注:①本表按小学每班 45 人,中学每班 50 人,中师、幼师每班 40 人计算。
②本表不包括实验室、自然教室、史地教室、美术教室、音乐教室、舞蹈教室的附属用房面积指标。
③本表普通教室的面积指标,系按中小学课桌规定的最小值,小学课桌长度按 1m,中学课桌长度按 1.1m 测算的。
④舞蹈教室每间不宜超过 20 人使用。
⑤南向普通教室冬至日底层满窗日照不应小于 2h;
　教室长边相对间距不应小于 25m;
　教室长边与运动场地间距不应小于 25m。

(2) 其他房间使用面积指标见表 6-13。

表 6-13 其他房间使用面积指标

房 间 名 称	面 积 指 标
一台钢琴的琴房	≥4m²
两台钢琴的琴房	≥10m²
实验室的实验员室	≥4.5m²/人
阅览室(教师)	≥2.1m²/座
阅览室(学生)	≥1.5m²/座
教员休息室	≥12m²
教师办公室	≥3.5m²/人
中学、中师、幼师学生宿舍	2.7m²/床
学生宿舍贮藏间	0.1～0.12m²/学生

注:学生宿舍每间居室居住人数不宜多于 7～8 人。

(3) 学校主要房间净高见表 6-14。

表 6-14 学校主要房间净高

房 间 名 称	净 高/m
小学教室	3.1
中学、中师、幼师教室	3.4
实验室	3.4
舞蹈教室	4.5
教学辅助用房	3.1
办公及服务用房	2.8

注:①合班教室的净高度根据跨度决定,但不应低于 3.6m。
②设双层床的学生宿舍,净高不应低于 3m。
③舞蹈教室窗台高度为 0.9～1.2m。

(4) 普通教室平面布置见表 6-15。合班教室平面及剖面布置见表 6-16。主要房间墙裙高度见表 6-17。

表 6-15 普通教室平面布置

项 目 内 容	设计要求/mm
课桌椅的排距:小学	≥850
中学	≥900
纵向走道宽度	≥550
课桌端部与墙面净距	≥120
前排边座与黑板边端的水平视角	≥30°
前排课桌前沿与黑板的水平距离	≥2 000
最后排课桌后沿与黑板的水平距离:小学	≤8 000
中学	≤8 500
教室后部横向走道宽度	≥600

表 6-16　合班教室平面及剖面布置

项　目　内　容	设计要求/mm
容纳人数	一个年级的学生
前排课桌前沿与黑板的水平距离	≥2 500
最后排课桌后沿与黑板的水平距离	≥18 000
前排边座与黑板远端的水平视角	≥30°
座位排距：小学	≥800
中学、中师、幼师	850
纵、横向走道净宽	≥900

表 6-17　主要房间墙裙高度

房　间　名　称	墙裙高度/m
教室、实验室、图书阅览室、科技活动室、体育器材室、门厅、走道、楼梯间	1～1.2
风雨操场、舞蹈教室	2.1
厕所、饮水间、盥洗室、保健室、食堂和厨房	1.2～1.5
淋浴室	1.8～2

注：①教室、实验室的窗台高度为 800～1 000mm，窗间墙高度应小于 1 200mm。

②教室、实验室靠外廊、单内廊一侧应设窗，但距地面 2 000mm 范围内，窗开启后不应影响教室使用、走廊宽度和通行安全。

(5)教室设备尺寸见表 6-18。

表 6-18　教室设备尺寸

设备名称	具　体　部　位	尺寸/mm
黑板	宽度：小学	≥3 600
	中学	≥4 000
	高度：	≥1 000
	黑板下沿与讲台面的垂直距离：小学	800～900
	中学	1 000～1 100
讲台	宽度	≥650
	高度	200
	两端与黑板边缘的水平距离	≥200
实验桌	双人单侧实验桌：长度/每个学生	≥600
	宽度	≥600
	四人双侧实验桌：长度/每个学生	≥750
	宽度	≥900
实验桌	岛式实验桌：长度	≥2 400
	宽度	≥600
教师演示桌	长度	≥2 400
	宽度	≥600
舞蹈教室	与采光窗相垂直的横墙设通长照身镜：高度	≥2 100
	其余三面内墙设可升降的把杆：高度	≥900
	与墙距离	≥400

注：化学实验室内应设置一个事故急救冲洗水嘴。

(6)实验室平面布置见表6-19。

表6-19 实验室平面布置

项 目 内 容	设计要求/mm
前排实验桌前沿与黑板的水平距离	≥2 500
前排边座与黑板边端的水平视角	≥30°
最后排实验桌后沿与黑板的水平距离	≤11 000
最后排实验桌后沿与后墙的水平距离	≥1 200
两实验桌间净距:双人单侧操作	≥600
四人双侧操作	≥1 300
超过四人双侧操作	≥1 500
中间纵向走道净宽:双人单侧操作	≥600
四人双侧操作	≥900
实验桌端部与墙面净距	≥550

注:演示室宜采用固定坐椅,当坐椅后背设书写板时,排距不小于850mm,座位宽度为500mm,阶梯式地面时每排座位视线升高值为120mm。

(7)图书阅览室设计规定见表6-20。

表6-20 图书阅览室设计规定

项 目 内 容	设计要求		
	小学	中学	中师、幼师
教师阅览室座位数	全校教师人数的1/3		
学生阅览室座位数占全校学生人数	1/20	1/12	1/6
书库藏书量	20~30册/人; 500~700册/m²。	30~40册/人; 500~600册/m²。	80~100册/人; 400~500册/m²。

三、中、小学建筑辅助用房设计

(1)学校室内活动场类型及规定见表6-21;学校田径运动场尺寸见表6-22;绿化用地指标见表6-23。

表6-21 室内活动场类型及规定

项 目 类 型	面积/m²	净高/m	使用范围	
			小学	中学、中师、幼师
小 型	360	≥6	容1~2班	—
中型(甲)	650	≥7	—	容1~2班
中型(乙)	760	≥8		容2~3班
大 型	1 000	≥8		容3~4班

注:室内活动场窗台高度不宜低于2 100mm。

表 6-22 学校田径运动场尺寸

跑道类型	学校类型			
	小学	中学	师范学校	幼儿师范学校
环形跑道/m	200	250~400	400	300
直跑道长/m	二组 60	二组 100	二组 100	二组 100

注：①中学学生人数在 300 人以下时，宜采用 250m 环形跑道；学生人数在 1 200~1 500 人时，宜采用 300m 环形跑道。
②直跑道每组按 6 条计算。
③位于市中心区的中小学校，因用地确有困难，跑道的设置可适当减少，但小学不应小于一组 60m 直跑道，中学不应少于一组 100m 直跑道。

表 6-23 学校绿化用地指标

学校类型	小学	中学	中师、幼师
绿化用地(m²/学生)	≥0.5	≥1	≥2

(2) 教学楼楼梯设计要求见表 6-24。

表 6-24 教学楼楼梯设计要求

项目内容	设计要求
每段楼梯的踏步数量	3~18 级
楼梯坡度	≤30°
楼梯梯段净宽	≤3m (大于 3m 时设中间扶手)
楼梯井宽度	≤0.2m (大于 0.2m 时须采取安全防护措施)
室内楼梯栏杆高度	≥0.9m
室外楼梯及水平栏杆高度	≥1.1m

注：楼梯不得采用螺形或扇形踏步。

(3) 走道及安全出口要求见表 6-25。

表 6-25 走道及安全出口要求

位置	项目内容			设计要求/mm
走道	净宽	教学用房	内廊	≥2 100
			外廊	≥1 800
		行政办公用房		≥1 500
	外廊栏杆高度			≥1 100
安全出口	门洞宽度	普通教室		≥1 000
		合班教室		≥1 500
	教学楼入口双道门深度			≥2 100

注：走道高差变化处必须设置台阶时，踏步不应少于三级，并不得采用扇形踏步。

(4)卫生间设备数量见表 6-26。

表 6-26　卫生间设备数量

名　称		设　计　要　求/mm
小学教学楼学生厕所	女生	一个大便器(或 1 000 长大便槽)/20 人。
	男生	一个大便器(或 1 000 长大便槽)和 1 000 长小便槽/40 人。
中学、中师、幼师教学楼内厕所	女生	一个大便器(或 1 100 长大便槽)/25 人。
	男生	一个大便器(或 1 100 长大便槽)和 1 000 长小便槽/50 人。
洗手盆		按 90 人一个计算(或 0.6m 长盥洗槽)。
饮水处		分层设置。一个饮水器/50 人。
学生宿舍	盥洗室	600 长盥洗槽/12 人。
	男厕	1 个大便器(或 1 100 长大便槽)和 500 长小便槽/20 人。
	女厕	1 个大便器(或 1 100 长大便槽)/12 人。

四、中、小学建筑环境设计要求

(1)中小学校课桌椅尺寸见表 6-27,图 6-1。

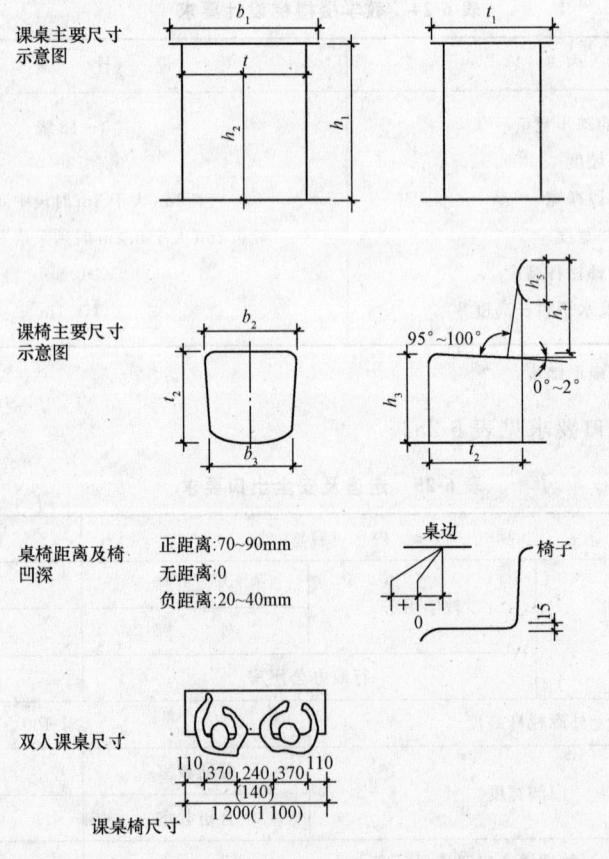

图 6-1

表 6-27　课桌功能尺寸　　　　　　　　　　　　　　　　（单位：mm）

型号及颜色标记	桌高 h_1	桌下空区高 h_2	桌面宽度 b_1 单人用	桌面宽度 b_1 双人用	桌面深度 t_1
1号白	760	620 以上	550～600	1 000～1 200	380～420
2号绿	730	590 以上	550～600	1 000～1 200	380～420
3号白	700	560 以上	550～600	1 000～1 200	380～420
4号红	670	550 以上	550～600	1 000～1 200	380～420
5号白	640	520 以上	550～600	1 000～1 200	380～420
6号黄	610	490 以上	550～600	1 000～1 200	380～420
7号白	580	460 以上	550～600	1 000～1 200	380～420
8号紫	550	430 以上	550～600	1 000～1 200	380～420
9号白	520	400 以上	550～600	1 000～1 200	380～420

注：课桌的主要尺寸应符合图 6-1 的要求。桌面宽度如用作教室进深设计的根据时，单人用课桌小学应＞550mm，中学应＞600mm，双人桌加倍。

表 6-28　课椅功能尺寸　　　　　　　　　　　　　　　　（单位：mm）

型号及颜色标记	椅面高 h_3	椅面有效深度 t_2	椅面宽度 b_2	靠背上缘距椅面高 h_4	靠背上下缘间距 h_5	靠背宽度 b_3
1号白	430	380	340 以上	320	100 以上	300 以上
2号绿	420	380	340 以上	310	100 以上	300 以上
3号白	400	380	340 以上	300	100 以上	300 以上
4号红	380	340	320 以上	290	100 以上	280 以上
5号白	360	340	320 以上	280	100 以上	280 以上
6号黄	340	340	320 以上	270	100 以上	280 以上
7号白	320	290	270 以上	260	100 以上	250 以上
8号紫	300	290	270 以上	250	100 以上	250 以上
9号白	290	290	270 以上	240	100 以上	250 以上

注：表 6-27、表 6-28 摘自 GB 3976—83。

(3) 学校用房的平均照度见表 6-29。

表 6-29　学校用房的平均照度

房　间　名　称	平均照度/lx	规定的平面
普通教室、书法教室、语言教室、音乐教室、史地教室、合班教室	150	课桌面
实验室、自然教室	150	实验桌面
微型电子计算机教室	200	机台面
琴房	150	谱架面
舞蹈教室	150	地面
美术教室、阅览室	200	课桌面
风雨操场	100	地面
办公室、保健室	150	桌面
饮水处、厕所、走道、楼梯间	20	地面

注：教室黑板应设黑板灯。其垂直照度的平均值不应低于 200lx。黑板面上的照度均匀度不应低于 0.7。黑板灯对学生和教师均不得产生直接眩光。

(4) 学校用房采暖设计温度见表 6-30。

表 6-30　学校用房采暖设计温度

房 间 名 称	室内设计温度/℃
普通教室、实验室、自然教室、史地教室、美术教室、书法教室、音乐教室、琴房、舞蹈教室、语言教室、微型电子计算机教室、合班教室、科技活动室、仪器室、办公室	16～18
风雨操场	12～15
图书阅览室	18

注：①人体写生的美术教室。室内设计温度宜为 26～28℃。
　　②表中风雨操场室内设计温度的规定，系指设围护结构者。

(5) 学校用房工作面或地面上的采光系数最低值和玻地比见表 6-31。

表 6-31　学校用房工作面或地面上的采光系数最低值和玻地比

房 间 名 称	采光系数最低值(％)	玻地比	规定采光系数的平面
普通教室、美术教室、书法教室、语言教室、音乐教室、史地教室、合班教室、阅览室	1.5	1∶6	课桌面
实验室、自然教室	1.5	1∶6	实验桌面
微型电子计算机教室	1.5	1∶6	机台面
琴房	1.5	1∶6	谱架面
舞蹈教室、风雨操场	1.5	1∶6	地面
办公室、保健室	1.5	1∶6	桌面
饮水处、厕所、淋浴	0.5	1∶10	地面
走道、楼梯间	0.5		地面

注：①全年阴天数在 200 天以上，早上 8 时的云量在七级以上地区，教室及辅助用房工作面(或地面)的采光系数最低值不应低于 2％，玻地比不应低于 1∶4.5，临界照度为 4 000lx。
　　②走道、楼梯间应直接采光。

(6) 房间内各表面的反射系数值见表 6-32。

表 6-32　房间内各表面的反射系数值

表面名称	顶 棚	前 墙	地 面	侧、后墙	课桌面	黑 板
反射系数(％)	70～80	50～60	20～30	70～80	35～50	15～20

第三节　体育馆建筑

一、体育馆建筑一般规定

(1) 体育馆内场地规格和类型见表 6-33。

表 6-33　体育馆内场地规格和类型

	第一类场地	第二类场地	第三类场地
规格	≥20×36m	≥24×44m	≥35×66m
适合范围	篮球、排球、体操、羽毛球、乒乓球。	手球、体操及第一类通用范围。	冰球、体操、乒乓球及第二类通用范围。

(2) 观众席座位设计见表 6-34。

表 6-34　观众席座位设计

	靠背坐席/cm	条凳坐席/cm	备 注
排　深	75～80	65～70	观众席第一排和最后一排排深应加 10～15cm。
席　宽	≥45	≥42	

注：观众席栏杆高度一般为 90cm，其中实心部分高度不超过 60cm；挑台栏杆实心部位高度不超过 45cm。

(3) 观众席分布在场地两侧时观众适宜人数见表 6-35。

表 6-35　观众席分布在场地两侧时观众适宜人数

场　地　类　型	从视觉质量角度来看适宜人数
第一类场地长 32～36m	2 500～3 000 人
第二类场地长 44～48m	3 500～4 500 人
第三类场地长 66～70m	7 000 人

注：观众席分布在场地四周，第一、二类场地观众人数可达万人左右，第三类场地可达万人以上。

(4) 观众厅内连续座位数量和连续排数见表 6-36。

表 6-36　观众厅内连续座位数量和连续排数

布置形式	连续座位数量				
	20 人	25 人	30 人	35 人	40 人
	连续　排数				
甲　区	32	25	21	18	16
乙　区	16	12	10	9	8
丙　区	64	51	42	36	32
丁　区	48	38	32	27	24

注：连续座位数以 30～35 比较合适。

(5) 主席台的坐椅尺寸见表 6-37。

表 6-37　主席台的坐椅尺寸

数　量	坐椅尺寸/cm	
	带茶桌的	不带茶桌的
为观众人数的 0.5%～1%	排深≥170；宽 50～75	排深 85～95；宽 50～55

(6) 观众厅屋盖结构选择见表 6-38。

表 6-38　观众厅屋盖结构选择

平面桁架	平面立体桁架	空间网架	悬索结构
适于 30～40m 跨	适于 40～70m 跨	适于 70m 以上跨度	适于曲线形平面

(7) 观众厅体积参数见表6-39。

表6-39　观众厅体积参数表

场　地　类　型	5 000人以下/(m³/人)	5 000人以上/(m³/人)
第一类	6～6.5	6.5～7
第二类	6.5～7	7～7.5
第三类	7～7.5	7.5～8

(8) 体育馆比赛大厅等房间室内背景噪声限值见表6-40。

1) 体育馆比赛大厅的建筑声学条件应以保证语言清晰为主。

2) 比赛大厅内观众席和比赛场地不得出现回声、颤动回声和声聚焦等音质缺陷。

3) 确定比赛大厅建筑声学处理方案时，应考虑建筑结构形式、观众席和比赛场的配置、扬声器设置以及防火、耐潮等要求。

表6-40　体育馆比赛大厅等房间的室内背景噪声限值

室内背景噪声限值	比赛大厅	贵宾休息室	扩声控制室	电视评论员室	扩声播音室
	NR—35	NR—30	NR—35	NR—30	NR—30

4) 综合体育馆比赛大厅满场500～1 000Hz混响时间及各频率混响时间相对于500～1 000Hz混响时间的比值宜采用表6-41、表6-42规定的指标。

表6-41　综合体育馆比赛大厅满场500～1 000Hz混响时间

比赛大厅容积/m³	<40 000	40 000～80 000	>80 000
混响时间/s	1.2～1.4	1.3～1.6	1.5～1.9

表6-42　各频率混响时间相对于500～1 000Hz混响时间的比值

频率/Hz	125	250	2 000	4 000
比值	1.0～1.3	1.0～1.15	0.9～1.0	0.8～1.0

5) 游泳馆比赛厅满场500～1 000Hz混响时间及各频率混响时间相对于500～1 000Hz混响时间的比值宜采用表6-43和表6-42规定的指标。

表6-43　游泳馆比赛厅满场500～1 000Hz混响时间

每座容积/(m³/座)	≤25	>25
混响时间/s	<2.0	<2.5

6) 有花样滑冰表演功能的溜冰馆，其比赛厅混响时间可按容积大于80 000m³的综合体育馆比赛大厅的混响时间设计。冰球馆、速滑馆、网球馆、田径馆等专项体育馆比赛厅的混响时间可按游泳馆比赛厅混响时间设计。

二、体育馆辅助设计

(1) 游泳池用地面积见表6-44。

表 6-44 游泳池用地面积

室内	10～13m²/m² 水面面积×游泳池水面总面积＋停车场面积。
室外	10～12m²/m² 水面面积×游泳池水面总面积＋停车场面积。

(2)游泳池水面面积指标见表 6-45。

表 6-45 游泳池水面面积指标

池名称	竞赛池	练习池	一般游泳池	儿童池	跳水池	水球
水面/(m²/人)	10	5	2～5	2	3～4.5	25～42

(3)深浅水池面积定额见表 6-46。

表 6-46 深、浅水池面积定额 （单位：m²/人）

深水池	浅水池	深、浅水池各占一半	备 注
3.0～3.5	1.5～2.0	2～3	深、浅水池以 1.35m 为界

(4)比赛馆内游泳池、跳水池之间及与其他设施的间距见表 6-47。

表 6-47 比赛馆内游泳池、跳水池之间及与其他设施的间距

主入口至池边距离/m	≥3	两池间距离/m	≥3～4
起游台后面净空/m	≥2.5	平台宽度/m	≥3
跳水设备处后净空/m	≥4.5	跳水池与游泳池间距/m	≥5

(5)卫生设备定额见表 6-48。

表 6-48 卫生设备定额

设备名称	室内游泳池		室外游泳池	
	男	女	男	女
沐浴喷头	3～4 个/100m² 水面	同左	3 个/1 000m² 水面	同左
恭桶	1/10 沐浴喷头	2/10 沐浴喷头	2 个/1 000m² 水面	4 个/1 000m² 水面
小便器	2/10 沐浴喷头		4 个/1 000m² 水面	

(6)游泳池男女使用人员比例见表 6-49。

表 6-49 游泳池男女使用人员比例

性别\使用对象	男	女	性别\使用对象	男	女
一般群众	80%	20%	工厂职工	95%	5%
学生	60%	40%	青少年	80%	20%

(7)衣柜数量定额见表 6-50。

表 6-50 衣柜数量定额

室内游泳池	室外游泳池	更衣凳长度
0.6～1 衣柜/m² 水面	0.2～0.3 衣柜/m² 水面	0.75m/人

(8) 几种附属用房的面积见表 6-51。

表 6-51　几种附属用房的面积　　　　　　　　　　（单位：m²）

办公室	现场指导间	急救站	器材库	儿童游戏室
≥9	≥9~15	≥9	≥20~30	20~30

(9) 国际标准游泳比赛池见表 6-52。

表 6-52　国际标准游泳比赛池

池长	允许差	安装电触板	泳道数	泳道宽	总池宽	水深
50m	+0.03m	池长50.01m	8 或 10	2.5m/条	21 或 26m	2.0m

注：边泳道附加 0.5m，两边 3.0m，池水深不得小于 1.8m。

(10) 一般比赛游泳池规格见表 6-53。

表 6-53　一般比赛游泳池规格

项　目	尺　　　　寸					备　注
池宽/m	10	12.5	16$\frac{2}{3}$	21	25	泳道中距 2~2.5m
池长/m	25	25	25、33.3、50	33.3、50	50	
泳道数/条	4	5	6	8	10	
水深/m	1.8	1.8	1.8、2.0	1.8、2.0	1.8、2.0	
水面面积/m²	250	315	415、553、833	700、1 050	1 250	

(11) 体操馆场地要求见表 6-54。

表 6-54　体操单项比赛场地要求尺寸　　　　　　　　（单位：m）

男子	鞍马	吊环	单杠	双杠	跳马
	5.5×4.5	8×6	12×5	10×5	33×3
女子	高低杠	平衡木	跳马	自由体操	
	10×5	12×5	33×3	12×12	

注：男子自由体操比赛场地同女子；上述规定为国际比赛规则规定。

(12) 单项比赛场地及缓冲地带见表 6-55。

表 6-55　单项比赛场地及缓冲地带

比赛场地	场地大小/m	备　　　　注
篮球	15×26~28	场地外应有≥2m 的缓冲带。
排球	9×18	四周留≥3m 的通道。
乒乓球	7×14	球台尺寸 1.525×2.740×0.76。
冰球	30×61	场地四周设 1.22m 高界墙。
网球	23.77×10.97	沿场地长短轴方向分别外留 6.4m、3.66m。
7 人制手球	38~44×18~22	四周缓冲地带宽≥2m。

注：上述场地规格为国际比赛规则规定。

(13) 观众服务设施及贵宾休息室见表6-56

表6-56 观众服务设施及贵宾休息室

饮水台	水龙头数	小卖部	柜台长度	观众休息厅	贵宾休息室
1处/2 000人	1个/250人	1处/2 500人	1m/500人	0.2~0.4m²/人	0.5~1m²/人

(14) 卫生器具数量见表6-57。

表6-57 卫生器具数量 (单位:个)

	观众总人数每1 000人		贵宾休息室用	
	大便器	小便器	大便器	小便器
男厕所	3	9	≥2	≥2
女厕所	5	—	≥2	—

(15) 运动员用房见表6-58。

表6-58 运动员用房

休息室	淋浴室		男厕所	女厕所
设4~8间 每间30~40m²	男、女各一套,每套设喷头6~10个,更衣柜10~20个	大便器	≥2	≥3
		小便器	≥2	—

注:休息室供篮球、排球、羽毛球、冰球比赛运动员用。

三、体育馆防火设计

(1) 人流密度速度及单股人流通行能力关系见表6-59。

表6-59 人流密度、速度及单股人流通行能力关系

人流密度/(m²/人)	0.25	0.333	0.4	0.5	0.6	0.7	0.8	0.9	1
行走速度/(m/min)	—	8.33	15	25	35	45	55	65	75
单股人流通行能力(人/min)	—	25	37	50	58	64	69	72	75

(2) 允许疏散时间见表6-60。

表6-60 允许疏散时间

耐火等级	一、二级	三级
离开观众厅允许疏散时间/min	≤4	≤2

(3) 观众席疏散口指标见表6-61。

表6-61 观众席疏散口指标

项目	内容	要求	
疏散口最大宽度	观众席设有靠背坐椅	无横向走道	2.2m
		有横向走道	4m
	观众席无靠背坐椅凳	4m	
观众厅疏散口每100人宽度/m		一、二级	≥0.35
		三级	≥0.65

注:疏散口总宽分配的各出口宽度,在人流股数≤4时按0.55m/股宽计算;>4股时按0.5m/股宽计算。

第四节　图书馆建筑

一、图书馆建筑一般规定

(1)馆址与易燃易爆、噪声和散发有害气体、强电磁波干扰等污染源的距离,应符合有关安全卫生环境保护标准的规定。

图书馆宜独立建造。当与其他建筑合建时,必须满足图书馆的使用功能和环境要求,并自成一区,单独设置出入口。

图书馆的室外环境除当地规划部门有专门的规定外,新建公共图书馆的建筑物基地覆盖率不宜大于40%。

除当地有统筹建设的停车场或停车库外,基地内应设置供内部和外部使用的机动车停车场地和自行车停放设施。

馆区内应根据馆的性质和所在地点做好绿化设计。绿化率不宜小于30%。

(2)一般规定

1)图书馆建筑设计应根据馆的性质、规模和功能,分别设置藏书、借书、阅览、出纳、检索、公共及辅助空间和行政办公、业务及技术设备用房。

2)图书馆的四层及四层以上设有阅览室时,宜设乘客电梯或客货两用电梯。

3)图书馆各类用房除有特殊要求者外,应利用天然采光和自然通风。

4)当无采暖和空气调节时,书库的外墙和屋顶的传热热阻值分别不应小于 $0.66(m^2 \cdot K)/W$ 和 $0.90(m^2 \cdot K)/W$。

5)各类用房的天然采光标准,不应小于表 6-62 中的规定。

表 6-62　图书馆各类用房天然采光标准值

房间名称	采光等级	室内天然光照度 /lx	采光系数最低值 C_{min}(%)	窗、地面积比 A_c/A_d			
				侧面采光	顶部采光		
				侧窗	矩形天窗	锯齿形天窗	平天窗
少年儿童阅览室 普通阅览室 珍善本奥图阅览室 开架书库 行政办公,业务用房	Ⅲ	100	2	1/5	1/6	1/8	1/11
会议室(厅) 出纳厅 研究室 装裱整修,美工	Ⅲ	100	2	1/5	1/6	1/8	1/11
目录厅 陈列室 视听室 电子阅览室 缩微阅读室 报告厅(多功能厅) 复印室 读者休息	Ⅳ	50	1	1/7	1/10	1/12	1/18

续表

房间名称	采光等级	室内天然光照度 /lx	采光系数最低值 $C_{min}(\%)$	窗、地面积比 A_c/A_d			
				侧面采光	顶部采光		
				侧窗	矩形天窗	锯齿形天窗	平天窗
闭架书库 门厅,走廊,楼梯间 厕所 其他	V	25	0.5	1/12	1/14	1/19	1/27

注:①此表为Ⅲ类光气候区的单层普通钢窗的采光标准,其他光气候区和窗型者应按现行国家标准《建筑采光设计标准》GB 50033 中的有关规定修正;
②陈列室系指展示面的照度。电子阅览室、视听室、舆图室的描图台需设遮光设施。

6)各类用房在平面设计时,应按其噪声等级分区布置,其允许噪声级不应大于表 6-63 中的规定。

表 6-63 图书馆内噪声级分区及允许噪声级标准

分 区		房 间 名 称	允许噪声级 dB/A
Ⅰ	静区	研究室、专业阅览室、缩微、珍善本、舆图阅览室、普通阅览室、报刊阅览室。	40
Ⅱ	较静区	少年儿童阅览室、电子阅览室、集体视听室、办公室。	50
Ⅲ	闹区	陈列厅(室)、读者休息区、目录厅、出纳厅、门厅、洗手间、走廊、其他公共活动区。	55

7)电梯井道及产生噪声的设备机房,不宜与阅览室毗邻。并应采取消声、隔声及减振措施,减少其对整个馆区的影响。

(3)藏书空间

1)图书馆的藏书空间分为基本书库、特藏书库、密集书库和阅览室藏书四种形式,各馆可根据具体情况选择确定。

2)其他书库的结构形式和柱网尺寸应适合所采用的管理方式和所选书架的排列要求。框架结构的柱网宜采用 1.20m 或 1.25m 的整数倍模数。

3)书库的平面布局和书架排列应有利于天然采光、自然通风,并缩短提书距离;书库内书(报刊)架的连续排列最多档数应符合表 6-64 的规定;书(报刊)架之间,以及书(报刊)架与外墙之间的各类通道最小宽度应符合表 6-65 的规定。

表 6-64 书库书架连续排列最多档数

条 件	开 架	闭 架
书架两端有走道	9 档	11 档
书架一端有走道	5 档	6 档

表 6-65　书架间通道的最小宽度　　　　　　　　　　（单位：m）

通道名称	常用书库		不常用书库
	开架	闭架	
主通道	1.50	1.20	1.00
次通道	1.10	0.75	0.60
档头走道（即靠墙走道）	0.75	0.60	0.60
行道	1.00	0.75	0.60

注：①当有水平自动传输设备时，表中主通道宽度由工艺设备确定。
　　②布置书架平面时，标准双面书架每档按 0.45m（深）×1.00m（长）计算。

4）书架宜垂直于开窗的外墙布置。

5）书库、阅览室藏书区净高不得小于 2.40m。当有梁或管线时，其底面净高不宜小于 2.30m；采用积层书架的书库结构梁（或管线）底面之净高不得小于 4.70m。

6）书库内工作人员专用楼梯的梯段净宽不应小于 0.80m，坡度不应大于 45°，并应采取防滑措施。书库内不宜采用螺旋扶梯。

7）二层及二层以上的书库应至少有一套书刊提升设备。四层及四层以上不宜少于两套。六层及六层以上的书库，除应有提升设备外，宜另设专用货梯。

（4）阅览空间

1）阅览区应根据工作需要在入口附近设管理（出纳）台和工作间，并宜设复印机、计算机终端等信息服务、管理和处理的设备位置。工作间使用面积不宜小于 $10m^2$，并宜和管理（出纳）台相连通。

2）阅览桌椅排列的最小间隔尺寸应符合表 6-66 的规定。

表 6-66　阅览桌椅排列的最小间隔尺寸　　　　　　　　（单位：m）

条件		最小间隔尺寸		备注
		开架	闭架	
单面阅览桌前后间隔净宽		0.65	0.65	适用于单人桌、双人桌。
双面阅览桌前后间隔净宽		1.30～1.50	1.30～1.50	四人桌取下限六人桌取上限。
阅览桌左右间隔净宽		0.90	0.90	
阅览桌之间的主通道净宽		1.50	1.20	
阅览桌后侧与侧墙之间净宽	靠墙无书架时	—	1.05	靠墙书架深度按 0.25m 计算。
	靠墙有书架时	1.60	—	
阅览桌侧沿与侧墙之间净宽	靠墙无书架时	—	0.60	靠墙书架深度按 0.25m 计算。
	靠墙有书架时	1.30	—	
阅览桌与出纳台外沿净宽	单面桌前沿	1.85	1.85	
	单面桌后沿	2.50	2.50	
	双面桌前沿	2.80	2.80	
	双面桌后沿	2.80	2.80	

3) 缩微阅读机集中管理时,应设专门的缩微阅览室。缩微阅读机分散布置时,应设置专用阅览桌椅,每座位使用面积不应小于 $2.30m^2$。

4) 音像视听室应由视听室、控制室和工作间组成。视听室的座位数应按使用要求确定。每座位占使用面积不应小于 $1.50m^2$。

5) 少年儿童阅览室应与成人阅览区分隔,单独设出入口,并应设儿童活动场地。

6) 盲人读书室应设于图书馆底层交通方便的位置,并和盲文书库相连通。盲人书桌应便于使用听音设备。

7) 各阅览区老年人及残疾读者的专用阅览坐席应邻近管理(出纳)台布置。

阅览空间每座占使用面积设计计算指标应符合附录 B 的规定。

(5) 目录检索、出纳空间

1) 目录检索包括卡片目录、书本目录和计算机终端目录三部分内容组成。

目录检索空间内目录柜的排列尺寸不应小于表 6-67 的规定。如利用过厅、交通厅或走廊设置目录柜时,查目区应避开人流主要路线。

表 6-67　目录柜排列最小间距　　　　　　　　（单位:m）

布置形式	使用方式	净距			通道净宽	
		目录台之间	目录柜与查目台之间	目录柜之间	端头走廊	中间通道
目录台放置目录盒	立式	1.20	—	0.60	0.60	1.40
	坐式	1.50	—	—	0.60	1.40
目录柜之间设查目台	立式	—	1.20	—	0.60	1.40
	坐式	—	1.50	—	0.60	1.40
目录柜使用抽拉板	立式	—	—	1.80	0.60	1.40

目录柜组合高度:成人使用者,不宜大于 1.50m;少年儿童使用者,不宜大于 1.30m。

目录检索空间内采用计算机检索时,每台微机所占用的使用面积按 $2.00m^2$ 计算。计算机检索台的高度宜为 0.78~0.80m。

目录检索空间中目录柜所占用的面积可按后面附录 C 所列公式计算。

2) 出纳空间应符合下列规定:

a. 出纳台内工作人员所占使用面积,每一工作岗位不应小于 $6.00m^2$,工作区的进深当无水平传送设备时,不宜小于 4.00m;当有水平传送设备时,应满足设备安装的技术要求。

b. 出纳台外读者活动面积,按出纳台内每一工作岗位所占使用面积的 1.20 倍计算,并不得小于 $18.00m^2$;出纳台前应保持宽度不小于 3.00m 的读者活动区。

c. 出纳台宽度不应小于 0.60m。出纳台长度按每一工作岗位平均 1.50m 计算。出纳台兼有咨询、监控等多种服务功能时,应按工作岗位总数计算长度。出纳台的高度,外侧高度宜为 1.10~1.20m;内侧高度应适合出纳工作的需要。

(6) 公共活动及辅助服务空间。

1) 公共活动及辅助服务空间包括门厅、寄存处、陈列厅、报告厅、读者休息处(室)、饮水处、读者服务部及厕所等,门厅的使用面积可按每阅览座位 $0.05m^2$ 计算。寄存处可按阅览座位的 25% 确定存物柜数量,每个存物柜占使用面积按 0.15~$0.20m^2$ 计算;

2)报告厅应符合下列规定:
a.300座位以上规模的报告厅应与阅览区隔离,独立设置。
b.300座以下规模的报告厅,厅堂使用面积每座位不应小于0.80m²,放映室的进深和面积应根据采用的机型确定。
c.读者休息处的使用面积可按每个阅览座位不小于0.10m²计算。设专用读者休息处时,房间最小面积不宜小于15.00m²。规模较大的馆,读者休息处宜分散设置。
3)图书馆内厕所的卫生用具(见表6-68)。

表6-68 图书馆内厕所的卫生用具

类	别	大便器/具	小便斗/具	洗手盆/具	污水池/个
男厕所	成人	1/60人	1/30人	1/60人	公用厕所内应设污水池1个。
	儿童	1/50人	2/50人		
女厕所	成人	1/30人	—		
	儿童	1/25人	—		

公用厕所中应设供残疾人使用的专门设施。

(7)行政办公、业务及技术设备用房

1)图书馆行政办公用房包括行政管理用的各种办公室和后勤总务用的各种库房,维修间等。

2)图书馆的业务用房包括采编、典藏、辅导、咨询、研究、信息处理、美工等用房;技术设备用房包括电子计算机、缩微、照相、静电复印、音像控制、装裱维修、消毒等用房。

采编用房每一工作人员的使用面积不宜小于10.00m²;

典藏室的使用面积,每一工作人员不宜小于6.00m²,房间的最小使用面积不宜小于15.00m²;

内部目录总量可按每种藏书两张卡片计算,每万张卡片占使用面积不宜小于0.38m²,房间的最小使用面积不宜小于15.00m²;

待分配上架书刊的存放量,可按每1 000册图书或300种资料为一周转基数。其所占使用面积不应小于12.00m²;

专题咨询和业务辅导用房的使用面积,可按每一工作人员不小于6.00m²分别计算;

业务资料编辑室的使用面积,每一工作人员不宜小于8.00m²;

业务资料阅览室可按8~10座位设置,每座位占使用面积不宜小于3.50m²;

公共图书馆的咨询、辅导用房,宜分别配备不小于15.00m²的接待室。

图书馆设有业务研究室时,其使用面积可按每人/6.00m²。

美工用房应包括工作间、材料库和洗手小间,其使用面积不宜小于30.00m²。

装裱、整修用房,每工作岗位使用面积不应小于10.00m²,房间的最小面积不应小于30.00m²。

消毒室面积不宜小于10.00m²,建筑构造应密封。

信息处理用房的使用面积可按每一工作人员不小于6.00m²计算。

音像控制室(以下简称控制室)应符合下列规定:

幕前放映的控制室,进深不得小于3.00m,净高不得小于3.00m;

控制室的观察窗应视野开阔。兼作放映孔时，其窗口下沿距控制室地面应为 0.85m，距视听室后部地面应大于 1.80m；

幕后放映的反射式控制室，进深不得小于 2.70m。

图书馆配有卫星接收及微波通讯装置时，应在其附近设面积不小于 15.00m² 的机房。

(8) 藏书空间每标准书架容书量设计估算指标应符合表 6-69 的规定。

表 6-69　藏书空间每标准书架容书量设计估算指标（册/架）

图书馆类型		公共图书馆		高等学校图书馆		少年儿童图书馆	增减度
藏书方式		中文	外文	中文	外文	中文	
开架	社科	550	400	480	350	400～500（半开架）	±25%
	科技	520	370	460	330		
	合刊	250	270	220	240		
闭架	社科	640	400	560	350	400～500（半开架）	±25%
	科技	600	370	530	330		
	合刊	290	270	260	240		

注：①双面藏书时，标准书架尺寸定为 1 000mm×450mm，开架藏书按 6 层计，闭架按 7 层计，其中填充系数 K 均为 75%；

②盲文书容量按表中指标 1/4 计算；

③密集书架藏书量约为普通标准书架藏书量的 1.5～2.0 倍；

④合刊指期刊、报纸的合订本。期刊为每半年或全年合订本；报纸为每月合订本，按四开版面 8～12 版计。每平方米报刊存放面积可容合订本 55～85 册。

(9) 藏书空间单位使用面积容书架量设计计算指标应符合表 6-70 的规定。

表 6-70　藏书空间单位使用面积容书架量设计计算指标　（单位：架/m²）

	含本室内出纳台	不含本室内出纳台
开架藏书	0.5	0.55
闭架藏书	0.6	0.65

(10) 阅览空间每座占使用面积设计计算指标应符合表 6-71 的规定。

表 6-71　阅览空间每座占使用面积设计计算指标　（单位：m²/座）

名　称	面　积　指　标	名　称	面　积　指　标
普通报刊阅览室	1.8～2.3	缩微阅览室	4.0
普通阅览室	1.8～2.3	珍善本书阅览室	4.0
专业参考阅览室	3.5	个人视听室	4.0～5.0
舆图阅览室	5.0	儿童阅览室	1.8
集体视听室	1.5（2.0～2.5 含控制室）	盲人读书室	3.5
非书本资料阅览室	3.5		

注：①表中使用面积不含阅览室的藏书区及独立设置的工作间。

②集体视听室，如含控制室，可用 2.00～2.50m²/座，其他用房如办公、维修、资料库应按实际需要考虑。

二、图书馆消防和疏散

(1)耐火等级

1)藏书量超过100万册的图书馆、书库,耐火等级应为一级。图书馆特藏库、珍善本书库的耐火等级均应为一级。

2)建筑高度超过24.00m,藏书量不超过100万册的图书馆、书库,耐火等级不应低于二级。

建筑高度不超过24.00m,藏书量超过10万册但不超过100万册的图书馆、书库,耐火等级不应低于二级。

3)建筑高度不超过24.00m,建筑层数不超过三层,藏书量不超过10万册的图书馆,耐火等级不应低于三级,但其书库和开架阅览室部分的耐火等级不得低于二级。

(2)防火、防烟分区及建筑构造

1)基本书库、非书资料库应用防火墙与其毗邻的建筑安全隔离,防火墙的耐火极限不应低于3.00h。

2)基本书库、非书资料库,藏阅合一的阅览空间防火分区最大允许建筑面积:当为单层时,不应大于1 500m^2;当为多层,建筑高度不超过24.00m时,不应大于1 000m^2;当高度超过24.00时,不应大于700m^2;地下室或半地下室的书库,不应大于300m^2。

当防火分区设有自动灭火系统时,其允许最大建筑面积可按上述规定增加1.00倍。

3)珍善本书库、特藏库,应单独设置防火分区。

4)采用积层书架的书库,划分防火分区时,应将书架层的面积合并计算。

5)书库、非书资料库、珍善本书库、特藏书库等防火墙上的防火门应为甲级防火门。

6)书库楼板不得任意开洞,提升设备的井道井壁(不含电梯)应为耐火极限不低于2.00h的不燃烧体,井壁上的传递洞口应安装防火闸门。

7)书库、非书资料库,藏阅合一的藏书空间,当内部设有上下层连通的工作楼梯或走廊时,应按上下连通层作为一个防火分区。

(3)消防设施

1)藏书量超过100万册的图书馆、建筑高度超过24.00m的书库和非书资料库,以及图书馆内的珍善本书库,就设置火灾自动报警系统。

2)珍善本书库、特藏库应设气体等灭火系统。电子计算机房和不宜用水扑救的贵重设备用房宜设气体等灭火系统。

3)建筑灭火器配置应符合现行国家标准《建筑灭火器配置设计规范》GBJ 140的有关规定。

(4)安全疏散

1)图书馆的安全出口不应少于两个,并应分散配置。

2)书库、非书资料库、藏阅合一的藏书空间,每个防火分区的安全出口不应少于两个。

3）书库、非书资料库的疏散楼梯，应设计为封闭楼梯间或防烟楼梯间，宜在库门外邻近设置。

4）超过 300 座位的报告厅，应独立设置安全出口，并不得少于两个。

三、图书馆采暖、照明、通风、空气调节

(1) 图书馆设置采暖或空气调节系统时，室内温度、湿度设计参数应分别符合表 6-72～表 6-73 的规定。

表 6-72 （采暖地区）图书馆各种用房冬季采暖室内设计温度

房 间 名 称	冬季采暖室内计算温度/℃	房 间 名 称	冬季采暖室内计算温度/℃
少年儿童阅览室	18～20	装裱修整间	16～18
阅览室	18	复印室	
珍善本书、舆图阅览室		陈列室	
开架书库		读者休息室	
缩微阅览室		门厅、走廊、楼梯间	
研究室		报告厅（多功能厅）	
电子阅览室		陈列室	14～16
目录、出纳厅（室）	16～18	书库	
会议室		厕所	
视听室		其他	—
内部业务办公室			

表 6-73 图书馆各种用房通风换气次数

房 间 名 称	通风换气次数/（次/h）	房 间 名 称	通风换气次数/（次/h）
陈列室	1～2	缩微阅览室	2
研究室		装裱修整间	
目录、出纳厅（室）		会议室	
缩微照相室	1～2	书库	1～3
普通阅览室		少年儿童阅览室	
内部业务用房	2	读者休息室	3～5
报告厅		复印室	
视听室		消毒室	5～10
珍善本书、舆图阅览室		厕所	

注：①普通阅览室和内部业务用房，寒冷地区冬季宜设机械通风装置；
②书库和少年儿童阅览室炎热地区书库宜设机械通风，高温季节每小时宜换气 3 次；霉雨季节窗应严密关闭；
③复印室、清毒室和厕所应设机械通风。

(3) 馆内各种用房通风、换气设计参数应符合表 6-74 的规定。

表 6-74　图书馆室内空气调节设计参数

房间名称			材质	干球温度/℃		相对湿度（%）		风速 m/s	
				冬	夏	冬	夏	冬	夏
特藏库		舆图、珍善本书库		12~24±2		45~60		—	—
	缩微资料库	母片及永久保存库（长期保存环境）	银盐醋酸片基	≤20		15~40		—	—
			银盐醋酸片基	≤20		30~40		—	—
		一般胶片库（中期保存环境）	银盐醋酸片基	≤25		15~60		—	—
			银盐醋酸片基	≤25		30~60		—	—
		彩色胶片库（长期保存环境）	银盐醋酸片基	≤2		15~30		—	—
			银盐醋酸片基	≤2		25~30		—	—
		彩色胶片库（短期保存环境）	银盐醋酸片基	≤10		15~60		—	—
			银盐醋酸片基	≤10		25~60		—	—
	唱片、光盘库			≤10		40~60		—	—
	磁带库		醋酸、聚酯	≤10		40~60		—	—
少年儿童阅览室				18~20	24~28	40~60	40~65	<0.2	<0.3
普通阅览室				18~20	24~28	40~60	40~65	<0.2	<0.3
装裱整修				18~20	24~28	40~60	40~65	<0.2	<0.3
研究室				18~20	24~28	40~60	40~65	<0.2	<0.3
目录厅、出纳厅				18~20	24~28	40~60	40~65	<0.2	<0.3
视听室				18~20	24~28	40~60	40~65	<0.2	<0.3
报告厅				18~20	24~28	40~60	40~65	<0.2	<0.3
美工室				20~22	24~28	40~60	40~65	<0.2	<0.3
会议室				18~20	24~28	40~60	40~65	<0.2	<0.3
缩微阅览室				18~20	24~28	40~60	40~65	<0.2	<0.3
电子阅览室				18~20	24~28	40~60	40~65	<0.2	<0.3
普通书库				18~20	24~28	40~60	40~65	<0.2	<0.3
公共活动空间				18~20	24~28	40~60	40~65	<0.2	<0.3
内部业务办公				18~20	24~28	40~60	40~65	<0.2	<0.3
电子计算机机房				18~20	24~28	40~60	40~65	<0.2	<0.3

　　(3) 藏书量超过 100 万册的图书馆，其用电负荷等级不应低于二级；其他图书馆，用电负荷等级不应低于三级。

　　图书馆各种用房人工照明设计标准应符合表 6-75 的规定。

表 6-75 人工照明照度标准

房间名称	照度标准/lx	参考平面及其高度/m
老年人阅览室	200～500	0.75(水平)
少年儿童阅览室		
珍善本、舆图阅览室		
光盘检索室	150～300	0.75(水平)
普通阅览室		
装裱修整间	150～300	0.75(水平)
美工室		
研究室		
内部业务办公室	75～150	0.75(水平)
陈列室		
目录厅(室)		
出纳厅(室)		
视听室		
报告室		
缩微阅览室		
会议室		
读者休息室		
开敞式运输传送设备	50～100	0.75(水平)
电子阅览室		
书库	20～50(垂直照度)	0.25(垂直面)
门厅、走廊、楼梯间、厕所等	30～75	地面

注：①专业阅览、珍善本舆图阅览可设局部照明；
②陈列室应设局部照明；
③缩微阅览室的环境亮度与缩微阅读器屏幕亮度比宜为1：3；
④开架书库设有研究厢的，应设局部照明。

第五节 综合医院建筑

一、综合医院建筑一般规定

(1)建筑物出入口门诊、急诊、住院应分别设置出入口。医院出入口不应少于二处，人员出入口不应兼作尸体和废弃物出口。

太平间、病理解剖室、焚毁炉应设于医院隐蔽处，并应与主体建筑有适当距离。尸体运送路线应避免与出入院路线交叉。

综合医院须同时具备下列条件：设置包括大内科、大外科等三科以上；设置门诊和服务24h的急诊；设置正规病床。

(2)病房。

一、平面应严格按照清洁区、半清洁区和污染区布置。

二、应设单独出入口和入院处理处。

三、需分别隔离的病种，应设单独通往室外的专用通道。

四、每间病房不得超过 4 床。两床之间的净距不得小于 1.10m。

五、完全隔离房应设缓冲前室；盥洗、浴厕应附设于病房之内；并应有单独对外出口。

20 床以上，或兼收烈性传染病者，必须单独建造病房，并与周围的建筑保持一定距离。

几种病房的床位数见表 6-76。病房中病床数量及排列见表 6-77。

表 6-76 几种病房的床位数

房 间 名 称	床 位 数	房 间 名 称	床 位 数
核医学科治疗病房	≤3	重点护理病房	≤4
康复病房	≤3	儿科隔离病房	2
肿瘤病房	≤3		
传染病房	≤4	重病房	≤2

表 6-77 病房中病床数量及排列

病床排距/m		病床数量/张		病床间通道净宽/m
排列方式	净距	排列方式	特殊情况	单排≥1.10
平行二床	≥0.8	单排≤3	≤4	
靠墙病床与墙间	≥0.6	双排≤6	≤8	双排≥1.40

(3) 手术室平面最小净尺寸见表 6-78。

表 6-78 手术室平面最小净尺寸

类 型	开间×进深/m	备 注
特大手术室	8.10×5.10	手术室间数按外科病床每 25～30 床设一间，手术室通向清洁走道的门净宽≥1.10m，通向洗手室的门净宽≥0.80m，且为弹簧门。
大手术室	5.40×5.10	
中手术室	4.20×5.10	
小手术室	3.30×4.80	

注：①门诊手术室平面尺寸及计划生育手术室平面尺寸均不应小于小手术室平面尺寸。剖腹产房平面尺寸同大手术室，一般产房平面尺寸同中手术室。

②每间手术室内不得少于 2 个洗手水嘴；无影灯装置高度一般为 3～3.20m。

(4) 诊断室平面尺寸见表 6-79。

表 6-79 诊断室平面尺寸

部 位	要 求
儿科候诊处	面积≥1.50m²/每病儿
门厅兼分诊	面积≥24m²
抢救室	面积≥24m²
消毒室	面积≥20m²
诊查室	净高≥2.6m

续表

部　位		要　求
病房		净高≥2.8m
医技科室		按设计
诊查室开间、进深		≥2.4×3.6m²
病房或抢救室		内门净宽≥1.10m
放射科内门净宽	诊室	≥1.10m
	CT诊室	≥1.20m
	控制室	0.7m
X线治疗	防护门	≥1.20m

(5)观察室、功能检查室内床排列见表6-80。

表6-80　观察室、功能检查室内床排列

观察室内床的排距/m			功能检查室
平行排列	有吊帘分隔	床沿与墙面净距	床间距/m
≥1.20	≥1.40	≥1.0	≥1.20

(6)医院建筑耐火等级一般不应低于二级,当为三级时,不应超过三层。

医院建筑的防火分区应结合建筑布局和功能分区划分。

防火分区的面积除按建筑耐火等级和建筑物高度确定外;病房部分每层防火分区内,尚应根据面积大小和疏散路线进行防火再分隔;同层有两个及二个以上护理单元时,通向公共走道的单元入口处,应设乙级防火门。

防火分区内的病房、产房、手术部、精密贵重医疗装备用房等,均应采用耐火极限不低于1小时的非燃烧体与其他部分隔开。

(7)防护。X线治疗对诊断室、治疗室的墙身、楼地面、门窗、防护屏障、洞口、嵌入体和缝隙等所采用的材料厚度、构造均应按设备要求和防护专门规定有安全可靠的防护措施。

核医学科、高、中活性实验室应设通风柜,通风柜的位置应有利于组织实验室的气流不受扩散污染。

(8)辅助用房。独立建造的营养厨房应有便捷的联系廊;设在病房楼中的营养厨房应避免蒸气、噪声和气味对病区的窜扰。焚毁炉应有消烟除尘的措施。

(9)电梯的设置条件:4层及4层以上的门诊楼或病房楼应设电梯,且不得少于两台,当病房楼高度超过24m时,应设污物电梯。供病人使用的电梯和污物电梯,应采用"病床梯"。

(10)坡道的设置条件:3层及3层以下无电梯的病房楼以及观察室与抢救室不在同一层又无电梯的急诊部,均应设置坡道,并应有防滑措施。

二、综合医院环境

(1)主要房间的采光要求见表6-81。照度推荐值见表6-82。

表 6-81　主要用房的采光要求

房　间　名　称	窗地比
诊查室、病人活动室、检验室、医生办公室	1/6
候诊室、病房、配餐室、医护人员休息室、手术室	1/7
更衣室、浴室、厕所	1/8

表 6-82　照度推荐值

用　房　名　称	推荐照度 lx
病房、监护用房	15～30
候诊室、病人活动室、放射科诊断室、核医学科、理疗室	50～100
诊查室、检验科、病理科、配方室、医生办公室、护士室、值班室	75～150
手术室、CT 诊断室、放射科治疗室	100～200
夜间守护照明	5

注：成人病房照明宜采用一床一灯。

护理单元走道和病房设夜间照明，床头部位照度不应大于 0.10lx，儿科病房不应大于 1lx。

儿科门诊和儿科病房的电源插座和开关的装置高度，离地面不低于 1.50m；病房内离病床的水平距离不小于 0.60m。

(2) 门诊用房中病人使用的厕所见表 6-83。

表 6-83　门诊用房中病人使用的厕所

	大便器/(个/人)	小便器	大便器每隔间大小	男女比例
男	1/120	1/60	≥1.10×1.40/m	6∶4
女	1/75	—		

注：厕所应设前室，并应设非手动开关的洗手盆。

(3) 住院部病房护理单元浴厕设施见表 6-84。

表 6-84　住院部病房护理单元浴厕设施

	大便器	小便器	水龙头	淋浴器
男厕所	1 具/16 床	1 具/16 床	—	—
女厕所	1 具/12 床	—	—	—
盥洗室	—	—	1/个 12～15 床	—
浴　室	—	—	—	1/个 12～15 床

注：每间盥洗室至少设 2 个水龙头，每间浴室至少设 2 个淋浴器。

(4) 室内采暖计算温度见表 6-85。

表 6-85 室内采暖计算温度

用 房 名 称	计算温度/℃
诊查室、病人活动室、医生办公室、护士室	18～20
病房、病人厕所、治疗室、放射科诊断室	18～22
儿科病房、待产室	20～22
病人浴室、盥洗室	21～25
手术室、产房	22～26

注：儿童用房的窗和散热片应有安全防护措施。

空调用房的夏季室内计算温度 25℃～27℃，相对湿度为 60％左右。
采用空调的手术室、产房工作区和灼烧病房的气流速度为≤0.2m/s。

(5)生活用水、热水供应量分别见表 6-86～表 6-87。

表 6-86 生活用水量

病 人	设 施 标 准	最高用水量/(L/d)	小时变化系数
每病床	集中厕所盥洗	50～100	2.50～2
	集中浴室、厕所、盥洗	100～200	2.50～2
	集中浴室、病房设厕所、盥洗	200～250	2.50～2
	病房设浴室、厕所、盥洗	250～400	2
门急诊病人	厕所、洗手池	15～25	2.50

注：本表所列用水量不包括医疗装备、制药、厨房、洗衣房以及医院职工和病人陪同人员的生活用水

表 6-87 热水供应量

病 人	设 施 标 准	65℃用水量/(L/d)
每病床	集中厕所、盥洗	30～60
	集中浴室、厕所、盥洗	60～120
	集中浴室、病房设厕所、盥洗	120～150
	病房设浴室、厕所、盥洗	150～200
门急诊病人	洗水池	5～8

注：本表所列热水用水量不包括医疗装备，制药、厨房、洗衣房以及医院职工和病人陪同人员的热水用水。

(6)水平及垂直交通设计数据见表 6-88。

表 6-88 水平及垂直交通设施设计数据

室内走道兼候诊廊净宽/m		室内主楼梯/m				室内外坡道
单侧候诊	双侧候诊	踏步		梯段宽	平台深	坡度
		高	宽			
≥2.10	≥2.70	≤0.16	≥0.28	≥1.65	≥2	≤1/10

注：推床通行的走道净宽≥2.10m。

第六节 智能建筑

一、智能建筑一般规定

(1)一般规定
1)智能建筑的环境设计应向人们提供舒适、高效的工作环境。

2）可视环境和不可视环境都应满足人们的舒适要求。
3）设计必须考虑节约投资和节约能源,并采用绿色照明。
(2) 设计要素
1）建筑物的空间应有高度的适应性、灵活性及空间的开敞性。
2）可视环境中的建筑造型、色彩、室内装饰及家具等应协调,不可视环境中的声、温湿度及心理环境应舒适。
3）室内空调应能符合环境舒适性要求。
4）视觉照明应能满足人们的美感,确保人们生理和心理舒适和保护视力的要求。
(3) 设计标准
1）甲级标准应符合下列条件：
A. 建筑物的空间环境。
顶棚高度不应小于 2.7m。
应铺设架空地板、地面线槽、网络地板,为地下配线提供方便。
应为智能化系统的网络布线留有足够的配线间。
室内宜铺设防静电、防尘地毯,静电泄漏电阻应在 $1.0\times10^5 \sim 1.0\times10^8 \Omega$ 之间。
室内装饰应对色彩进行合理组合。
应采用必要措施降低噪声,防止噪声扩散。
B. 室内空调环境。
空调设计应达到的主要指标：

CO 含量率($\times10^{-6}$)	<10	湿度(%)	冬天≥45,夏天≤55
CO_2 含量率($\times10^{-6}$)	<1 000	气流速度/(m/s)	<0.25
温度/℃	冬天22,夏天24		

对上述指标应实现自动调节和控制。
C. 视觉照明环境。
水平面照度不应小于 500lx。
灯具布置应模数化。
灯具应选用无眩光的灯具。
2）乙级标准应符合下列条件：
A. 建筑物的空间环境。
顶棚高度不应小于 2.6m。
应铺设架空地板、网络地板或地面线槽。
应为智能化系统的网络布线留有足够的配线间。
室内宜铺设防静电、防尘地毯,静电泄漏电阻应在 $1.0\times10^5 \sim 1.0\times10^8 \Omega$ 之间。
室内装饰应对色彩进行合理组合。
应采用必要措施降低噪声,防止噪声扩散。
B. 室内空调环境。
空调设计应达到的主要指标：

温度/℃	冬天18,夏天26
湿度(%)	冬天≥30,夏天≤60

对上述指标应实现自动调节和控制。
C. 视觉照明环境。
水平面照度不宜小于400lx。
灯具布置无方向性，宜结合室内家具和工作台进行布置，应以间接照明为主，直接照明为辅。
灯具宜选用眩光指数为Ⅰ级或无眩光的灯具。
3）丙级标准应符合下列条件：
A. 建筑物的空间环境。
顶棚高度不应小于2.5m。
楼板应满足预埋地下线槽（管）。
应为智能化系统的网络布线留有足够的配线间。
B. 室内空调环境。
空调设计应达到的主要指标：

温度/℃	冬天18，夏天27
湿度（%）	夏天≤65

对上述指标应实现自动调节和控制。
C. 视觉照明环境。
水平面照度不宜小于300lx。
灯具布置以线型为主。
灯具选用眩光指数为Ⅱ级的灯具，应以直接照明为主，间接照明为辅。
照明控制要灵活，操作方便。

二、住宅智能化

(1) 基本要求
1）住户。
A. 应在卧室、客厅等房间设置有线电视插座。
B. 应在卧室、书房、客厅等房间设置信息插座。
C. 应设置访客对讲和大楼出入口门锁控制装置。
D. 应在厨房内设置燃气报警装置。
E. 宜设置紧急呼叫求救按钮。
F. 宜设置水表、电表、燃气表、暖气（有采暖地区）的自动计量远传装置。
2）住宅小区。
A. 根据住宅小区的规模、档次及管理要求，可选设下列安全防范系统：
小区周边防范报警系统。
小区访客对讲系统。
110报警装置。
电视监控系统。
门禁及小区巡更系统。
B. 根据小区服务要求，可选设下列信息服务系统：
有线电视系统。
卫星接收系统。

语音和数据运输网络。
网上电子信息服务系统。
C. 根据小区管理要求，可选设下列物业管理系统：
水表、电表、燃气表、暖气（有采暖地区）的远程自动计量系统。
停车库管理系统。
小区的背景音乐系统。
电梯运行状态监视系统。
小区公区照明、给排水等设备的自动控制系统。
住户管理、设备维护管理等物业管理系统。

第七节　建筑物的无障碍设计

一、公共建筑

(1) 办公、科研建筑进行无障碍设计的范围应符合表6-89的规定。

表6-89　无障碍设计的范围

建筑类别	设计部位
办公、科研建筑 ・各级政府办公建筑 ・各级司法部门建筑 ・企、事业办公建筑 ・各类科研建筑 ・其他招商、办公、社区服务建筑	1. 建筑基地（人行通路、停车车位）。 2. 建筑入口、入口平台及门。 3. 水平与垂直交通。 4. 接待用房（一般接待室、贵宾接待室）。 5. 公共用房（会议室、报告厅、审判厅等）。 6. 公共厕所。 7. 服务台、公共电话、饮水器等相应设施。

注：县级及县级以上的政府机关与司法部门，必须设无障碍专用厕所。

(2) 商业、服务建筑进行无障碍设计的范围应符合表6-90的规定。

表6-90　无障碍设计的范围

建筑类别	设计部位
商业建筑 ・百货商店、综合商场建筑 ・自选超市、菜市场类建筑 ・餐馆、饮食店、食品店建筑	1. 建筑入口及门。 2. 水平与垂直交通。 3. 普通营业区、自选营业区。 4. 饮食厅、游乐用房。
服务建筑 ・金融、邮电建筑 ・招待所、培训中心建筑 ・宾馆、饭店、旅馆 ・洗浴、美容美发建筑 ・殡仪馆建筑等	5. 顾客休息与服务用房。 6. 公共厕所、公共浴室。 7. 宾馆、饭店、招待所的公共部分与客房部分。 8. 总服务台、业务台、取款机、查询台、结算通道、公用电话、饮水器、停车车位等相应设施。

注：①商业与服务建筑的入口宜设无障碍入口。
②设有公共厕所的大型商业与服务建筑，必须设无障碍专用厕所。
③有楼层的大型商业与服务建筑应设无障碍电梯。

(3) 文化、纪念建筑进行无障碍设计的范围应符合表6-91的规定。

表 6-91　无障碍设计的范围

建筑类别		设　计　部　位
文化建筑	・文化馆建筑 ・图书馆建筑 ・科技馆建筑 ・博物馆、展览馆建筑 ・档案馆建筑等	1. 建筑基地(庭院、人行通路、停车车位)。 2. 建筑入口、入口平台及门。 3. 水平与垂直交通。 4. 接待室、休息室、信息及查询服务。 5. 出纳、目录厅、阅览室、阅读室。 6. 展览厅、报告厅、陈列室、视听室等。 7. 公共厕所。 8. 售票处、总服务台、公共电话、饮水器等相应设施。
纪念性建筑	・纪念馆 ・纪念塔 ・纪念碑 ・纪念物等	

注：①设有公共厕所的大型文化与纪念建筑，必须设无障碍专用厕所。
　　②有楼层的大型文化与纪念建筑应设无障碍电梯。

(4)观演、体育建筑进行无障碍设计的范围应符合表 6-92 的规定。

表 6-92　无障碍设计的范围

建筑类别		设　计　部　位
观演建筑	・剧场、剧院建筑 ・电影院建筑 ・音乐厅建筑 ・礼堂、会议中心建筑	1. 建筑基地(人行通路、停车车位)。 2. 建筑入口、入口平台及门。 3. 水平与垂直交通。 4. 前厅、休息厅、观众席。 5. 主席台、贵宾休息室。 6. 舞台、后台、排练房、化妆室。 7. 训练场地、比赛场地。 8. 观众厕所。 9. 演员、运动员厕所与浴室。 10. 售票处、公共电话、饮水器等相应设施。
体育建筑	・体育场、体育馆建筑 ・游泳馆建筑 ・溜冰馆、溜冰场建筑 ・健身房(风雨操场)	

注：①观演与体育建筑的观众席、听众席和主席台，必须设轮椅席位。
　　②大型观演与体育建筑的观众厕所和贵宾室，必须设无障碍专用厕所。

(5)交通、医疗建筑进行无障碍设计的范围应符合表 6-93 的规定。

表 6-93　无障碍设计的范围

建筑类别		设　计　部　位
交通建筑	・空港航站楼建筑 ・铁路旅客客运站建筑 ・汽车客运站建筑 ・地铁客运站建筑 ・港口客运站建筑	1. 站前广场、人行通路、庭院、停车车位。 2. 建筑入口及门。 3. 水平与垂直交通。 4. 售票、联检通道，旅客候机、车、船厅及中转区。 5. 行李托运、提取、寄存及商业服务。 6. 登机桥、天桥、地道、站台、引桥及旅客到达区。 7. 门诊用房、急诊用房、住院病房、疗养用房。 8. 放射、检验及功能检查用房、理疗用房等。 9. 公共厕所。 10. 服务台、挂号、取药、公共电话、饮水器及查询台等。
医疗建筑	・综合医院、专科医院建筑 ・疗养院建筑 ・康复中心建筑 ・急救中心建筑 ・其他医疗、休养建筑	

注：①交通与医疗建筑的入口应设无障碍入口。
　　②交通与医疗建筑必须设无障碍专用厕所。
　　③有楼层的交通与医疗建筑应设无障碍电梯。

(6) 学校、园林建筑进行无障碍设计的范围应符合表 6-94 的规定。

表 6-94 无障碍设计的范围

建筑类别		设计部位
学校建筑	・高等院校 ・专业学校 ・职业高中与中、小学及托幼建筑 ・培智学校 ・聋哑学校 ・盲人学校	1. 建筑基地(人行通路、停车车位)。 2. 建筑入口、入口平台及门。 3. 水平与垂直交通。 4. 普通教室、合班教室、电教室。 5. 实验室、图书阅览室。 6. 自然、史地、美术、书法、音乐教室。 7. 风雨操场、游泳馆。 8. 观展区、表演区、儿童活动区。 9. 室内外公共厕所。 10. 售票处、服务台、公用电话、饮水器等相应设施。
园林建筑	・城市广场 ・城市公园 ・街心花园 ・动物园、植物园 ・海洋馆 ・游乐园与旅游景点	

注：大型园林建筑及主要旅游地段必须设无障碍专用厕所。

二、居住建筑

(1) 建筑入口为无障碍入口时，入口室外的地面坡度不应大于 1∶50。

公共建筑与高层、中高层居住建筑入口设台阶时，必须设轮椅坡道和扶手。

建筑入口轮椅通行平台最小宽度应符合表 6-95 的规定。

表 6-95 入口平台宽度

建筑类别	入口平台最小宽度/m
1. 大、中型公共建筑	≥2.00
2. 小型公共建筑	≥1.50
3. 中、高层建筑、公寓建筑	≥2.00
4. 多、低层无障碍住宅、公寓建筑	≥1.50
5. 无障碍宿舍建筑	≥1.50

入口门厅、过厅设两道门时，门扇同时开启最小间距应符合表 6-96 的规定(图 6-2，图 6-3)。

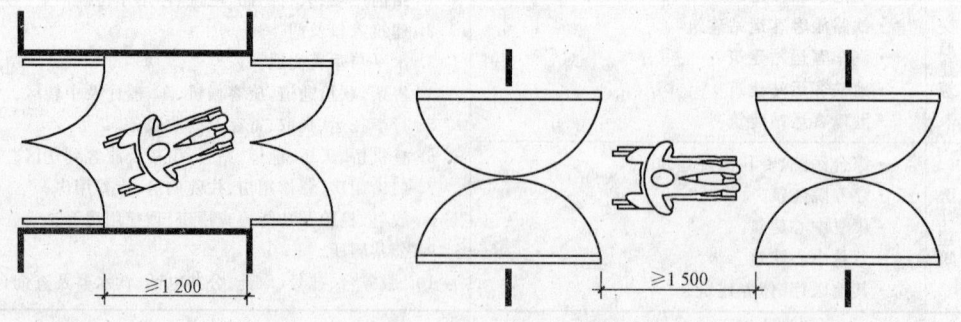

图 6-2 小型公建门厅门扇间距(单位：mm)　　图 6-3 大、中型公建门厅门扇间距(单位：mm)

表 6-96　门扇同时开启最小间距

建筑类别	门扇开启后最小间距/m
1. 大、中型公共建筑	≥1.50
2. 小型公共建筑	≥1.20
3. 中、高层建筑、公寓建筑	≥1.50
4. 多、低层无障碍住宅建筑	≥1.20

(2) 无障碍设计范围。

1) 高层、中高层住宅及公寓建筑进行无障碍设计的范围应符合表 6-97 的规定。

表 6-97　无障碍设计的范围

建筑类别	设计部位
• 高层住宅 • 中高层住宅 • 高层公寓 • 中高层公寓	1. 建筑入口。 2. 入口平台。 3. 候梯厅。 4. 电梯轿厢。 5. 公共走道。 6. 无障碍住房。

注：高层、中高层住宅及公寓建筑，每 50 套住房宜设两套符合乘轮椅者居住的无障碍住房套型。

2) 设有残疾人住房的多层、低层住宅及公寓建筑进行无障碍设计的范围应符合表 6-98 的规定。

表 6-98　无障碍设计的范围

建筑类别	设计部位
• 多层住宅 • 低层住宅 • 多层公寓 • 低层公寓	1. 建筑入口。 2. 入口平台。 3. 公共走道。 4. 楼梯。 5. 无障碍住房。

注：多层、低层住宅及公寓建筑，每 100 套住房宜设 2～4 套符合乘轮椅者居住的无障碍住房套型。

3) 设有残疾人住房的职工和学生宿舍建筑进行无障碍设计的范围应符合表 6-99 的规定。

表 6-99　无障碍设计的范围

建筑类别	设计部分
• 职工宿舍 • 学生宿舍	1. 建筑入口。 2. 入口平台。 3. 公共走道。 4. 公共厕所、浴室和盥洗室。 5. 无障碍住房。

注：宿舍建筑应在首层设男、女残疾人住房各一间。

(3)坡道、走道、地面。

1)不同位置的坡道,其坡度和宽度应符合表 6-100 的规定。

表 6-100　不同位置的坡道坡度和宽度

坡 道 位 置	最大坡度	最小宽度/m
1. 有台阶的建筑入口	1∶12	≥1.20
2. 只设坡道的建筑入口	1∶20	≥1.50
3. 室内走道	1∶12	≥1.00
4. 室外通路	1∶20	≥1.50
5. 困难地段	1∶10～1∶8	≥1.20

2)坡道在不同坡度的情况下,坡道高度和水平长度应符合表 6-101 的规定(图 6-4)。

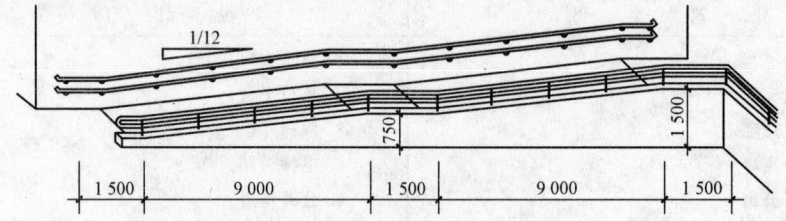

图 6-4　1∶12 坡道高度和水平长度(单位:mm)

表 6-101　不同坡度高度和水平长度

坡　　度	1∶20	1∶16	1∶12	1∶10	1∶8
最大高度/m	1.50	1.00	0.75	0.60	0.35
水平长度/m	30.00	16.00	9.00	6.00	2.80

3)坡道起点、终点和中间休息平台的水平长度不应小于 1.50m(图 6-5)。

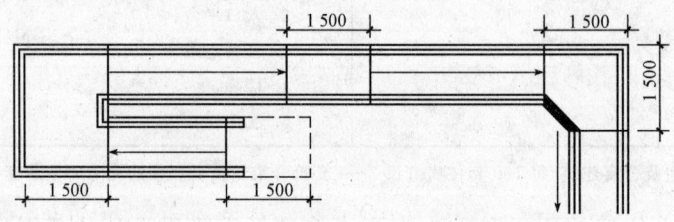

图 6-5　坡道起点、终点和休息平台水平长度(单位:mm)

4)乘轮椅者通行的走道和通路最小宽度应符合表 6-102 的规定。

表 6-102　轮椅通行最小宽度

建 筑 类 别	最小宽度/m
1. 大型公共建筑走道	≥1.80
2. 中小型公共建筑走道	≥1.50
3. 检票口、结算口轮椅通道	≥0.90
4. 居住建筑走廊	≥1.20
5. 建筑基地人行通路	≥1.50

5)人行通路和室内地面应平整、不光滑、不松动和不积水。

使用不同材料铺装的地面应相互取平;如有高差时不应大于 15mm,并应以斜面过渡。

人行通路和建筑入口的雨水箅子不得高出地面,其孔洞不得大于 15mm×15mm。

门扇向走道内开启时应设凹室,凹室面积不应小于 1.30m×0.90m(图 6-6)。

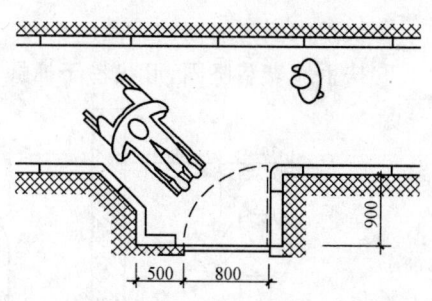

图 6-6 走道的凹室(单位:mm)

6)从墙面伸入走道的突出物不应大于 0.10m,距地面高度应小于 0.60m。

7)主要供残疾人使用的走道与地面应符合下列规定:

①走道宽度不应小于 1.80m;

②走道两侧应设扶手;

③走道两侧墙面应设高 0.35m 护墙板;

④走道及室内地面应平整,并应选用遇水不滑的地面材料;

⑤走道转弯处的阳角应为弧墙面或切角墙面;

⑥走道内不得设置障碍物,光照度不应小于 120lx。

8)在走道一侧或尽端与其他地坪有高差时,应设置栏杆或栏板等安全设施。

9)供残疾人使用的扶手应符合下列规定:

①坡道、台阶及楼梯两侧应设高 0.85m 的扶手;设两层扶手时,下层扶手高应为 0.65m(图 6-7);

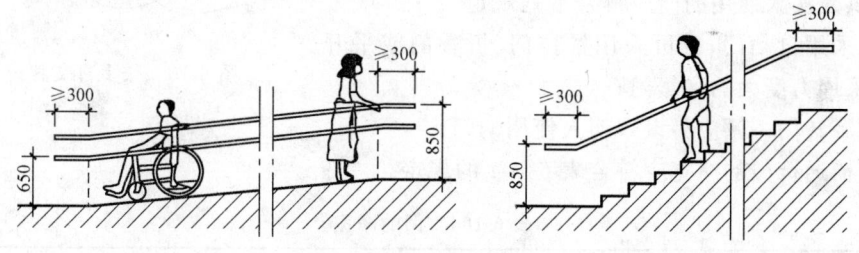

图 6-7 扶手高度(单位:mm)

②扶手起点与终点处延伸应大于或等于 0.30m;

③扶手末端应向内拐到墙面,或向下延伸 0.10m。栏杆式扶手应向下成弧形或延伸到地面上固定(图 6-8);

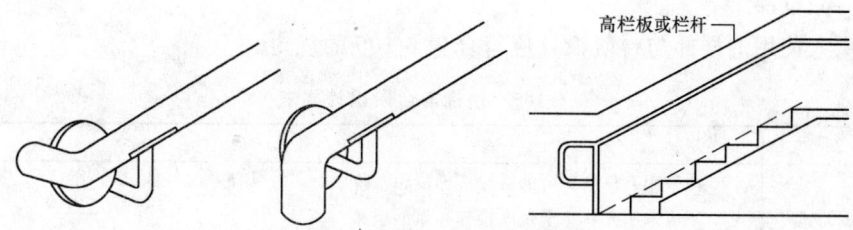

图 6-8 扶手拐到墙面或向下

④扶手内侧与墙面的距离应为 40～50mm；
⑤扶手应安装坚固，形状易于抓握。扶手截面尺寸应符合表 6-103 的规定(图 6-9)。

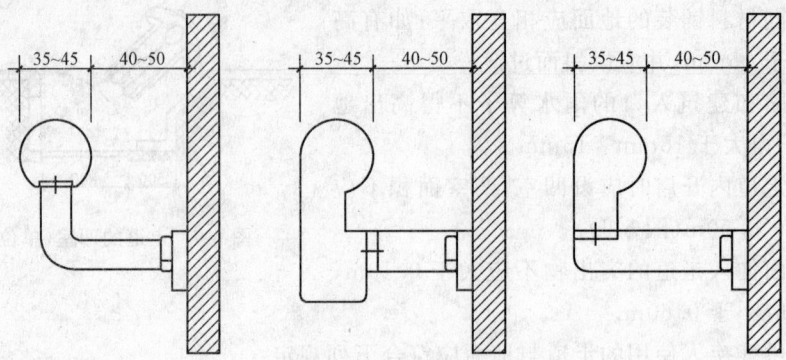

图 6-9　扶手截面及托件(单位：mm)

表 6-103　扶手截面尺寸

类　别	圆形扶手	矩形扶手
截面尺寸/mm	35～45(直径)	35～45(宽度)

10)安装在墙面的扶手托件应为 L 形，扶手和托件的总高度宜为 70～80mm。

交通建筑、医疗建筑和政府接待部门等公共建筑，在扶手的起点与终点处应设盲文说明牌(图 6-10)。

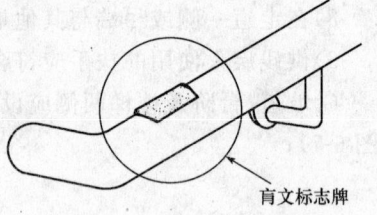

图 6-10　扶手盲文牌位置

(4)供残疾人使用的门应符合下列规定：
1)应采用自动门，也可采用推拉门、折叠门或平开门，不应采用力度大的弹簧门；
2)在旋转门一侧应另设残疾人使用的门；
3)轮椅通行门的净宽应符合表 6-104 的规定。

表 6-104　门的净宽

类　别	净　宽/m
1. 自动门	≥1.00
2. 推拉门、折叠门	≥0.80
3. 平开门	≥0.80
4. 弹簧门(小力度)	≥0.80

(5)楼梯、电梯
1)残疾人使用的楼梯与台阶设计应符合表 6-105 的规定。

表 6-105　楼梯与台阶设计要求

类　别	设　计　要　求
楼梯与台阶形式	1. 应采用有休息平台的直线形梯段和台阶。 2. 不应采用无休息平台的楼梯和弧形楼梯。 3. 不应采用无踢面和突缘为直角形踏步(图 6-11)。

续表

类别	设计要求
宽度	1. 公共建筑梯段宽度不应小于1.50m。 2. 居住建筑梯段宽度不应小于1.20m。
扶手	1. 楼梯两侧应设扶手。 2. 从三级台阶起应设扶手。
踏面	1. 应平整而不应光滑。 2. 明步踏面应设高不小于50mm安全挡台(图6-12)。
盲道	距踏步起点与终点25~30cm应设提示盲道(图6-13)。
颜色	踏面和踢面的颜色应有区分和对比。

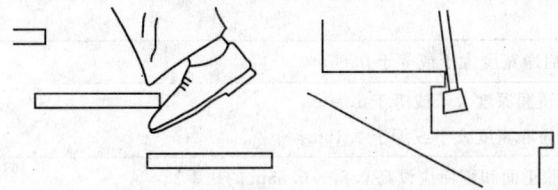

图6-11 无踢面踏步和突缘直角形踏步

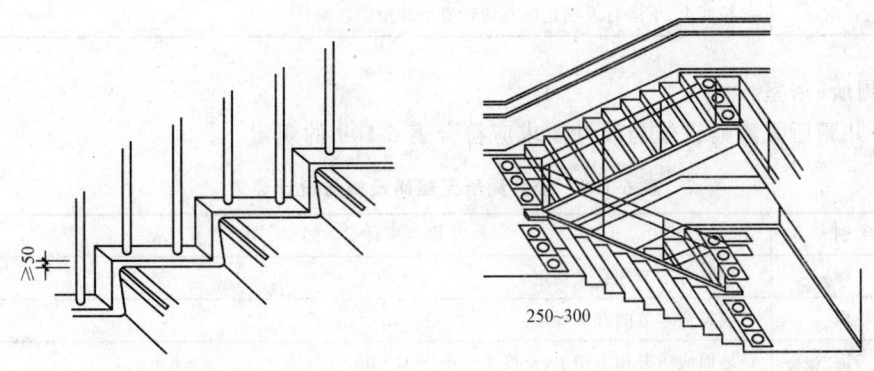

图6-12 踏步安全挡台(单位:mm)　　图6-13 楼梯盲道位置(单位:mm)

2)残疾人使用的楼梯、台阶踏步的宽度和高度应符合表6-106的规定。

表6-106 楼梯、台阶踏步的宽度和高度

建筑类别	最小宽度/m	最大高度/m
公共建筑楼梯	0.28	0.15
住宅、公寓建筑公用楼梯	0.26	0.16
幼儿园、小学校楼梯	0.26	0.14
室外台阶	0.30	0.14

3)在公共建筑中配备电梯时,必须设无障碍电梯。

候梯厅的无障碍设施与设计要求应符合表6-107的规定。

表 6-107　候梯厅无障碍设施与设计要求

设施类别	设计要求
深度	候梯厅深度大于或等于 1.80m。
按钮	高度 0.90～1.10m。
电梯门洞	净宽度大于或等于 0.90m。
显示与音响	清晰显示轿厢上、下运行方向和层数位置及电梯抵达音响。
标志	1. 每层电梯口应安装楼层标志。 2. 电梯口应设提示盲道。

残疾人使用的是电梯轿厢无障碍设施与设计要求应符合表 6-108 的规定。

表 6-108　电梯轿厢无障碍设施与设计要求

设施类别	设计要求
电梯门	开启净宽度大于或等于 0.80m
面积	1. 轿厢深度大于或等于 1.40m。 2. 轿厢宽度大于或等于 1.10m。
扶手	轿厢正面和侧面应设高 0.80～0.85m 的扶手。
选层按钮	轿厢侧面应设高 0.90～1.10m 带盲文的选层按钮。
镜子	轿厢正面高 0.90m 处至顶部应安装镜子。
显示与音响	轿厢上、下运行及到达应有清晰显示和报层音响。

(6) 厕所、浴室

1) 公共厕所无障碍设施与设计要求应符合表 6-109 的规定。

表 6-109　公共厕所无障碍设施与设计要求

设施类别	设计要求
入口	应符合本节的有关规定。
门扇	应符合本节的有关规定。
通道	地面应防滑和不积水,宽度不应小于 1.50m。
洗手盆	1. 距洗手盆两侧和前缘 50mm 应设安全抓杆。 2. 洗手盆前应有 1.10m×0.80m 乘轮椅者使用面积。
男厕所	1. 小便器两侧和上方,应设高 0.60～0.70m、高 1.20m 的安全抓杆(图 6-14)。 2. 小便器下口距地面不应大于 0.50m(图 6-15)。
无障碍厕位	1. 男、女公共厕所应各设一个无障碍隔间厕位。 2. 新建无障碍厕位面积不应小于 1.80m×1.40m(图 6-16)。 3. 改建无障碍厕位面积不应小于 2.00m×1.00m(图 6-17)。 4. 厕位门扇向外开启后,入口净宽不应小于 0.80m,门扇内侧应设关门拉手。 5. 坐便器高 0.45m,两侧应设高 0.70m 水平抓杆,在墙面一侧应设高 1.40m 的垂直抓杆(图 6-18)。
安全抓杆	1. 安全抓杆直径应为 30～40mm。 2. 安全抓杆内侧应距墙面 40mm。 3. 抓杆应安装坚固。

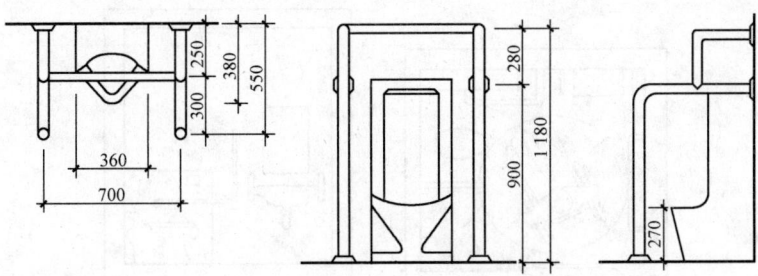

图 6-14　落地式小便器安全抓杆(单位：mm)

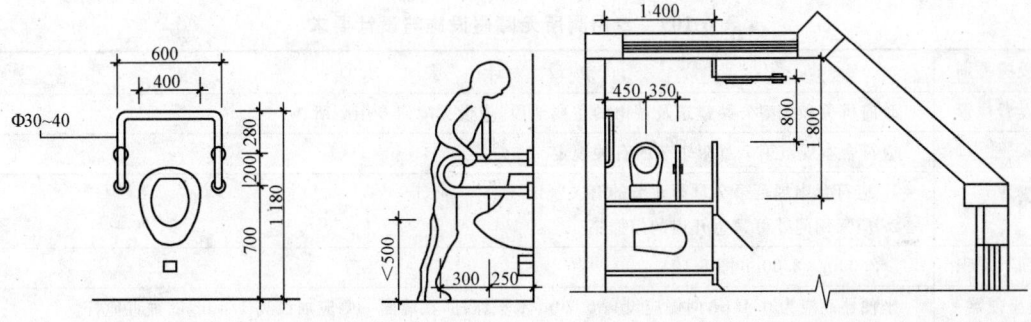

图 6-15　悬臂式小便器安全抓杆(单位：mm)　　　图 6-16　新建无障碍厕位(单位：mm)

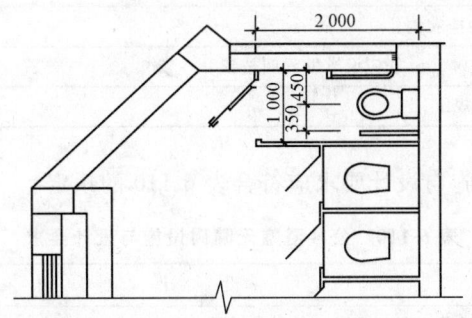

图 6-17　改建无障碍厕位(单位：mm)

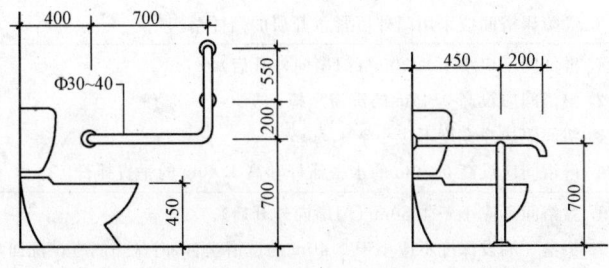

图 6-18　坐便器两侧固定式安全抓杆(单位：mm)

2) 专用厕所无障碍设施与设计要求应符合表 6-109 的规定(图 6-19)。

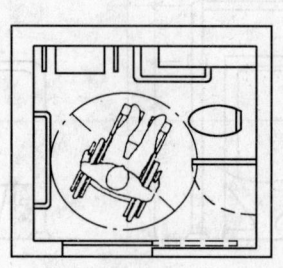 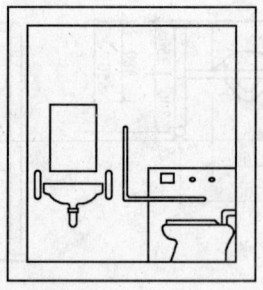

图 6-19 专用厕所(2.00m×2.00m)

表 6-109 专用厕所无障碍设施与设计要求

设施类别	设计要求
设置位置	政府机关和大型公共建筑及城市的主要地段,应设无障碍专用厕所。
入口	应符合本规范第 7 章第 1 节的有关规定。
门扇	1. 应符合本规范第 7 章第 4 节的有关规定。 2. 应采用门外可紧急开启的门插销。
面积	≥2.00m×2.00m(图 6-19)。
坐便器	坐便器高应为 0.45m,两侧应高 0.70m 水平抓杆,在墙面一侧应加设高 1.40m 的垂直抓杆。
洗手盆	两侧和前缘 50mm 处应设置安全抓杆。
放物台	长、宽、高为 0.80m×0.50m×0.60m,台面宜采用木制品或革制品。
挂衣钩	可设高 1.20m 的挂衣钩。
呼叫按钮	距地面高 0.40~0.50m 处应设求助呼叫按钮。
安全抓杆	符合本节的有关规定。

3)公共浴室无障碍设施与设计要求应符合表 6-110 的规定。

表 6-110 公共浴室无障碍设施与设计要求

设施类别	设计要求
入口	应符合本规范第 7 章第 1 节的有关规定。
通道	地面应防滑和不积水,宽度不应小于 1.50m。
门扇	1. 应符合第 7 章第 4 节的有关规定。 2. 无障碍浴间应采用门外可紧急开启的门插销。
无障碍淋浴间	1. 淋浴间不应小于 3.50m^2(门扇向外开启)。 2. 淋浴间应设高 0.45m 的洗浴坐椅。 3. 浴间短边净宽度不应小于 1.50m^2。 4. 淋浴间应设高 0.70m 的水平抓杆和高 1.40m 的垂直抓杆。
无障碍盆浴间	1. 盆浴间不应小于 4.50m^2(门扇向外开启)。 2. 浴盆一端设深度不应小于 0.40m 的洗浴坐台,浴盆一侧应设洗面盆。 3. 在浴盆内侧应设高 0.60m 和 0.90m 的水平抓杆,水平抓杆长度应大于或等于 0.80m。 4. 浴间短边净宽度不应小于 2.00m。
呼叫按钮	无障碍浴间距地面高 0.40~0.50m 处应设求助呼叫按钮。
安全抓杆	应符合本节的有关规定。

三、无障碍住房

(1) 无障碍住房要求见表 6-111。

表 6-111 无障碍居室与设计要求

名 称		设 计 要 求
卧室		1. 单人卧室,应大于或等于 10.50m²。 2. 双人卧室,应大于或等于 7.00m²。 3. 兼起居室的卧室,应大于或等于 16m²。 4. 橱柜挂衣杆高度,应小于或等于 1.40m;其深度应小于或等于 0.60m。 5. 应有直接采光和自然通风。
起居室(厅)		1. 起居室应大于或等于 14.00m²。 2. 墙面、门洞及家具位置,应符合轮椅通行、停留及回转的使用要求。 3. 橱柜高度,应小于或等于 1.20m;深度小于或等于 0.40m。 4. 应有良好的朝向和视野。
厨房	位 置	厨房应布置在门口附近,以方便轮椅进出,要有直接采光和自然通风。
	面 积	1. 一类和二类住宅厨房应大于或等于 6.00m²。 2. 三类和四类住宅厨房应大于或等于 7.00m²。 3. 应设冰箱位置和二人就餐位置。
	宽 度	1. 厨房净宽应大于或等于 2.00m。 2. 双排布置设备的厨房通道净宽大于或等于 1.50m。
	操作台	1. 高度宜为 0.75~0.80m。 2. 深度宜为 0.50~0.55m。 3. 台面下方净宽度应大于或等于 0.60m;高度应大于或等于 0.60m;深度应大于或等于 0.25m。 4. 吊柜柜底高度,应小于或等于 1.20m;深度应小于或等于 0.25m。
	其 他	1. 燃气门及热水器方便轮椅靠近,阀门及观察孔的高度,应小于或等于 1.10m。 2. 应设排烟及拉线式机械排油装置。 3. 炉灶应设安全防火、自动灭火及燃气泄漏报警装置。

(2) 卫生间无障碍设施与设计要求应符合表 6-112 的规定。

表 6-112 无障碍设施与设计要求

部 位	设 计 要 求
位 置	卫生间应方便轮椅进出。
面积(按洁具组合)	1. 坐便器、浴盆、洗面盆(三件洁具),应大于或等于 4.50m²。 2. 坐便器、浴盆、洗面盆(三件洁具),应大于或等于 4.00m²。 3. 坐便器、浴盆(二件洁具),应大于或等于 3.50m²。 4. 坐便器、浴盆(二件洁具),应大于或等于 3.00m²。 5. 坐便器、洗面器(二件洁具),应大于或等于 2.50m²。 6. 单设坐便器,应大于或等于 2.00m²。
坐便器 浴 盆 淋 浴 安全抓杆	应符合本 8 节的有关规定。
水龙头	冷热水龙头应选用混合式调节的杠杆或揿压式恒温水龙头。

(3)门、窗和墙面无障碍设计应符合下列规定:
1)门扇应首先采用推拉门,其次是折叠门或平开门;
2)门扇开启后最小净宽度及门把手一侧墙面的最小宽度应符合表 6-113 的规定;

表 6-113　A 门扇无障碍设计要求

类　别	门扇开启净宽度/m	门把手一侧墙面宽度/m	平开门
公用外门	1.00～1.10	≥0.50	—
户　门	0.80	≥0.45	设关门拉手
起居室(厅)门	0.80	≥0.45	—
卧室门	0.80	≥0.40	设关门拉手
厨房门	0.80	≥0.40	—
卫生间门	0.80	≥0.40	1. 设观察窗。 2. 设关门拉手。
阳台门	0.80	≥0.40	设关门拉手

3)门扇应采用横执把手;
4)外窗窗台距地面的净高不应大于 0.80m,同时应设防护设施;
5)窗扇开启把手的高度不应大于 1.20m,开启窗口应设纱窗。
(4)过道与阳台无障碍设计应符合下列规定:
1)户内门厅轮椅通行宽度不应小于 1.50m;
2)通往卧室、起居室(厅)、厨房、卫生间、贮藏室的过道宽度不应小于 1.20m,墙体阳角部位宜做成圆角或切角;
3)在过道一侧或两侧应设高 0.80～0.85m 的扶手;
4)阳台深度不应小于 1.50m,向外开启的平开门应设关门拉手;
5)阳台与居室地面高差不应大于 15mm,并以斜面过渡;
6)阳台应设可升降的晒晾衣物设施。

第七章 建筑防火设计

第一节 建筑防火设计一般规定

一、燃烧性能和耐火极限

建筑物构件的燃烧性能和耐火极限见表 7-1,防火门的耐火极限见表 7-2。

表 7-1 建筑物构件的燃烧性能和耐火极限

构件名称		耐火等级 一级	二级	三级	四级
墙	防火墙。	非燃烧体 3.00 4.00	非燃烧体 3.00 4.00	非燃烧体 3.00 4.00	非燃烧体 3.00 4.00
	承重墙、楼梯间、电梯井的墙。	非燃烧体 3.00 2.00	非燃烧体 2.50 2.00	非燃烧体 2.50 1.50	难燃烧体 0.50 1.00
	非承重外墙,疏散走道两侧的隔墙。	非燃烧体 1.00	非燃烧体 1.00	非燃烧体 0.50 0.75	难燃烧体 0.25 0.75
	房间隔墙。	非燃烧体 0.75	非燃烧体 0.50	难燃烧体 0.50	难燃烧体 0.25
柱	支承多层的柱。	非燃烧体 3.00	非燃烧体 2.50	非燃烧体 2.50	难燃烧体 0.50
	支承单层的柱。	非燃烧体 2.50	非燃烧体 2.00	非燃烧体 2.00	难燃烧体
梁		非燃烧体 2.00	非燃烧体 1.50	非燃烧体 1.00	难燃烧体 0.50 1.00
楼板		非燃烧体 1.50	非燃烧体 1.00	非燃烧体 0.50 0.75	难燃烧体 0.25 0.50
屋顶承重构件		非燃烧体 1.50	非燃烧体 0.50 (1.00)	难燃烧体 0.50	难燃烧体 0.25

续表

构件名称 \ 耐火等级 燃烧性能和耐火极限/h	一级	二级	三级	四级
疏散楼梯	非燃烧体 1.50	非燃烧体 1.00	非燃烧体 0.75	难燃烧体 0.50
吊顶(包括吊顶搁栅)	非燃烧体 0.25	难燃烧体 0.25	难燃烧体 0.15	难燃烧体

注：①高层建筑的耐火等级只有一级和二级，表中括号内数据为高层建筑使用，其余项目耐火极限与多层建筑的相同。

②在二级耐火等级的建筑中，面积不超过100m² 的房间隔墙，如执行本表的规定有困难时，可采用耐火极限不低于0.3h的非燃烧体。

表 7-2 防火门的耐火极限

防火门级别	甲级	乙级	丙级
耐火极限/h	1.20	0.90	0.60

二、建筑构件的燃烧性能和耐火极限

建筑构件的燃烧性能和耐火极限见表 7-3。

表 7-3 建筑构件的燃烧性能和耐火极限

序号	构件名称	结构厚度或截面最小尺寸/cm	耐火极限/h	燃烧性能
一	承重墙。			
1	普通黏土砖、硅酸盐砖,混凝土、钢筋混凝土实心墙。	12.0 18.0 24.0 37.0	2.50 3.50 5.50 10.50	非燃烧体 非燃烧体 非燃烧体 非燃烧体
2	加气混凝土砌块墙。	10.0	2.00	非燃烧体
3	轻质混凝土砌块、天然石料的墙。	12.0 24.0 37.0	1.50 3.50 5.50	非燃烧体 非燃烧体 非燃烧体
二	非承重墙。			
1	普通黏土砖墙。 (1)不包括双面抹灰厚。 (2)不包括双面抹灰厚。 (3)包括双面抹灰 1.5cm 厚。 (4)包括双面抹灰 1.5cm 厚。	6.0 12.0 18.0 24.0	1.50 3.00 5.00 8.00	非燃烧体 非燃烧体 非燃烧体 非燃烧体
2	黏土空心砖墙。 (1)七孔砖墙(不包括墙中空 12cm 厚)。 (2)双面抹灰七孔黏土砖墙(不包括墙中空 12cm 厚)。	12.0 14.0	8.00 9.00	非燃烧体 非燃烧体

续表

序号	构件名称	结构厚度或截面最小尺寸/cm	耐火极限/h	燃烧性能
3	粉煤灰硅酸盐砌块墙。	20.0	4.00	非燃烧体
4	轻质混凝土墙。 (1)加气混凝土砌块墙。 (2)钢筋加气混凝土垂直墙板墙。 (3)粉煤灰加气混凝土砌块墙。 (4)加气混凝土砌块墙。 (5)充气混凝土砌块墙。	7.5 15.0 10.0 10.0 20.0 15.0	2.50 3.00 3.40 6.00 8.00 7.50	非燃烧体 非燃烧体 非燃烧体 非燃烧体 非燃烧体 非燃烧体
5	木龙骨两面钉下列材料的隔墙。 (1)钢丝网(板)抹灰,其构造、厚度(cm)为: 1.5+5(空)+1.5 (2)石膏板,其构造厚度为: 1.2+5(空)+1.2 (3)板条抹灰,其构造厚度为: 1.5+5(空)+1.5 (4)水泥刨花板,其构造厚度为: 1.5+5(空)+1.5 (5)板条抹隔热灰浆,其构造厚度为: 2+5(空)+2 (6)苇箔抹灰,其构造厚度为: 1.5+7+1.5	— — — — — —	0.85 0.30 0.85 0.30 1.25 0.85	难燃烧体 难燃烧体 难燃烧体 难燃烧体 难燃烧体 难燃烧体
6	轻质复合隔墙。 (1)菱苦土板夹纸蜂窝隔墙,其构造厚度(cm)为: 0.25+5(纸蜂窝)+2.5 (2)水泥刨花复合板隔墙,总厚度8cm(内空层6cm)。 (3)水泥刨花板龙骨水泥板隔墙,其构造厚度为: 1.2+8.6(空)+1.2 (4)钢龙骨水泥刨花板隔墙,其构造厚度为: 1.2+7.6(空)+1.2 (5)钢龙骨石棉水泥板隔墙,其构造厚度为: 1.2+7.5(空)+0.6 (6)石棉水泥龙骨石棉水泥板隔墙,其构造厚度为: 0.5+8(空)+6	— — — — — —	0.33 0.75 0.50 0.45 0.30 0.45	难燃烧体 难燃烧体 难燃烧体 难燃烧体 难燃烧体 非燃烧体
7	石膏板隔墙。 (1)钢龙骨纸面石膏板,其构造厚度(cm)为: 1.2+4.6(空)+1.2 2×1.2+7(空)+3×1.2 2×1.2(填矿棉)+2×1.2 (2)钢龙骨双层普通石膏板隔墙,其构造厚度为: 2×1.2+7.5(空)+2×1.2	—	0.33 1.25 1.20 1.10	非燃烧体 非燃烧体 非燃烧体 非燃烧体

续表

序号	构件名称	结构厚度或截面最小尺寸/cm	耐火极限/h	燃烧性能
7	(3)钢龙骨双层防火石膏板隔墙,其构造厚度为: 2×1.2+7.5(空)+2×1.2	—	1.50	非燃烧体
	(4)钢龙骨双层防火石膏隔板隔墙,其构造厚度为: 2×1.2+7.5(岩棉4cm)+2×1.2	—	1.50	非燃烧体
	(5)钢龙骨复合纸面石膏板隔墙,其构造厚度为: 1.5+7.5(空)+0.15+0.95	—	1.10	非燃烧体
	(6)钢龙骨石膏板隔墙,其构造厚度为: 1.2+9(空)+1.2	—	1.20	非燃烧体
	(7)钢龙骨双层石膏板隔墙,其构造厚度为: 2×1.2+7.5(填岩棉)+1.2×2	—	2.10	非燃烧体
	(8)钢龙骨单层石膏板隔墙,其构造厚度为: 1.2×7.5(填5cm岩棉)+1.2	—	1.20	非燃烧体
	(9)钢龙骨单层石膏板隔墙,其构造厚度为: 1.2+7.5(空)+1.2	—	0.50	非燃烧体
	(10)钢龙骨双层石膏板隔墙,其构造厚度为: 2×1.2+7.5(空)+2×1.2	—	1.35	非燃烧体
	(11)钢龙骨双层石膏板隔墙,其构造厚度为: 1.8+7(空)+1.8	—	1.35	非燃烧体
	(12)石膏龙骨纤维石膏板隔墙,其构造厚度为: 0.85+10.3(填矿棉)+0.85 1+6.4(空)+1	—	11 1.35	非燃烧体 非燃烧体
	(13)石膏龙骨纸面石膏板隔墙,其构造厚度为: 1.1+2.8(空)+1.1+6.5(空)+1.1+2.8+1.1 0.9+1.2+12.8(空)+1.2+0.9 2.5+13.4(空)+1.20	—	1.50 1.20 1.50	非燃烧体 非燃烧体 非燃烧体
	(14)石膏龙骨纸面石膏板隔墙,其构造厚度为: 1.2+8(空)+1.2+8(空)+1.2 1.2+8(空)+1.2	—	1.00 0.33	非燃烧体 非燃烧体
	(15)钢龙骨复合纸面石膏板隔墙,其构造厚度为: 1.0+5.5(空)+1.0	—	0.60	非燃烧体
	(16)石膏珍珠岩空心条板隔墙(表观密度50~80kg/m²)	6.0	1.50	非燃烧体
	(17)石膏珍珠岩空心条板隔墙。 (表观密度60~120kg/m²)。	6.0	1.20	非燃烧体
	(18)石膏珍珠岩塑料网空心条板隔墙 (珍珠岩表观密度60~120kg/m²)。	6.0	1.30	非燃烧体
	(19)石膏珍珠岩空心条板隔墙。	9.0	2.20	非燃烧体
	(20)石膏粉煤灰空心条板隔墙。	9.0	2.25	非燃烧体
	(21)石膏珍珠岩双层空心条板隔墙,其构造厚度为: 6+5(空)+6	—	3.25	非燃烧体
8	碳化石灰圆孔空心条板隔墙。	9.0	1.75	非燃烧体
9	菱苦土珍珠岩圆孔空心条板隔墙。	8.0	1.30	非燃烧体

续表

序号	构件名称	结构厚度或截面最小尺寸/cm	耐火极限/h	燃烧性能
10	钢筋混凝土大板墙(C20混凝土)。	6.0 12.0	1.00 2.60	非燃烧体 非燃烧体
三	柱。			
1	钢筋混凝土柱。	18×24 20×20 24×24 30×30 20×40 20×50 30×50 37×37	1.2 1.40 2.00 3.00 2.70 3.00 3.50 5.00	非燃烧体 非燃烧体 非燃烧体 非燃烧体 非燃烧体 非燃烧体 非燃烧体 非燃烧体
2	普通黏土柱。	37×37	5.00	非燃烧体
3	钢筋混凝土圆柱。	直径30 直径45	3.00 4.00	非燃烧体 非燃烧体
4	无保护层的钢柱。	—	0.25	非燃烧体
5	有保护层的钢柱。 (1)金属网抹M5砂浆保护。 (2)用加气混凝土作保护层。 (3)用C20混凝土作保护层。 (4)用普通黏土砖作保护层。 (5)用陶粒混凝土作保护层。	2.5 5.0 4.0 5.0 7.0 8.0 2.5 5.0 10.0 12.0 8.0	0.80 1.35 1.00 1.40 2.00 2.33 0.80 2.00 2.85 2.85 3.00	非燃烧体 非燃烧体 非燃烧体 非燃烧体 非燃烧体 非燃烧体 非燃烧体 非燃烧体 非燃烧体 非燃烧体 非燃烧体
四	梁。			
1	简支的钢筋混凝土梁。 (1)非预应力钢筋,保护层厚度(cm)为: 1.0 2.0 2.5 3.0 4.0 5.0 (2)预应力钢筋或高强度钢丝,保护层厚度(cm)为: 2.5 3.0 4.0 5.0 (3)有保护层的钢梁,保护层厚度为: 用LG防火隔热涂料,保护层厚度1.5cm。 用LY防火隔热涂料。 保护层厚度2cm。	— — — — — — — — — — — —	1.20 1.75 2.00 2.30 2.90 3.50 1.00 1.20 1.50 2.00 1.50 2.30	非燃烧体 非燃烧体 非燃烧体 非燃烧体 非燃烧体 非燃烧体 非燃烧体 非燃烧体 非燃烧体 非燃烧体 非燃烧体 非燃烧体

续表

序号	构件名称	结构厚度或截面最小尺寸/cm	耐火极限/h	燃烧性能
五	板和屋顶承重构件。			
1	简支的钢筋混凝土圆孔空心楼板： (1)非预应力钢筋,保护层厚度(cm)为： 　　1.0 　　2.0 　　3.0 (2)预应力钢筋混凝土圆孔楼板,保护层厚度(cm)为： 　　1.0 　　2.0 　　3.0	— — — — — —	0.90 1.25 1.50 0.40 0.70 0.85	非燃烧体 非燃烧体 非燃烧体 非燃烧体 非燃烧体 非燃烧体
2	四边简支的钢筋混凝土楼板,保护层厚度(cm)为： 　　1.0 　　1.5 　　2.0 　　3.0	7.0 8.0 8.0 9.0	1.40 1.45 1.50 1.85	非燃烧体 非燃烧体 非燃烧体 非燃烧体
3	现浇的整体式梁板,保护层厚度(cm)为： 　　1.0 　　1.5 　　2.0 　　1.0 　　2.0 　　1.0 　　1.5 　　2.0 　　3.0 　　1.0 　　1.5 　　2.0 　　3.0 　　1.0 　　2.0	8.0 8.0 8.0 9.0 9.0 10.0 10.0 10.0 10.0 11.0 11.0 11.0 11.0 12.0 12.0	1.40 1.45 1.50 1.75 1.85 2.00 2.00 2.10 2.15 2.25 2.30 2.30 2.40 2.50 2.65	非燃烧体 非燃烧体 非燃烧体 非燃烧体 非燃烧体 非燃烧体 非燃烧体 非燃烧体 非燃烧体 非燃烧体 非燃烧体 非燃烧体 非燃烧体 非燃烧体 非燃烧体
4	钢梁、钢屋架。 (1)无保护层的钢梁、屋架。 (2)钢丝网抹灰粉刷的钢梁,保护层厚度(cm)为： 　　1.0 　　2.0 　　3.0	 — — —	0.25 0.50 1.00 1.25	非燃烧体 非燃烧体 非燃烧体 非燃烧体

续表

序号	构件名称	结构厚度或截面最小尺寸/cm	耐火极限/h	燃烧性能
5	屋面板。			
	(1)钢筋加气混凝土屋面板,保护层厚度1cm。	—	1.25	非燃烧体
	(2)钢筋充气混凝土屋面板,保护层厚度1cm。	—	1.60	非燃烧体
	(3)钢筋混凝土方孔屋面板,保护层厚度1cm。	—	1.20	非燃烧体
	(4)预应力钢筋混凝土槽形屋面板,保护层厚度1cm。	—	0.50	非燃烧体
	(5)预应力钢筋混凝土槽瓦,保护层厚度1cm。	—	0.50	非燃烧体
	(6)轻型纤维石膏板屋面板。	—	0.60	非燃烧体
六	吊顶。			
1	木吊顶搁栅。			
	(1)钢丝网抹灰(厚1.5cm)。	—	0.25	难燃烧体
	(2)板条抹灰(厚1.5cm)。	—	0.25	难燃烧体
	(3)钢丝网抹灰(1:4水泥石棉浆,厚2cm)。	—	0.50	难燃烧体
	(4)板条抹灰(1:4水泥石棉灰浆,厚2cm)。	—	0.50	难燃烧体
	(5)钉氧化镁锯末复合板(厚1.3cm)。	—	0.25	难燃烧体
	(6)钉石膏装饰板(厚1cm)。	—	0.25	难燃烧体
	(7)钉平面石膏板(厚1.2cm)。	—	0.30	难燃烧体
	(8)钉纸面石膏板(厚0.95cm)。	—	0.25	难燃烧体
	(9)钉双层石膏板(各厚0.8cm)。	—	0.45	难燃烧体
	(10)钉珍珠岩复合石膏板(穿孔板和吸音板各厚1.5cm)。	—	0.30	难燃烧体
	(11)钉矿棉吸音板(厚2cm)。	—	0.15	难燃烧体
	(12)钉硬质木屑板(厚1cm)。	—	0.20	难燃烧体
2	钢吊顶搁栅。			
	(1)钢丝网(板)抹灰(厚1.5cm)。	—	0.25	非燃烧体
	(2)钉石棉板(厚1cm)。	—	0.85	非燃烧体
	(3)钉双层石膏板(厚1cm)。	—	0.30	非燃烧体
	(4)挂石棉型硅酸钙板(厚1cm)。	—	0.30	非燃烧体
	(5)挂薄钢板(内填陶瓷棉复合板),其构造厚度为:0.05+3.9(陶瓷棉)+0.05	—	0.40	非燃烧体
七	防火门。			
1	木板内填充非燃烧材料的门。			
	(1)门扇内填充岩棉。	4.1	0.60	难燃烧体
	(2)门扇内填充硅酸铝纤维。	4.1	0.60	难燃烧体
	(3)门扇内填充硅酸铝纤维。	4.7	0.90	难燃烧体
	(4)门扇内填充矿棉板。	4.7	0.90	难燃烧体
	(5)门扇内填充无机轻体板。	4.7	0.90	难燃烧体
2	木板铁皮门。			
	(1)木板铁皮门,外包镀锌铁皮。	4.1	1.20	难燃烧体
	(2)双层木板,单面包石棉板,外包镀锌铁皮。	4.6	1.60	难燃烧体
	(3)双层木板,中间夹石棉板,外包镀锌铁皮。	4.5	1.50	难燃烧体
	(4)双层木板,双层石棉板,外包镀锌铁皮。	5.1	2.10	难燃烧体

续表

序号	构件名称	结构厚度或截面最小尺寸/cm	耐火极限/h	燃烧性能
3	骨架填充门。 (1)木骨架、内填矿棉、外包镀锌铁皮。 (2)薄壁型钢骨架、内填矿棉外包薄钢板。	5.0 6.0	0.90 1.50	难燃烧体 非燃烧体
4	型钢金属门。 (1)型钢门框，外包1mm厚的薄钢板，内填充硅酸铝纤维或岩棉。 (2)型钢门框，外包1mm厚的薄钢板，内填充硅酸钙和硅酸铝。 (3)型钢门框，外包1mm厚的薄钢板，内填充硅酸铝纤维。 (4)型钢门框，外包1mm厚的薄钢板，内填充硅酸铝纤维和岩棉。 (5)薄壁型钢骨架，外包薄钢板。	4.7 4.6 4.6 4.6 6.0	0.60 1.20 0.90 0.90 0.60	非燃烧体 非燃烧体 非燃烧体 非燃烧体 非燃烧体
八	防火窗。			
1	单层的钢窗或钢筋混凝土窗均装有用铁销销牢的铅丝玻璃。	—	0.79	非燃烧体
2	同上，但用角铁加固窗扇上的铅丝玻璃。	—	0.90	非燃烧体
3	双层钢窗装有用铁销销牢的铅丝玻璃。	—	1.20	非燃烧体

注：①确定墙的耐火极限不考虑墙上有无洞孔。
②墙的总厚度包括抹灰粉刷层。
③中间尺寸的构件，其耐火极限可按插入法计算。
④计算保护层时，应包括抹灰粉刷层在内。
⑤现浇的无梁楼板按简支板的数据采用。
⑥人孔盖板的耐火极限可参照防火门确定。

三、消防车道

(1)街区内的道路应考虑消防车的通行，其道路中心线间的距离不宜大于160m。当建筑物沿街道部分的长度大于150m或总长度大于220m时，应设置穿过建筑物的消防车道。当确有困难时，应设置环形消防车道。

(2)有封闭内院或天井的建筑物，当其短边长度大于24m时，宜设置进入内院或天井的消防车道。有封闭内院或天井的建筑物沿街时，应设置连通街道和内院的人行通道(可利用楼梯间)，其间距不宜大于80m。

(3)在穿过建筑物或进入建筑物内院的消防车道两侧，不应设置影响消防车通行或人员安全疏散的设施。

(4)超过3 000个座位的体育馆、超过2 000个座位的会堂和占地面积大于3 000m² 的展览馆等公共建筑，宜设置环形消防车道。

(5)工厂、仓库区内应设置消防车道。占地面积大于3 000m² 的甲、乙、丙类厂房或占地面积大于1 500m² 的乙、丙类仓库，应设置环形消防车道，确有困难时，应沿建筑物的两个长边设置消防车道。

(6)可燃材料露天堆场区,液化石油气储罐区,甲、乙、丙类液体储罐区和可燃气体储罐区,应设置消防车道。消防车道的设置应符合下列规定:

1)储量大于表7-4规定的堆场、储罐区,宜设置环形消防车道;

表7-4 堆场、储罐区的储量

名称	棉、麻、毛、化纤/t	稻草、麦秸、芦苇/t	木材/m³	甲、乙、丙类液体储罐/m³	液化石油气储罐/m³	可燃气体储罐/m³
储量	1 000	5 000	5 000	1 500	500	30 000

2)占地面积大于30 000m²的可燃材料堆场,应设置与环形消防车道相连的中间消防车道,消防车道的间距不宜大于150m。液化石油气储罐区,甲、乙、丙类液体储罐区,可燃气体储罐区,区内的环形消防车道之间宜设置连通的消防车道;

3)消防车道与材料堆场堆垛的最小距离不应小于5m;

4)中间消防车道与环形消防车道交接处应满足消防车转弯半径的要求。

(7)供消防车取水的天然水源和消防水池应设置消防车道。

(8)消防车道的净宽度和净空高度均不应小于4.0m。供消防车停留的空地,其坡度不宜大于3%。消防车道与厂房(仓库)、民用建筑之间不应设置妨碍消防车作业的障碍物。

(9)环形消防车道至少应有两处与其他车道连通。尽头式消防车道应设置回车道或回车场,回车场的面积不应小于12m×12m;供大型消防车使用时,不宜小于18m×18m。消防车道路面、扑救作业场地及其下面的管道和暗沟等应能承受大型消防车的压力。消防车道可利用交通道路,但应满足消防车通行与停靠的要求。

(10)消防车道不宜与铁路正线平交。如必须平交,应设置备用车道,且两车道之间的间距不应小于一列火车的长度。

四、建筑构造

1. 防火墙

(1)防火墙应直接设置在建筑物的基础或钢筋混凝土框架、梁等承重结构上,轻质防火墙体可不受此限。防火墙应从楼地面基层隔断至顶板底面基层。当屋顶承重结构和屋面板的耐火极限低于0.50h,高层厂房(仓库)屋面板的耐火极限低于1.00h时,防火墙应高出不燃烧体屋面0.4m以上,高出燃烧体或难燃烧体屋面0.5m以上。其他情况时,防火墙可不高出屋面,但应砌至屋面结构层的底面。

(2)防火墙横截面中心线距天窗端面的水平距离小于4m,且天窗端面为燃烧体时,应采取防止火势蔓延的措施。

(3)当建筑物的外墙为难燃烧体时,防火墙应凸出墙的外表面0.4m以上,且在防火墙两侧的外墙应为宽度不小于2m的不燃烧体,其耐火极限不应低于该外墙的耐火极限。

当建筑物的外墙为不燃烧体时,防火墙可不凸出墙的外表面。紧靠防火墙两侧的门、窗洞口之间最近边缘的水平距离不应小于2m;但装有固定窗扇或火灾时可自动关闭的乙级防火窗时,该距离可不限。

(4)建筑物内的防火墙不宜设置在转角处。如设置在转角附近,内转角两侧墙上的门、窗洞口之间最近边缘的水平距离不应小于4m。

(5)防火墙上不应开设门窗洞口,当必须开设时,应设置固定的或火灾时能自动关闭的甲级防火门窗。可燃气体和甲、乙、丙类液体的管道严禁穿过防火墙。其他管道不宜穿过防火墙,当必须穿过时,应采用防火封堵材料将墙与管道之间的空隙紧密填实;当管道为难燃及可燃材质时,应在防火墙两侧的管道上采取防火措施。防火墙内不应设置排气道。

(6)防火墙的构造应使防火墙任意一侧的屋架、梁、楼板等受到火灾的影响而破坏时,不致使防火墙倒塌。

2. 建筑构件和管道井

(1)剧院等建筑的舞台与观众厅之间的隔墙应采用耐火极限不低于3.00h的不燃烧体。舞台上部与观众厅闷顶之间的隔墙可采用耐火极限不低于1.50h的不燃烧体,隔墙上的门应采用乙级防火门。舞台下面的灯光操作室和可燃物储藏室应采用耐火极限不低于2.00h的不燃烧体墙与其他部位隔开。电影放映室、卷片室应采用耐火极限不低于1.50h的不燃烧体隔墙与其他部分隔开。观察孔和放映孔应采取防火分隔措施。

(2)医院中的洁净手术室或洁净手术部、附设在建筑中的歌舞娱乐放映游艺场所以及附设在居住建筑中的托儿所、幼儿园的儿童用房和儿童游乐厅等儿童活动场所、老年人建筑,应采用耐火极限不低于2.00h的不燃烧体墙和不低于1.00h的楼板与其他场所或部位隔开,当墙上必须开门时应设置乙级防火门。

(3)下列建筑或部位的隔墙应采用耐火极限不低于2.00h的不燃烧体,隔墙上的门窗应为乙级防火门窗。

1)甲、乙类厂房和使用丙类液体的厂房;

2)有明火和高温的厂房;

3)剧院后台的辅助用房;

4)一、二级耐火等级建筑的门厅;

5)除住宅外,其他建筑内的厨房;

6)甲、乙、丙类厂房或甲、乙、丙类仓库内布置有不同类别火灾危险性的房间。

(4)建筑内的隔墙应从楼地面基层隔断至顶板底面基层。

住宅分户墙和单元之间的墙应砌至屋面板底部,屋面板的耐火极限不应低于0.50h。

(5)附设在建筑物内的消防控制室、固定灭火系统的设备室、消防水泵房和通风空气调节机房等,应采用耐火极限不低于2.00h的隔墙和不低于1.50h的楼板与其他部位隔开。设置在丁、戊类厂房中的通风机房应采用耐火极限不低于1.00h的隔墙和不低于0.50h的楼板与其他部位隔开。隔墙上的门除本规范另有规定者外,均应采用乙级防火门。

(6)冷库采用泡沫塑料、稻壳等可燃材料作墙体内的绝热层时,宜采用不燃烧绝热材料在每层楼板处做水平防火分隔。防火分隔部位的耐火极限应与楼板的相同。冷库阁楼层和墙体的可燃绝热层宜采用不燃烧体墙分隔。

(7)建筑幕墙的防火设计应符合下列规定:

1)窗槛墙、窗间墙的填充材料应采用不燃材料。当外墙面采用耐火极限不低于1.00h的不燃烧体时,其墙内填充材料可采用难燃材料;

2)无窗间墙和窗槛墙的幕墙,应在每层楼板外沿设置耐火极限不低于1.00h、高度不低于0.8m的不燃烧实体裙墙;

3)幕墙与每层楼板、隔墙处的缝隙应采用防火封堵材料封堵。

(8)建筑中受高温或火焰作用易变形的管道,在其贯穿楼板部位和穿越耐火极限不低于2.00h的墙体两侧宜采取阻火措施。

(9)电梯井应独立设置,井内严禁敷设可燃气体和甲、乙、丙类液体管道,并不应敷设与电梯无关的电缆、电线等。电梯井的井壁除开设电梯门洞和通气孔洞外,不应开设其他洞口。电梯门不应采用栅栏门。电缆井、管道井、排烟道、排气道、垃圾道等竖向管道井,应分别独立设置;其井壁应为耐火极限不低于1.00h的不燃烧体;井壁上的检查门应采用丙级防火门。

(10)建筑内的电缆井、管道井应在每层楼板处采用不低于楼板耐火极限的不燃烧体或防火封堵材料封堵。建筑内的电缆井、管道井与房间、走道等相连通的孔洞应采用防火封堵材料封堵。

(11)位于墙、楼板两侧的防火阀、排烟防火阀之间的风管外壁应采取防火保护措施。

3. 屋顶、闷顶和建筑缝隙

(1)在三、四级耐火等级建筑的闷顶内采用锯末等可燃材料作绝热层时,其屋顶不应采用冷摊瓦。闷顶内的非金属烟囱周围0.5m,金属烟囱0.7m范围内,应采用不燃材料作绝热层。

(2)建筑层数超过2层的三级耐火等级建筑,当设置有闷顶时,应在每个防火隔断范围内设置老虎窗,且老虎窗的间距不宜大于50m。

(3)闷顶内有可燃物的建筑,应在每个防火隔断范围内设置不小于0.7m×0.7m的闷顶入口,且公共建筑的每个防火隔断范围内的闷顶入口不宜少于2个。闷顶入口宜布置在走廊中靠近楼梯间的部位。

(4)电线电缆、可燃气体和甲、乙、丙类液体的管道不宜穿过建筑内的变形缝;当必须穿过时,应在穿过处加设不燃材料制作的套管或采取其他防变形措施,并应采用防火封堵材料封堵。

(5)防烟、排烟、采暖、通风和空气调节系统中的管道,在穿越隔墙、楼板及防火分区处的缝隙应采用防火封堵材料封堵。

4. 楼梯间、楼梯和门

(1)疏散用的楼梯间应符合下列规定:

1)楼梯间应能天然采光和自然通风,并宜靠外墙设置;

2)楼梯间内不应设置烧水间、可燃材料储藏室、垃圾道;

3)楼梯间内不应有影响疏散的凸出物或其他障碍物;

4)楼梯间内不应敷设甲、乙、丙类液体管道;

5)公共建筑的楼梯间内不应敷设可燃气体管道;

6)居住建筑的楼梯间内不应敷设可燃气体管道和设置可燃气体计量表。当住宅建筑必须设置时,应采用金属套管和设置切断气源的装置等保护措施。

(2)封闭楼梯间除应符合上述的规定外,尚应符合下列规定:

1)当不能天然采光和自然通风时,应按防烟楼梯间的要求设置;

2)楼梯间的首层可将走道和门厅等包括在楼梯间内,形成扩大的封闭楼梯间,但应采用乙级防火门等措施与其他走道和房间隔开；

3）除楼梯间的门之外，楼梯间的内墙上不应开设其他门窗洞口；

4）高层厂房（仓库）、人员密集的公共建筑、人员密集的多层丙类厂房设置封闭楼梯间时，通向楼梯间的门应采用乙级防火门，并应向疏散方向开启；

5）其他建筑封闭楼梯间的门可采用双向弹簧门。

(3) 防烟楼梯间除应符合第(1)条的有关规定外，尚应符合下列规定：

1）当不能天然采光和自然通风时，楼梯间应按规定设置防烟或排烟设施，应按规定设置消防应急照明设施；

2）在楼梯间入口处应设置防烟前室、开敞式阳台或凹廊等。防烟前室可与消防电梯间前室合用；

3）前室的使用面积：公共建筑不应小于 6.0m²，居住建筑不应小于 4.5m²；合用前室的使用面积：公共建筑、高层厂房以及高层仓库不应小于 10.0m²，居住建筑不应小于 6.0m²；

4）疏散走道通向前室以及前室通向楼梯间的门应采用乙级防火门；

5）除楼梯间门和前室门外，防烟楼梯间及其前室的内墙上不应开设其他门窗洞口（住宅的楼梯间前室除外）；

6）楼梯间的首层可将走道和门厅等包括在楼梯间前室内，形成扩大的防烟前室，但应采用乙级防火门等措施与其他走道和房间隔开。

(4) 建筑物中的疏散楼梯间在各层的平面位置不应改变。地下室、半地下室的楼梯间，在首层应采用耐火极限不低于 2.00h 的不燃烧体隔墙与其他部位隔开并应直通室外，当必须在隔墙上开门时，应采用乙级防火门。地下室、半地下室与地上层不应共用楼梯间，当必须共用楼梯间时，在首层应采用耐火极限不低于 2.00h 的不燃烧体隔墙和乙级防火门将地下、半地下部分与地上部分的连通部位完全隔开，并应有明显标志。

(5) 室外楼梯符合下列规定时可作为疏散楼梯：

1）栏杆扶手的高度不应小于 1.1m，楼梯的净宽不应小于 0.9m；

2）倾斜角度不应大于 45°；

3）楼梯段和平台均应采取不燃材料制作。平台的耐火极限不应低于 1.00h，楼梯段的耐火极限不应低于 0.25h；

4）通向室外楼梯的门宜采用乙级防火门，并应向室外开启；

5）除疏散门外，楼梯周围 2m 内的墙面上不应设置门窗洞口。疏散门不应正对楼梯段。

(6) 用作丁、戊类厂房内第二安全出品的楼梯可采用金属梯，但其净宽度不应小于 0.9m，倾斜角度不应大于 45°。丁、戊类高层厂房，当每层工作平台人数不超过 2 人且各层工作平台上同时生产人数总和不超过 10 人时，可采用敞开楼梯，或采用净宽度不小于 0.9m，倾斜角度小于等于 60°的金属梯兼作疏散梯。

(7) 疏散用楼梯和疏散通道上的阶梯不宜采用螺旋楼梯和扇形踏步。当必须采用时，踏步上下两级所形成的平面角不应大于 10°，且每级离扶手 250mm 处的踏步深度不应小于 220mm。

(8) 公共建筑的室内疏散楼梯两梯段扶手间的水平净距不宜小于 150mm。

(9) 高度大于 10m 的三级耐火等级建筑应设置通至屋顶的室外消防梯。室外消防梯不应面对老虎窗，宽度不应小于 0.6m，且宜从离地面 3.0m 高处设置。

(10)消防电梯的设置应符合下列规定：

1)消防电梯间应设置前室。前室的使用面积应符合第(3)条的规定,前室的门应采用乙级防火门；设置在仓库连廊、冷库穿堂或谷物筒仓工作塔内的消防电梯,可不设前室。

2)前室宜靠外墙设置,在首层应设置直通室外的安全出口或经过长度小于等于30m的通道通向室外；

3)消防电梯井、机房与相邻电梯井、机房之间,应采用耐火极限不低于2.00h的不燃烧体隔墙隔开；当在隔墙上开门时,应设置甲级防火门；

4)在首层在消防电梯井外壁上应设置供消防队员专用的操作按钮,消防电梯桥厢的内装修应采用不燃烧材料且其内部应设置专用消防对讲电话；

5)消防电梯的井底应设置排水设施,排水井的容量不应小于$2m^3$,排水泵的排水量不应小于10L/s。消防电梯间前室门口宜设置挡水设施；

6)消防电梯的载重量不应小于800kg；

7)消防电梯的行驶速度,应按从首层到顶层的运行时间不超过60s计算确定；

8)消防电梯的动力与控制电缆、电线应采取防水措施。

(11)建筑中的封闭楼梯间、防烟楼梯间、消防电梯间前室及合用前室,不应设置卷帘门。疏散走道在防火分区处应设置甲级常开防火门。

(12)建筑中的疏散用门应符合下列规定：

1)民用建筑和厂房的疏散用门应向疏散方向开启。除甲、乙类生产房间外,人数不超过60人的房间且每樘门的平均疏散人数不超过30人时,其门的开启方向不限；

2)民用建筑及厂房的疏散用门应采用平开门,不应采用推拉门、卷帘门、吊门、转门；

3)仓库的疏散用门应为向疏散方向开启的平开门,首层靠墙的外侧可设推拉门或卷帘门,但甲、乙类仓库不应采用推拉门或卷帘门；

4)人员密集场所平时需要控制人员随意出入的疏散用门,或设有门禁系统的居住建筑外门,应保证火灾时不需使用钥匙等任何工具即能从内部易于打开,并应在显著位置设置标识和使用提示。

5. **防火门和防火卷帘**

(1)防火门按其耐火极限可分为甲级、乙级和丙级防火门,其耐火极限分别不应低于1.20h、0.90h和0.60h。

(2)防火门的设置应符合下列规定：

1)应具有自闭功能。双扇防火门应具有按顺序关闭的功能；

2)常开防火门应能在火灾时自行关闭,并应有信号反馈的功能；

3)防火门内外两侧应能手动开启；

4)设置在变形缝附近时,防火门开启后,其门扇不应跨越变形缝,并应设置在楼层较多的一侧。

(3)防火分区间采用防火卷帘分隔时,应符合下列规定：

1)防火卷帘的耐火极限不应低于3.00h。当防火卷帘的耐火极限符合现行国家标准《门和卷帘耐火试验方法》GB 7633有关背火面温升的判定条件时,可不设置自动喷水灭火系统保护；符合现行国家标准《门和卷帘耐火试验方法》GB 7633有关背火面辐射热的判定条件时,应设置自动喷水灭火系统保护。自动喷水灭火系统的设计应符合现行国家标准《自动喷水灭火系统设计规范》GB 50084 的有关规定,但其火灾延续时间不应小于 3.0h。

2)防火卷帘应具有防烟性能,与楼板、梁和墙、柱之间的空隙应采用防火封堵材料封堵。

6. 天桥、栈桥和管沟

(1)天桥、跨越房屋的栈桥,供输送可燃气体和甲、乙、丙类液体及可燃材料的栈桥,均应采用不燃烧体。

(2)输送有火灾、爆炸危险物质的栈桥不应兼作疏散通道。

(3)封闭天桥、栈桥与建筑物连接处的门洞以及敷设甲、乙、丙类液体管道的封闭管沟(廊),均宜设置防止炎热蔓延的保护设施。

(4)连接两座建筑物的天桥,当天桥采用不燃烧体且通向天桥的出口符合安全出口的设置要求时,该出口可作为建筑物的安全出口。

第二节 民用建筑的防火设计

一、一般民用建筑防火一般规定

(1)民用建筑的耐火等级、层数、长度和面积见表 7-5。

表 7-5 民用建筑的耐火等级、层数、长度和面积

耐火等级	最多允许层数	防火分区间		备 注
		最大允许长度/m	每层最大允许建筑面积/m²	
一、二级	住宅九层,其他民用建筑的建筑高度不超过24m 建筑高度超过 24m 的单层公共建筑	150	2 500	1. 体育馆、剧院、展览建筑等的观众厅、展览厅的长度和面积可以根据需要确定。 2. 托儿所、幼儿园的儿童用房及儿童游乐厅等儿童活动场所不应设置在四层及四层以上或地下、半地下建筑内。
三级	5层	100	1 200	1. 托儿所、幼儿园的儿童用房及儿童游乐厅等儿童活动场所和医院、疗养院的住院部分不应设置在三层及三层以上或地下、半地下建筑内。 2. 商店、学校、电影院、剧院、礼堂、食堂、菜市场不应超过二层。
四级	2层	60	600	学校、食堂、菜市场、托儿所、幼儿园、医院等不应超过一层。

注:①重要的公共建筑应采用一、二级耐火等级的建筑。商店、学校、食堂、菜市场如采用一、二级耐火等级的建筑有困难,可采用三级耐火等级的建筑。

②建筑物的长度,系指建筑物各分段中线长度的总和。如遇有不规则的平面而有各种不同量法时,应采用较大值。

③建筑内设有自动灭火设备时,每层最大允许建筑面积可按本表增加一倍。局部设置时,增加面积可按该局部面积一倍计算。

④防火分区间应采用防火墙分隔,如有困难时,可采用防火卷帘和水幕分隔。

⑤托儿所、幼儿园及儿童游乐厅等儿童活动场所应独立建造。当必须设置在其他建筑内时,宜设置独立的出入口。

(2)歌舞厅、录像厅、夜总会、放映厅、卡拉 OK 厅(含具有卡拉 OK 功能的餐厅)、游艺厅(含电子游艺厅)、桑拿浴室(除洗浴部分外)、网吧等歌舞娱乐放映游艺场所(以下简称歌舞娱乐放映游艺场所),宜设置在一、二级耐火等级建筑内的首层、二层或三层的靠外墙部位,不应设置在袋形走道的两侧或尽端。当必须设置在建筑的其他楼层时,尚应符合下列规定:

1)不应设置在地下二层及二层以下。当设置在地下一层时,地下一层地面与室外出入口地坪的高差不应大于 10m;

2)一个厅、室的建筑面积不应大于 200m²;

3)应设置防烟、排烟设施。对于地下房间、无窗房间或有固定窗扇的地上房间,以及超过 20m 且无自然排烟的疏散走道或有直接自然通风、但长度超过 40m 的疏散内走道,应设机械排烟设施。

(3)地下、半地下建筑内的防火分区间应采用防火墙分隔,每个防火分区的建筑面积不应大于 500m²。

当设置自动灭火系统时,每个防火分区的最大允许建筑面积可增加到 1 000m²。局部设置时,增加面积应按该局部面积的一倍计算。

(4)地下商店应符合下列要求:

1)营业厅不宜设置在地下三层及三层以下,且不应经营和储存火灾危险性为甲、乙类储存物品属性的商品;

2)当设置火灾自动报警系统和自动喷水灭火系统,且建筑内部装修符合现行国家标准《建筑内部装修设计防火规范》GB 50222 的规定时,其营业厅每个防火分区的最大允许建筑面积可增加到 2 000m²。当地下商店总建筑面积大于 20 000m² 时,应采用防火墙分隔,且防火墙上不应开设门、窗洞口;

3)应设置防烟、排烟设施。防烟、排烟设施的设计应按现行国家标准《人民防空工程设计防火规范》GB 50098 的规定执行。

(5)民用建筑的防火间距见表 7-6。

表 7-6 民用建筑的防火间距

耐火等级 防火间距/m 耐火等级	一、二级	三级	四级
一、二级	6	7	9
三级	7	8	10
四级	9	10	12

注:①两座建筑相邻较高的一面的外墙为防火墙时,其防火间距不限。

②相邻的两座建筑物,当较低一座的耐火等级不低于二级、屋顶不设天窗、屋顶承重构件的耐火极限不低于 1h,且相邻的较低一面外墙为防火墙时,其防火间距可适当减少,但不应小于 3.5m。

③相邻的两座建筑物,当较低一座的耐火等级不低于二级,相邻较高一面外墙的开口部位设有防火门窗或防火卷帘和水幕时,其防火间距可适当减少,但不应小于 3.5m。

④两座建筑相邻两面的外墙为非燃烧体,如无外露的燃烧体屋檐,当每面外墙上的门窗洞口面积之和不超过该外墙面积的 5%,且门窗口不正对开设时其防火间距可按本表减少 25%。
⑤耐火等级低于四级的原有建筑物,其防火间距可按四级确定。
⑥防火间距应按相邻建筑物外墙的最近距离计算,当外墙有凸出的燃料构件时,应从其凸出部分外缘算起。

二、一般民用建筑的疏散楼梯与安全出口

(1)疏散楼梯类型的选择条件见表 7-7。

表 7-7 疏散楼梯类型的选择条件

楼梯类型	适用建筑物及条件
设置楼梯间	公共建筑的室内疏散楼梯
封闭楼梯间	医院、疗养院的病房楼 设有空气调节系统的多层旅馆 超过五层的其他公共建筑的室内疏散楼梯 超过六层的塔式住宅(如户门采用乙级防火门时,可不设)

(2)设置一个门或安全出口的条件:
1)房间面积不超过 60m²,且人数不超过 50 人。
2)位于走道尽端的房间(托儿所、幼儿园除外)内由最远一点到房门口的直线距离不超过 14m,且人数不超过 80 人,但门要向外开启,净宽不应小于 1.4m。
3)单层公共建筑(托儿所、幼儿园除外)面积不超过 200m²,且人数不超过 50 人。
4)地下室、半地下室面积不超过 50m²,且人数不超过 10 人。
5)歌舞娱乐放映游艺场所的疏散出口不应少于 2 个。当其建筑面积不大于 50m² 时,可设置 1 个疏散出口。

(3)公共建筑设置一个疏散楼梯的条件见表 7-8。

表 7-8 公共建筑设置一个疏散楼梯的条件

耐火等级	层数	每层最大建筑面积/m²	人数
一、二级	二、三层	500	第二层和第三层人数之和不超过 100 人
三级	二、三层	200	第二层和第三层人数之和不超过 50 人
四级	二层	200	第二层人数不超过 30 人

设有不少于两个疏散楼梯的一、二级耐火等级的公共建筑,如顶层局部升高时,其高出部分的层数不超过两层,每层面积不超过 200m²,人数之和不超过 50 人时,可设一个楼梯,但应另设一个直通平屋面的安全出口。

(4)居住建筑设置一个楼梯的条件见表 7-9。

表 7-9 居住建筑设置一个楼梯的条件

层 数	建筑类型	每层最大建筑面积/m²	人 数
九层及九层以下	塔式住宅	500	
	单元式宿舍	300	每层人数不超过 30 人

(5)观众厅安全出口设计指标见表 7-10。

表 7-10　观众厅安全出口设计指标

	剧院、电影院、礼堂的观众厅	体育馆观众厅
安全出口数目	≥2	≥2
每个安全出口的平均疏散人数	≤250 容纳人数超过 2 000 人时,其超过的部分可按≤400 设计。	400～700 观众厅规模较小时,宜接近下限值,规模较大时,宜接近上限值。

（6）房间门至外部出口或封闭楼梯间的最大距离见表 7-11。

表 7-11　房间门至外部出口或封闭楼梯间的最大距离　　　　（单位：m）

名　称	位于两个外部出口或楼梯间之间的房间			位于袋形走道两侧或尽端的房间		
	耐　火　等　级			耐　火　等　级		
	一、二级	三级	四级	一、二级	三级	四级
托儿所、幼儿园	25	20	—	20	15	—
医院、疗养院	35	30	—	20	15	—
学校	35	30	—	22	20	—
其他民用建筑	40	35	25	22	20	15
房间门至非封闭楼梯的最大距离	按上表减少 5m			按上表减少 2m		

注：①敞开式外廊建筑的房间门至外部出口或楼梯间的最大距离可按本表增加 5.00m。
　　②设有自动喷水灭火系统的建筑物,其安全疏散距离可按本表规定增加 25%。
　　③楼梯间的首层应设置直接对外的出口,当层数不超过四层时,可将对外出口设置在离楼梯间不超过 15.0m 处。

（7）地下、半地下建筑内每个防火分区的安全出口数目不应少于 2 个。但面积不超过 50m^2,且人数不超过 10 人时可设 1 个。

1）当地下、半地下建筑内有 2 个或 2 个以上防火分区相邻布置时,每个防火分区可利用防火墙上一个通向相邻分区的防火门作为第二安全出口,但每个防火分区必须有 1 个直通室外的安全出口。

2）歌舞娱乐放映游艺场所的疏散出口不应少于 2 个。当其建筑面积不大于 50m^2 时,可设置 1 个疏散出口,其疏散出口总宽度,应根据其通过人数按不小于 1.0m/百人计算确定：

　　注：地下室、半地下室的楼梯间,在首层应采用耐火极限不低于 2.00h 的隔墙与其他部位隔开并应直通室外,当必须在隔墙上开门时,应采用不低于乙级的防火门。

3）地下室或半地下室与地上层不应共用楼梯间,当必须共用楼梯间时,应在首层与地下或半地下层的出入口处,设置耐火极限不低于 2.00h 的隔墙和乙级的防火门隔开,并应有明显标志。

（8）建筑中的安全出口或疏散出口应分散布置。建筑中相邻 2 个安全出口或疏散出口最近边缘之间的水平距离不应小于 5.0m。

1）疏散楼梯间在各层的平面位置不应改变（规范另有规定者除外）。

2）设有歌舞娱乐放映游艺场所且超过 3 层的地上建筑,应设置封闭楼梯间。

3）地下商店和设有歌舞娱乐放映游艺场所的地下建筑,当其地下层数为三层及三层以上,以及地下层数为一层或二层且其室内地面与室外出入口地坪高差大于 10m 时,均应设置防烟楼梯间；其他的地下商店和设有歌舞娱乐放映游艺场所的地下建筑可设置封闭楼梯间,其楼梯间的门应采用不低于乙级的防火门。超过六层的塔式住宅应设封闭楼梯间,如户门采用乙级防火门时,可不设。公共建筑门厅的主楼梯如不计入总疏散宽度,可不设楼梯间。

三、一般民用建筑各种疏散宽度指标

（1）剧院、电影院、礼堂等观众厅疏散宽度指标见表 7-12。

表 7-12　剧院、电影院、礼堂等观众厅疏散宽度指标

宽度指标（m/百人） 疏散部位		观众厅座位数/个	≤2 500	≤1 200
		耐火等级（不低于）	一、二级	三级
门和走道	平坡地面		0.65	0.85
	阶梯地面		0.75	1.00
楼梯			0.75	1.00

注：①有等场需要时，入场门不应作为观众厅的疏散门。
　　②观众厅的疏散走道宽度应按其通过人数每 100 人不小于 0.6m 计算，但最小净宽不应小于 1.0m，边走道不宜小于 0.8m。

（2）体育馆观众厅的疏散宽度指标见表 7-13。

表 7-13　体育馆观众厅的疏散宽度指标

宽度指标（m/百人） 疏散部位		观众厅座位数/个	3 000~5 000	5 001~10 000	10 001~20 000
		耐火等级	一、二级	一、二级	一、二级
门和走道	平坡地面		0.43	0.37	0.32
	阶梯地面		0.50	0.43	0.37
楼梯			0.50	0.43	0.37

注：表中较大座位数档次按规定指标计算出来的疏散总宽度，不应小于相邻较小座位数档次按其最多座位数计算出来的疏散总宽度。

（3）学校、商店、办公楼、候车室等民用建筑的疏散宽度指标见表 7-14。

表 7-14　学校、商店、办公楼、候车室等民用建筑的疏散宽度指标

宽度指标（m/百人） 层数	耐火等级		
	一、二级	三级	四级
一、二层	0.65	0.75	1.00
三层	0.75	1.00	—
≥四层	1.00	1.25	—

注：①每层疏散楼梯的总宽度应按本表规定计算。当每层人数不等时，其总宽度可分层计算，下层楼梯的总宽度按其上层最多一层的人数计算。
　　②每层疏散门和走道的总宽度应按本表规定计算。
　　③底层外门的总宽度应按该层或该层以上人数最多的一层人数计算，不供楼上人员疏散的外门，可按本层人数计算。

（4）疏散通道的最小宽度见表 7-15。

表 7-15　疏散通道的最小宽度

通道部位	最小净宽度/m
疏散走道和楼梯	1.10
不超过六层的单元式住宅中一边设有栏杆的疏散楼梯	1.00
人员密集的公共场所的疏散门	1.40 紧靠门口 1.4m 范围内，不应设置踏步
人员密集的公共场所的室外疏散小巷	3.00

(5)学校、商店、办公楼、候车(船)室、歌舞娱乐放映游艺场所等民用建筑中的楼梯、走道及首层疏散外门的各自总宽度,均应根据疏散人数,按不小于表 7-16 规定的净宽度指标计算。

表 7-16 楼梯门和走道的净宽度指标 (m/百人)

层　　数	耐　火　等　级		
	一、二级	三级	四级
一、二层	0.65	0.75	1.00
三　层	0.75	1.00	—
≥四层	1.00	1.25	—

注:①每层疏散楼梯的总宽度应按本表规定计算。当每层人数不等时,其总宽度可分层计算,下层楼梯的总宽度按其上层人数最多一层的人数计算;
②每层疏散门和走道的总宽度应按本表规定计算;
③底层外门的总宽度应按该层或该层以上人数最多的一层人数计算,不供楼上人员疏散的外门,可按本层人数计算;
④录像厅、放映厅的疏散人数应根据该场所的建筑面积按 1.0 人/m^2 计算;其他歌舞娱乐放映游艺场所的疏散人数应根据该场所建筑面积按 0.5 人/m^2 计算。

(6)疏散指示标志

医院的病房楼、影剧院、体育馆、多功能礼堂等,其疏散走道和疏散门,均宜设置灯光疏散指示标志。

歌舞娱乐放映游艺场所和地下商店内的疏散走道和主要疏散路线的地面或靠近地面的墙上应设置发光疏散指示标志。

第三节　高层民用建筑的防火设计

一、建筑分类和耐火等级

(1)高层建筑应根据其使用性质、火灾危险性、疏散和扑救难度等进行分类,并宜符合表 7-17 的规定。

表 7-17 建筑分类

名　　称	一　　类	二　　类
居住建筑	高级住宅 十九层及十九层以上的普通住宅	十层至十八层的普通住宅
公共建筑	1. 医院。 2. 高级旅馆。 3. 建筑高度超过 50m 或 24m 以上部分的每层建筑面积超过 1 000m^2 的商业楼、展览楼、综合楼、电信楼、财贸金融楼。 4. 建筑高度超过 50m 或 24m 以上部分的每层建筑面积超过 1 500m^2 的商住楼。 5. 中央级和省级(含计划单列市)广播电视楼。 6. 网局级和省级(含计划单列市)电力调度楼。 7. 省级(含计划单列市)邮政楼、防灾指挥调度楼。 8. 藏书超过 100 万册的图书馆、书库。 9. 重要的办公楼、科研楼、档案楼。 10. 建筑高度超过 50m 的教学楼和普通的旅馆、办公楼、科研楼、档案楼等。	1. 除一类建筑以外的商业楼、展览楼、综合楼、电信楼、财贸金融楼、商住楼、图书馆、书库。 2. 省级以下的邮政楼、防灾指挥调度楼、广播电视楼、电力调度楼。 3. 建筑高度不超过 50m 的教学楼和普通的旅馆、办公楼、科研楼、档案楼等。

(2)高层建筑的耐火等级应分为一、二两级。

一类高层建筑的耐火等级应为一级，二类高层建筑的耐火等级不应低于二级。

裙房的耐火等级不应低于二级。高层建筑地下室的耐火等级应为一级。

二、防火间距

(1)高层建筑之间及高层建筑与其他民用建筑之间的防火间距见表7-18。

表7-18　高层建筑之间及高层建筑与其他民用建筑之间的防火间距　　（单位：m）

建筑类别	高层建筑	裙房	其他民用建筑		
			耐火等级		
			一、二级	三级	四级
高层建筑	13	9	9	11	14
裙房	9	6	6	7	9

注：①防火间距应按相邻建筑外墙的最近距离计算；当外墙有突出可燃构件时，应从其突出的部分外缘算起。

②两座高层建筑相邻较高一面外墙为防火墙或比相邻较低一座建筑屋面高15.0m及以下范围内的墙为不开设门、窗洞口的防火墙时，其防火间距可不限。

③相邻的两座高层建筑，较低一座的屋顶不设天窗、屋顶承重构件的耐火极限不低于1.00h，且相邻较低一面外墙为防火墙时，其防火间距可适当减小，但不宜小于4.00m。

④相邻的两座高层建筑，当相邻较高一面外墙耐火极限不低于2.00h，墙上开口部位设有甲级防火门、窗或防火卷帘时，其防火间距可适当减小，但不宜小于4.00m。

(2)高层建筑与小型甲、乙、丙类液体储罐、可燃气体储罐和化学易燃物品库房的防火间距见表7-19。

表7-19　高层建筑与小型甲、乙、丙类液体储罐、可燃气体储罐和化学易燃物品库房的防火间距

名称和储量		防火间距/m		名称和储量		防火间距/m	
		高层建筑	裙房			高层建筑	裙房
小型甲、乙类液体储罐	<30m³	35	30	小型丙类液体储罐	<150m³	35	30
	30~60m³	40	35		150~200m³	40	35
化学易燃物品库房	<100m³	30	25	化学易燃物品库房	<1t	30	25
	100~500m³	35	30		1~5t	35	30

注：①储罐的防火间距应从距建筑物最近的储罐外壁算起。

②当甲、乙、丙类液体储罐直埋时，本表的防火间距可减少50%。

③高层医院等的液氧储罐总容量不超过3.00m³时，储罐间可一面贴邻所属高层建筑外墙建造，但应采用防火墙隔开，并应设直通室外的出口。

(3)高层建筑与厂(库)房、煤气调压站等的防火间距见表7-20。

表7-20　高层建筑与厂(库)房、煤气调压站等的防火间距

名称		防火间距/m	一类		二类	
			高层建筑	裙房	高层建筑	裙房
丙类厂(库)房	耐火等级	一、二级	20	15	15	13
		三、四级	25	20	20	15
丁、戊类厂(库)房	耐火等级	一、二级	15	10	13	10
		三、四级	18	12	15	10

续表

名称	防火间距/m		一类		二类	
			高层建筑	裙房	高层建筑	裙房
煤气调压站	进口压力/MPa	0.005~<0.15	20	15	15	13
		0.15~≤0.30	25	20	20	15
煤气调压箱	进口压力/MPa	0.005~<0.15	15	13	13	6
		0.15~≤0.30	20	15	15	13
液化石油气气化站、混气站	总储量/m³	<30	45	40	40	35
		30~50	50	45	45	40
城市液化石油气供应站瓶库		≤15	30	25	25	20
		≤10	25	20	20	15

注：液化石油气气化站、混合气站储罐的单罐容积不宜超过 10.0m³。

三、消防车道

(1) 高层建筑的周围，应设环形消防车道。当设环形车道有困难时，可沿高层建筑的两个长边设置消防车道。当高层建筑的沿街长度超过 150.0m 或总长度超过 220.0m 时，应在适中位置设置穿过高层建筑的消防车道。

高层建筑应设有连通街道和内院的人行通道，通道之间的距离不宜超过 80.0m。

(2) 高层建筑的内院或天井，当其短边长度超过 24.0m 时，宜设有进入内院或天井的消防车道。

(3) 供消防车取水的天然水源和消防水池，应设消防车道。

(4) 消防车道的宽度不应小于 4.00m。消防车道距离层建筑外墙宜大于 5.00m，消防车道上空 4.00m 以下范围内不应有障碍物。

(5) 尽头或消防车道应设有回车道或回车场，回车场不宜小于 15.00m×15.00m。大型消防车的回车场不宜小于 18.00m×18.00m。

(6) 穿过高层建筑的消防车道，其净宽和净空高度均不应小于 4.00m。

四、防火分区和防烟分区

(1) 每个防火分区的允许最大建筑面积见表 7-21。

表 7-21 每个防火分区的允许最大建筑面积

建筑类别	每个防火分区建筑面积/m²	建筑类别	每个防火分区建筑面积/m²
一类建筑	1 000	地下室	500
二类建筑	1 500		

注：① 设有自动灭火系统的防火分区，其允许最大建筑面积可按本表增加 1.00 倍；当局部设置自动灭火系统时，增加面积可按该局部面积的 1.0 倍计算。
② 一类建筑的电信楼，其防火分区允许最大建筑面积可按本表增加 50%。
③ 高层建筑内的商业营业厅、展览厅等，当设有火灾自动报警系统和自动灭火系统，且采用不燃烧或难燃烧材料装修时，地上部分防火分区的允许最大建筑面积不应大于 4 000.0m²，当设有自动喷水灭火系统时，防火分区允许最大建筑面积可增加 1.0 倍。
④ 高层建筑内设有上下层相通的走廊、敞开楼梯、自动扶梯、传送带等开口部位时，应按上下连通层作为一个防火分区，其允许最大建筑面积之和不应超过本表限值。当上下开口部位设有耐火极限大于 3.0h 的防火卷帘或水幕等分隔设施时，其面积可不叠加计算。

⑤高层建筑中庭防火分区面积应按上、下层连通的面积叠加计算,当超过一个防火分区面积时,应满足下列要求:
  a. 房间与中庭回廊相通的门、窗,应设自行关闭的乙级防火门、窗。
  b. 与中庭相通的过厅、通道等,应设乙级防火门或耐火极限大于 3.0h 的防火卷帘分隔。
  c. 中庭每层回廊应设有自动喷水灭火系统。
  d. 中庭每层回廊应设火灾自动报警系统。

(2)设置排烟设施的走道、净高不超过 6.00mm 的房间,应采用挡烟垂壁、隔墙或从顶棚下突出不小于 0.50m 的梁划分防烟分区。每个防烟分区的建筑面积不宜超过 500.0m²,且防烟分区不应跨越防火分区。

五、疏散距离和安全出口

(1)安全疏散距离见表 7-22。

表 7-22　安全疏散距离

高层建筑		房间门或住宅户门至最近的外部出口或楼梯间的最大距离/m	
		位于两个安全出口之间的房间	位于袋形走道两侧或尽端的房间
医院	病房部分	24	12
	其他部分	30	15
旅馆、展览楼、教学楼		30	15
其他		40	20

注:①两个安全出口之间的距离不应小于 5.0m。
　②跃廊式住宅的安全疏散距离,应从户门算起,小楼梯的一段距离按其 1.50 倍水平投影计算。
　③高层建筑内的观众厅、展览厅、多功能厅、餐厅、营业厅和阅览室等,其室内任何一点至最近的疏散出口的直线距离,不宜超过 30.0m;其他房间内最远一点至房门的直线距离不宜超过 15.0m。

(2)首层疏散外门和走道的净宽见表 7-23。

表 7-23　首层疏散外门和走道的净宽　　　　　　　　(单位:m)

高层建筑	每个外门的净宽	走道净宽	
		单面布房	双面布房
医院	1.30	1.40	1.50
居住建筑	1.10	1.20	1.30
其他	1.20	1.30	1.40

注:①位于两个安全出口之间的房间,当面积不超过 60.0m² 时,可设置一个门,门的净宽不应小于 0.90m。位于走道尽端的房间,当面积不超过 75.0m² 时,可设置一个门,门的净宽不应小于 1.40m。
　②高层建筑内走道的净宽,应按通过人数每 100 人不小于 1.00m 计算;高层建筑首层疏散外门的总宽度,应按人数最多的一层每 100 人不小于 1.00m 计算。
　③疏散楼梯间及其前室的门的净宽应按通过人数每 100 人不小于 1.00m 计算,但最小净宽不应小于 0.90m。单面布置房间的住宅,其走道出垛处的最小净宽不应小于 0.90m。

(3)疏散楼梯间和楼梯。

一类建筑和除单元式和通廊式住宅外的建筑高度超过 32m 的二类建筑以及塔式住宅,均应设防烟楼梯间。防烟楼梯间的设置应符合下列规定:

1）楼梯间入口处应设前室、阳台或凹廊。

2）前室的面积，公共建筑不应小于 6.00m²，居住建筑不应小于 4.50m²。

3）前室和楼梯间的门均应为乙级防火门，并应向疏散方向开启。

裙房和除单元式和通廊式住宅外的建筑高度不超过 32m 的二类建筑应设封闭楼梯间。

托儿所、幼儿园、游乐厅等儿童活动场所不应设置在高层建筑内，当必须设在高层建筑内时，应设置在建筑物的首层或二、三层，并应设置单独出入口。

高层建筑的底边至少有一个长边或周边长度的 1/4 且不小于一个长边长度，不应布置高度大于 5.00m、进深大于 4.00m 的裙房，且在此范围内必须设有直通室外的楼梯或直通楼梯间的出口。

高层居住建筑的户门不应直接开向前室，当确有困难时，部分开向前室的户门均应为乙级防火门。

商住楼中住宅的疏散楼梯应独立设置。

疏散楼梯的最小净宽度见表 7-24。

表 7-24　疏散楼梯的最小净宽度

高层建筑	疏散楼梯的最小净宽度/m	高层建筑	疏散楼梯的最小净宽度/m
医院病房楼	1.30	其他建筑	1.20
居住建筑	1.10		

注：① 每层疏散楼梯总宽度应按其通过人数每 100 人不小于 1.00m 计算，各层人数不相等时，其总宽度可分段计算，下层疏散楼梯总宽度应按其上层人数最多的一层计算。

② 室外楼梯可作辅助的防烟楼梯，其最小净宽不应小于 0.90m。当倾斜角度不大于 45°，栏杆扶手的高度不小于 1.10m 时室外楼梯宽度可计入疏散楼梯总宽度内。

建筑高度超过 100m 的公共建筑，应设置避难层（间），并应符合下列规定：

1）避难层的设置，自高层建筑首层至第一个避难层或两个避难层之间，不宜超过 15 层。

2）通向避难层的防烟楼梯应在避难层分隔、同层错位或上下层断开，但人员均必须经避难层方能上下。

3）避难层的净面积应能满足设计避难人员避难的要求，并宜按 5.00 人/m² 计算。

4）避难层可兼作设备层，但设备管道宜集中布置。

5）避难层应设消防电梯出口。

6）避难层应设消防专线电话，并应设有消火栓和消防卷盘。

7）封闭式避难层应设独立的防烟设施。

8）避难层应设有应急广播和应急照明，其供电时间不应小于 1.00h，照度不应低于 1.00lx。

建筑高度超过 100m，且标准层建筑面积超过 1 000m² 的公共建筑，宜设置屋顶直升机停机坪或供直升机救助的设施，并应符合下列规定：

1）设在屋顶平台上的停机坪，距设备机房、电梯机房、水箱间、共用天线等突出物的距离，不应小于 5.00m。

2）出口不应少于两个，每个出口宽度不宜小于 0.90m。

3）在停机坪的适当位置应设置消火栓。

4）停机坪四周应设置航空障碍灯，并应设置应急照明。

六、消防电梯

设置消防电梯的条件：

(1)一类公共建筑；

(2)塔式住宅；

(3)十二层及十二层以上的单元式住宅和通廊式住宅；

(4)高度超过 32m 的其他二类公共建筑；

(5)消防电梯的设置数量见表 7-25。

表 7-25　消防电梯的设置数量

高层主体部分最大楼层的建筑面积/m²	≤1 500	1 501~4 500	>4 500
消防电梯数量/台	1	2	3

注：①消防电梯宜分设在不同的防火分区内。

②消防电梯的前室在底层应设直通室外的出口或经过长度不超过 30m 的通道通向室外。

(6)消防电梯间应设前室，其面积：居住建筑不应小于 $4.50m^2$；公共建筑不应小于 $6.00m^2$。当与防烟楼梯间合用前室时，其面积：居住建筑不应小于 $6.00m^2$；公共建筑不应小于 $10m^2$。

第四节　工业厂房及仓库的防火设计

一、工业厂房

(1)生产的火灾危险性分类见表 7-26。

表 7-26　生产的火灾危险性分类

生产类别	火灾危险性特征
甲	使用或产生下列物质的生产： 1. 闪点<28℃的液体。 2. 爆炸下限<10%的气体。 3. 常温下能自行分解或在空气中氧化即能导致迅速自燃或爆炸的物质。 4. 常温下受到水或空气中水蒸气的作用，能产生可燃气体并引起燃烧或爆炸的物质。 5. 遇酸、受热、撞击、摩擦、催化以及遇有机物或硫磺等易燃的无机物，极易引起燃烧或爆炸的强氧化剂。 6. 受撞击、摩擦或与氧化剂、有机物接触时能引起燃烧或爆炸的物质。 7. 在密闭设备内操作温度等于或超过物质本身自燃点的生产。
乙	使用或产生下列物质的生产： 1. 闪点≥28℃至<60℃的液体。 2. 爆炸下限≥10%的气体。 3. 不属于甲类的氧化剂。 4. 不属于甲类的化学易燃危险固体。 5. 助燃气体。 6. 能与空气形成爆炸性混合物的浮游状态的粉尘、纤维、闪点≥60℃的液体雾滴。

续表

生产类别	火灾危险性特征
丙	使用或产生下列物质的生产： 1. 闪点≥60℃的液体。 2. 可燃固体。
丁	具有下列情况的生产： 1. 对非燃烧物质进行加工，并在高热或熔化状态下经常产生强辐射热、火花或火焰的生产。 2. 利用气体、液体、固体作为燃料或将气体、燃体进行燃烧作其他用的各种生产。 3. 常温下使用或加工难燃烧物质的生产。
戊	常温下使用或加工非燃烧物质的生产。

注：①在生产过程中，如使用或产生易燃、可燃物质的量较少，不足以构成爆炸或火灾危险时，可以按实际情况确定其火灾危险性的类别。
②一座厂房内或防火分区内有不同性质的生产时，其分类应按火灾危险性较大的部分确定，但火灾危险性大的部分占本层或本防火分区面积的比例小于5%（丁、戊类生产厂房的油漆工段小于10%），且发生事故时不足以蔓延到其他部位，或采取防火措施能防止火灾蔓延时，可按火灾危险性较小的部分确定。
丁、戊类生产厂房的油漆工段，当采用封闭喷漆工艺时，封闭喷漆空间内保持负压，且油漆工段设置可燃气体浓度报警系统或自动抑爆系统时，油漆工段占其所在防火分区面积的比例不应超过20%。

(2) 厂房的耐火等级、层数和占地面积见表 7-27。

表 7-27　厂房的耐火等级、层数和占地面积

生产类别	耐火等级	最多允许层数	防火分区最大允许占地面积/m²			厂房的地下室和半地下室
			单层厂房	多层厂房	高层厂房	
甲	一级 二级	除生产必须采用多层者外，宜采用单层	4 000 3 000	3 000 2 000	— 	—
乙	一级 二级	不限 6	5 000 4 000	4 000 3 000	2 000 1 500	
丙	一级 二级 三级	不限 不限 2	不限 8 000 3 000	6 000 4 000 2 000	3 000 2 000 —	500 500 —
丁	一、二级 三级 四级	不限 3 1	不限 4 000 1 000	不限 2 000 —	4 000 — —	1 000 — —
戊	一、二级 三级 四级	不限 3 1	不限 5 000 1 500	不限 3 000 —	6 000 — —	1 000 — —

注：①耐火等级一级的多层和二级的单层和二级的单层纺织厂房（麻纺厂除外）可按本表的规定增加 50%，但上述厂房的原棉开包、清花车间均应设防火墙分隔。

②防火分区间应用防火墙分隔。一、二级耐火等级的单层厂房(甲类厂房除外)如面积超过本表规定,设置防火墙有困难时,可用防火水幕带或防火卷帘加水幕分隔。

③一、二级耐火等级的单层、多层造纸生产联合厂房,其防火分区最大允许占地面积可按本表的规定增加1.5倍。

④甲、乙、丙类厂房装有自动灭火设备时,防火分区最大允许占地面积可按本表的规定增加一倍;丁、戊类厂房装设自动灭火设备时,其占地面积不限,局部设置时,增加面积可按该局部面积的一倍计算。

⑤一、二级耐火等级的谷物筒仓工作塔,且每层人数不超过2人时,最多允许层数可不受本表限制。

⑥邮政楼的邮件处理中心可按丙类厂房确定。

(3)厂房及厂房与民用建筑的防火间距见表7-28。

表7-28 厂房及厂房与民用建筑的防火间距

防火间距 耐火等级 \ 耐火等级	一、二级	三级	四级
一、二级	10	12	14
三级	12	14	16
四级	14	16	18

注:①防火间距应按相邻建筑物外墙的最近距离计算,如外墙有凸出的燃烧构件,则应从其凸出部分外缘算起。

②甲类厂房之间及其与其他厂房之间的防火间距,应按本表增加2m,戊类厂房之间的防火间距,可按本表减少2m。

③高层厂房之间及其与其他厂房之间的防火间距,应按本表增加3m。

④两座厂房相邻较高一面的外墙为防火墙时,其防火间距不限,但甲类厂房之间不应小于4m。

⑤两座一、二级耐火等级厂房,当相邻较低一面外墙为防火墙且较低一座厂房的屋盖耐火极限不低于1h时,其防火间距可适当减少,但甲、乙类厂房不应小于6m;丙、丁、戊类厂房不应小于4m。

⑥两座一、二级耐火等级厂房,当相邻较高一面外墙的门窗等开口部位设有防火门窗或防火卷帘和水幕时,其防火间距可适当减少,但甲、乙类厂房不应小于6m;丙、丁、戊类厂房不应小于4m。

⑦两座丙、丁、戊类厂房相邻两面的外墙均为非燃烧体,如无外露的燃烧体屋檐,当每面外墙上的门窗洞口面积之和各不超过该外墙面积的5%,且门窗洞口不正对开设时,其防火间距可按本表减少25%。

⑧耐火等级低于四级的原有厂房,其防火间距可按四级确定。

(4)厂房内最远工作地点到外部出口或楼梯的距离见表7-29。

表7-29 厂房内最远工作地点到外部出口或楼梯的距离　　　　(单位:m)

生产类别	耐火等级	单层厂房	多层厂房	高层厂房	地下室和半地下室
甲	一、二级	30	25	—	—
乙	一、二级	75	50	30	—
丙	一、二级	80	60	40	30
	三级	60	40	—	—
丁	一、二级	不限	不限	50	45
	三级	60	50	—	—
	四级	50	—	—	—
戊	一、二级	不限	不限	75	60
	三级	100	75	—	—
	四级	60	—	—	—

(5) 厂房可设置一个安全出口的条件见表 7-30。

表 7-30　厂房可设置一个安全出口的条件

厂房类别	每层最大面积/m²	同一时间的最多生产人数/人
甲	100	5
乙	150	10
丙	250	20
丁、戊	400	30
地下室或半地下室	50	15

(6) 厂房疏散楼梯、走道和门的宽度指标见表 7-31。

表 7-31　厂房疏散楼梯、走道和门的宽度指标

厂房层数	一、二层	三层	≥四层
宽度指标(m/百人)	0.60	0.80	1.00

注：当使用人数少于 50 人时，楼梯、走道和门的最小宽度，可适当减小；但门的最小宽度，不应小于 0.80m。

(7) 厂房疏散楼梯、走道和门的最小宽度见表 7-32。

表 7-32　厂房疏散楼梯、走道和门的最小宽度

部位	楼梯	走道	门
最小净宽/m	1.10	1.40	0.90

注：当使用人数少于 50 人时，最小宽度可适当减小。

(8) 厂房疏散楼梯类型和消防电梯的选择条件见表 7-33。

表 7-33　厂房疏散楼梯类型和消防电梯的选择条件

楼梯类型	适用厂房条件
封闭楼梯间	甲、乙、丙类厂房和高层厂房。
防烟楼梯间	高度超过 32m 且每层使用人数超过 10 人的高层厂房。
消防电梯	高度超过 32m 的设有电梯的高层厂房，每个防火分区内应设一台。

注：① 高度超过 32m 的设有电梯的高层塔架，当每层工作平台人数不超过 2 人时，可不设消防电梯。
② 丁、戊类厂房，当局部建筑高度超过 32m 且局部升起部分的每层建筑面积不超过 50m² 时，可不设消防电梯。
③ 消防电梯间前室宜靠外墙，在底层应设直通室外的出口，或经过长度不超过 30m 的通道通向室外。
④ 设置消防电梯时需满足高层建筑防火规范对设置消防电梯所规定的要求。

二、仓库的防火设计

(1) 储存物品的火灾危险性分类见表 7-34。

表 7-34 储存物品的火灾危险性分类

储存物品类别	火灾危险性的特征
甲	1. 闪点<28℃的液体。 2. 爆炸下限<10％的气体，以及受到水或空气中水蒸气的作用,能产生爆炸下限<10％气体的固体物质。 3. 常温下能自行分解或在空气中氧化即能导致迅速自燃或爆炸的物质。 4. 常温下受到水或空气中水蒸气的作用能产生可燃气体并引起燃烧或爆炸的物质。 5. 遇酸、受热、撞击、摩擦以及遇有机物或硫磺等易燃的无机物,极易引起燃烧或爆炸的强氧化剂。 6. 受撞击、摩擦或与氧化剂、有机物接触时能引起燃烧或爆炸的物质。
乙	1. 闪点≥28℃至<60℃的液体。 2. 爆炸下限≥10％的气体。 3. 不属于甲类的氧化剂。 4. 不属于甲类的化学易燃危险固体。 5. 助燃气体。 6. 常温下与空气接触能缓慢氧化,积热不散引起自燃的物品。
丙	1. 闪点≥60℃的液体。 2. 可燃固体。
丁	难燃烧物品。
戊	非燃烧物品。

注：难燃物品、非燃物品的可燃包装重量超过物品本身重量1/4时,其火灾危险性应为丙类。

（2）库房或每个防火隔间（冷库除外）的安全出口数目不宜少于两个。但一座多层库房的占地面积不超过 300m² 时,可设一个疏散楼梯,面积不超过 100m² 的防火隔间,可设置一个门。高层库房应采用封闭楼梯间。库房（冷库除外）的地下室、半地下室的安全出口数目不应少于两个,但面积不超过 100m² 时可设一个。库房的耐火等级、层数和建筑面积见表7-35。

表 7-35 库房的耐火等级、层数和建筑面积

储存物品类别		耐火等级	最多允许层数	最大允许建筑面积/m²						
				单层库房		多层库房		高层库房		库房地下室半地下室
				每座库房	防火墙间	每座库房	防火墙间	每座库房	防火墙间	防火墙间
甲	3、4 项	一级	1	180	60	—	—	—	—	—
	1、2、5、6 项	一、二级	1	750	250	—	—	—	—	—
乙	1、3、4 项	一、二级 三级	3 1	2 000 500	500 250	900	300	—	—	—
	2、5、6 项	一、二级 三级	5 1	2 800 900	700 300	1 500	500	—	—	—

续表

储存物品类别		耐火等级	最多允许层数	最大允许建筑面积/m²						
				单层库房		多层库房		高层库房		库房地下室半地下室
				每座库房	防火墙间	每座库房	防火墙间	每座库房	防火墙间	防火墙间
丙	1项	一、二级	5	4 000	1 000	2 800	700	—	—	150
		三级	1	1 200	400	—	—			—
	2项	一、二级	不限	6 000	1 500	4 800	1 200	4 000	1 000	300
		三级	3	2 100	700	1 200	400			
丁		一、二级	不限	不限	3 000	不限	1 500	4 800	1 200	500
		三级	3	3 000	1 000	1 500	500			
		四级	1	2 100	700	—	—			
戊		一、二级	不限	不限	不限	不限	2 000	6 000	1 500	1 000
		三级	3	3 000	1 000	2 100	700			
		四级	1	2 100	700	—	—			

注：①高层库房、高架仓库和筒仓的耐火等级不应低于二级；二级耐火等级的筒仓可采用钢板仓。储存特殊贵重物品的库房，其耐火等级宜为一级。
②独立建造的硝酸铵库房、电石库房、聚乙烯库房、尿素库房、配煤库房以及车站、码头、机场内的中转仓库，其建筑面积可按本表的规定增加 1.00 倍，但耐火等级不应低于二级。
③装有自动灭火设备的库房，其建筑面积可按本表及注 2 的规定增加 1.00 倍。
④石油库内桶装油品库房面积可按现行的国家标准《石油库设计规范》执行。
⑤煤均化库防火分区最大允许建筑面积可为 12 000m²，但耐火等级不应低于二级。

(3)乙、丙、丁、戊类物品库房之间的防火间距见表 7-36。

表 7-36　乙、丙、丁、戊类物品库房的防火间距

防火间距/m		耐　火　等　级		
		一、二级	三级	四级
耐火等级	一、二级	10	12	14
	三级	12	14	16
	四级	14	16	18

注：①两座库房相邻较高一面外墙为防火墙，且总建筑面积不超过表 5-31 一座库房的面积规定时，其防火间距不限。
②高层库房之间以及高层库房与其他建筑之间的防火间距应按本表增加 3.00m。
③单层、多层戊类库房之间的防火间距可按本表减少 2.00m。

(4)乙、丙、丁、戊类物品库房与甲类厂房之间的防火间距应按表 7-36 规定增加 2.0m。

乙类物品库房(2 类 6 项物品除外)与重要公共建筑之间防火间距不宜小于 30m，与其他民用建筑不宜小于 25m。

(5)甲类物品库房与其他建筑物的防火间距见表 7-37。

(6)库区的围墙与库区内建筑的距离不宜小于 5.0m。

表 7-37　甲类物品库房与建筑物的防火间距

防火间距/m 建筑物名称		储存物品类别 储量/t	甲 类			
			3、4 项		1、2、5、6 项	
			≤5	>5	≤10	>10
民用建筑、明火或散发火花地点			30	40	25	30
其他建筑	耐火等级	一、二级	15	20	12	15
		三级	20	25	15	20
		四级	25	30	20	25

注：①甲类物品库房之间的防火间距不应小于 20m，但本表第 3、4 项物品储量不超过 2t，第 1、2、5、6 项物品储量不超过 5t 时，可减为 12m。
②甲类库房与重要的公共建筑的防火间距不应小于 50m。

第五节　木结构建筑的防火设计

（1）当木结构建筑构件的燃烧性能和耐火极限满足表 7-38 的规定时，木结构可按本节的规定进行建筑防火设计。

表 7-38　木结构建筑中构件的燃烧性和耐火极限（h）

构件名称	燃烧性能和耐火极限
防火墙	不燃烧体 3.00
承重墙、住宅单元之间的墙、住宅分户墙、楼梯间和电梯井墙体	难燃烧体 1.00
非承重外墙、疏散走道两侧的隔墙	难燃烧体 1.00
房间隔墙	难燃烧体 0.50
多层承重柱	难燃烧体 1.00
单层承重柱	难燃烧体 1.00
梁	难燃烧体 1.00
楼板	难燃烧体 1.00
屋顶承重构件	难燃烧体 1.00
疏散楼梯	难燃烧体 0.50
室内吊顶	难燃烧体 0.25

注：①屋顶表层应采用不可燃材料。
②当同一座木结构建筑由不同高度组成，较低部分的屋顶承重构件不得采用燃烧体；采用难燃烧体时，其耐火极限不应低于 1.00h。

（2）木结构建筑不应超过 3 层。不同层数建筑最大允许长度和防火分区面积不应超过表 7-39 的规定。

表 7-39　木结构建筑的层数、长度和面积

层　数	最大允许长度/m	每层最大允许面积/m²
1层	100	1 200
2层	80	900
3层	60	600

注：安装有自动喷水灭火系统的木结构建筑，每层楼最大允许长度、面积可按本表规定增加 1.0 倍，局部设置时，增加面积可按该局部面积的 1.0 倍计算。

（3）木结构建筑之间及其与其他耐火等级的民用建筑之间的防火间距不应小于表 7-40 的规定。

表 7-40　木结构建筑之间及其与其他耐火等级的民用建筑之间的防火间距（m）

建筑耐火等级或类别	一、二级	三级	木结构建筑	四级
木结构建筑	8	9	10	11

注：防火间距应按相邻建筑外墙的最近距离计算，当外墙有凸出的可燃构件时，应从凸出部分的外缘算起。

（4）两座木结构建筑之间及其与相邻其他结构民用建筑之间的外墙均无任何门窗洞口时，其防火间距不应小于 4m。

（5）两座木结构建筑之间及其与其他耐火等级的民用建筑之间，外墙的门窗洞口面积之和不超过该外墙面积的 10% 时，其防火间距不应小于表 7-41 的规定。

表 7-41　外墙开口率小于 10% 的防火间距　　　　　　　　（单位：m）

建筑耐火等级或类别	一、二、三级	木结构建筑	四级
木结构建筑	5	6	7

第八章 建筑构造详图

第一节 墙体构造

一、墙体构造

1. 复合墙构造

复合墙构造见图 8-1。

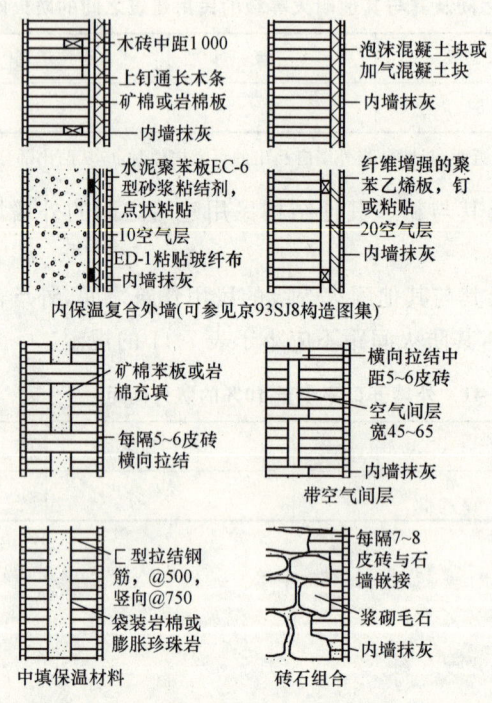

图 8-1 复合墙(单位:mm)

2. 毛石墙砌块

毛石墙常见砌体见图 8-2～图 8-8。

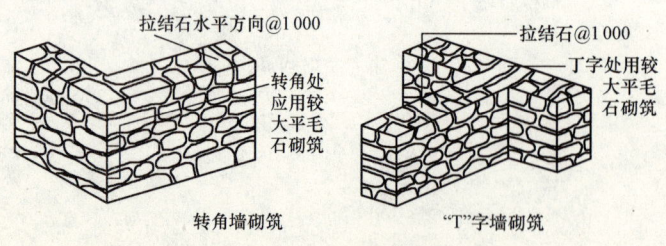

图 8-2 承重墙的砌筑

第八章 建筑构造详图

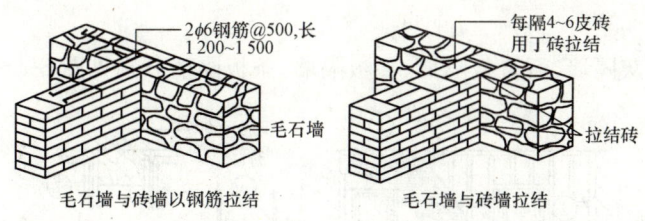

图 8-3 承重墙体拉结

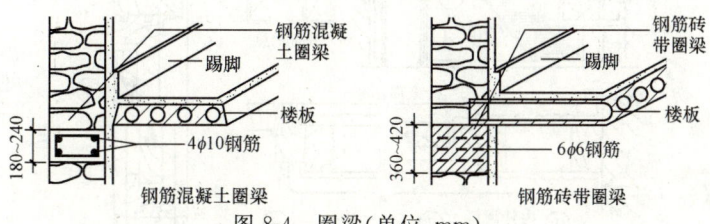

图 8-4 圈梁(单位:mm)

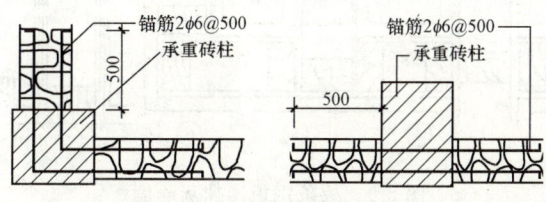

图 8-5 围护墙体与砖柱拉结

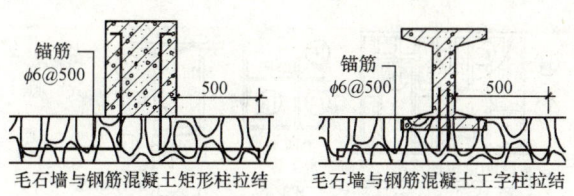

图 8-6 围护墙与钢筋混凝土柱拉结(单位:mm)

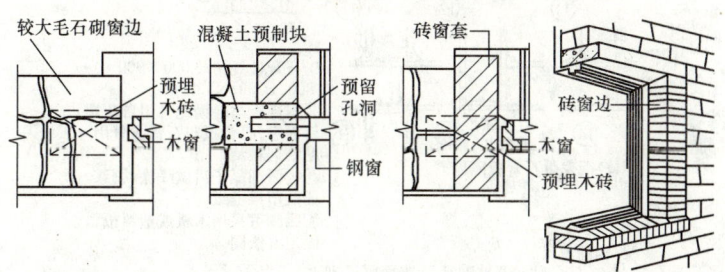

图 8-7 毛石墙与门、窗连接

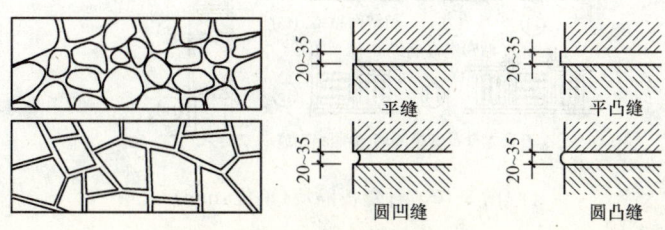

图 8-8 毛石墙勾缝(单位:mm)

3. 轻质隔墙

板条钢板网抹灰隔墙、石膏板隔墙、夹板隔墙、条板隔墙分别见图 8-9～图 8-12。

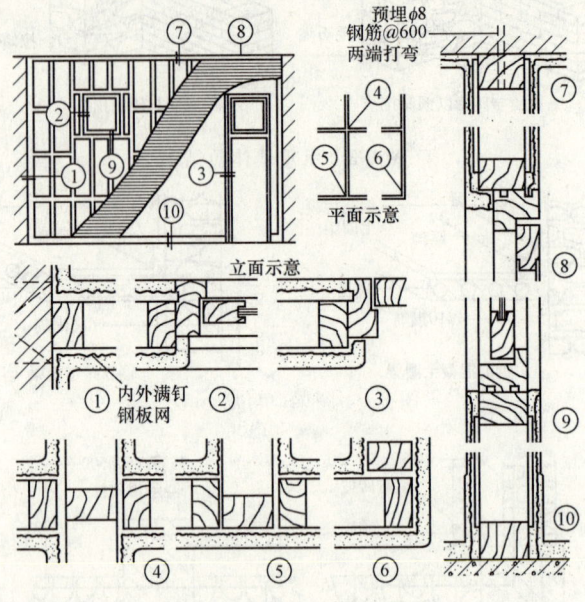

图 8-9 板条钢板网抹灰隔墙

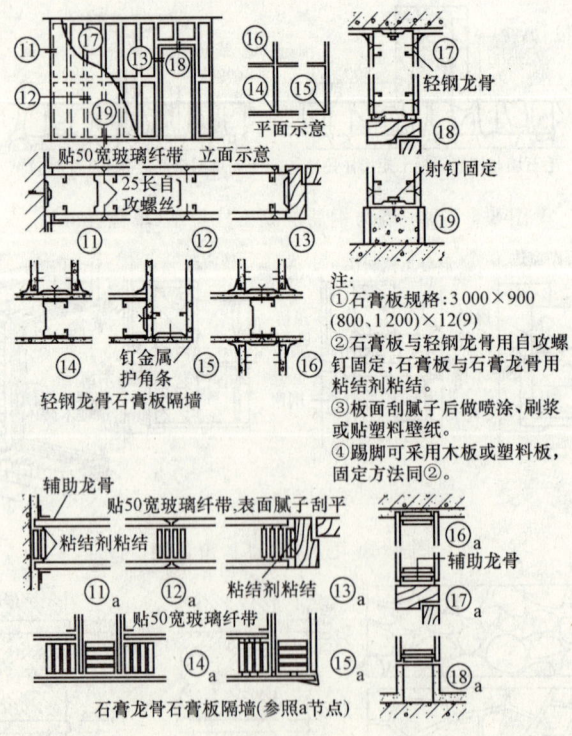

图 8-10 石膏板隔墙(单位:mm)

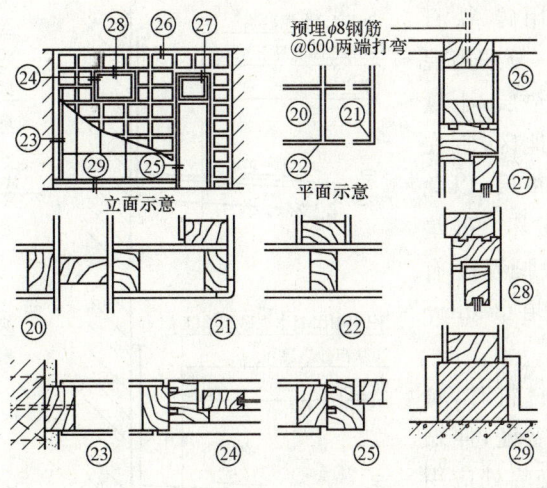

图 8-11 夹板隔墙

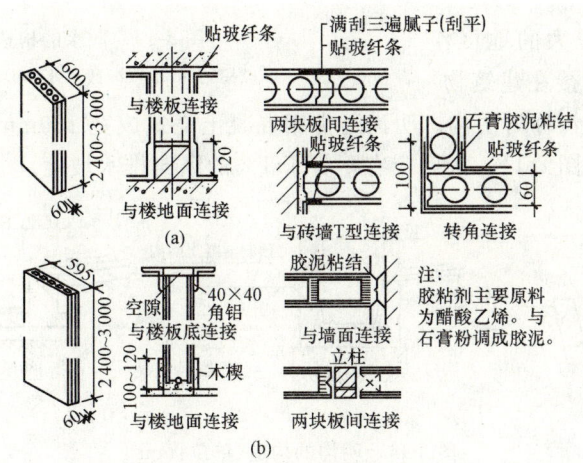

图 8-12 条板隔墙(单位:mm)
(a)石膏增强空心条板(北京);(b)水泥玻纤空心条板

注:此板是以低碱水泥净浆或砂浆、玻璃纤维及添加剂组成的水泥复合材料制品,简称 GRC 板。特点是强度高、韧性好、耐冲击、耐水、耐火,可制成各种薄壁构件。

二、砖墙细部构造

（一）散水和明沟

为了防止室外地面水、墙面水及屋檐水对墙基的侵蚀,沿建筑物四周及室外地坪相接处宜设置散水或明沟,将建筑物附近的地面水及时排除。

1. 散水

散水也称散水坡、护坡,是沿建筑物外墙四周设置的向外倾斜的坡面,其作用是把屋面下落的雨水排到远处,进而保护建筑四周的土壤,降低基础周围土壤的含水率。散水表面应向外侧倾斜,坡度为 3%～5%。散水的宽度一般为 600～1 000mm。为保证屋面雨水能够落在散水上,当屋面采用无组织排水方式时,散水的宽度应比屋檐的挑出宽度宽 200mm 左右。散水的做法通常有砖铺散水、块石散水、混凝土散水等,见图 8-13。在降水量较少的地区或临时建筑也可采用砖、块石做散水的面层。散水一般采用混凝土或碎砖混凝土做垫层,土壤冻深在600mm以上的地区,宜在散水垫层下面设置砂垫层,以免散水被土壤冻胀而遭破坏。砂垫层的厚度与土壤的冻胀程度有关,通常砂垫层的厚度在300mm左右。

散水垫层为刚性材料时,每隔6～15m应设置伸缩缝,伸缩缝及散水和建筑外墙交界处应用沥青填充。

2. 明沟

对于年降水量较大的地区,常在散水的外缘或直接在建筑物外墙根部设置的排水沟称为明沟。明沟通常用混凝土浇筑成宽180mm、深150mm的沟槽,也可用砖、石砌筑,见图8-14。沟底应有不少于1‰的纵向排水坡度。

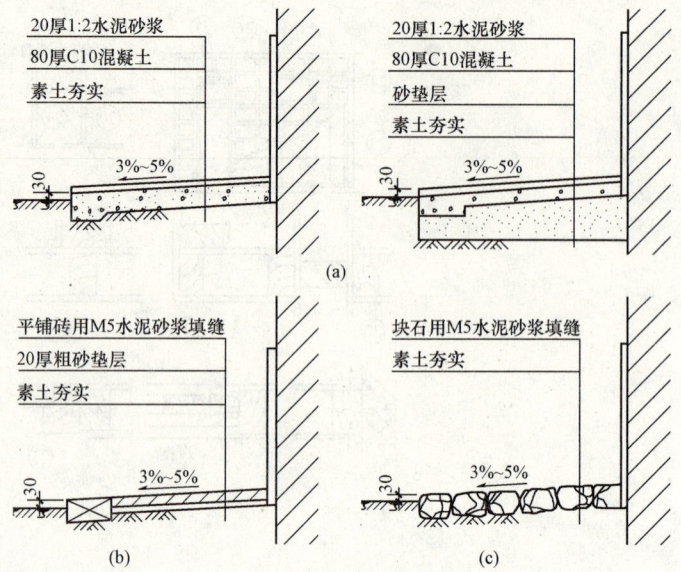

图8-13 散水的构造
(a)混凝土散水;(b)砖散水;(c)块石散水

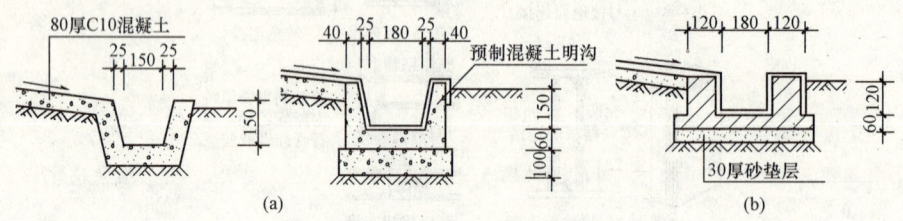

图8-14 明沟的构造(单位:mm)
(a)混凝土明沟;(b)砖砌明沟

(二)勒脚

勒脚是外墙接近室外地面的部分。勒脚位于建筑墙体的下部,承担的上部荷载多,而且容易受到雨、雪的侵蚀和人为因素的破坏,因此需要对这部分墙体加以特殊的保护。

勒脚的高度一般应在500mm以上,有时为了满足建筑立面形象的要求,可以把勒脚顶部提高至首层窗台处。目前,勒脚常用饰面的办法,即采用密实度大的材料来处理勒脚。勒脚应坚固、防水和美观。常见的做法有以下几种:

(1)在勒脚部位抹20～30mm厚1∶2或1∶2.5的水泥砂浆,或做水刷石、斩假石等,如图8-15(a)所示。

(2)在勒脚部位加厚60～120mm,再用水泥砂浆或水刷石等罩面。

(3)当墙体材料防水性能较差时,勒脚部分的墙体应当换用防水性能好的材料。常用的防水性能好的材料有大理石板、花岗石板、水磨石板、面砖等,如图8-15(b)所示。

(4)用天然石材砌筑勒脚,如图8-15(c)所示。

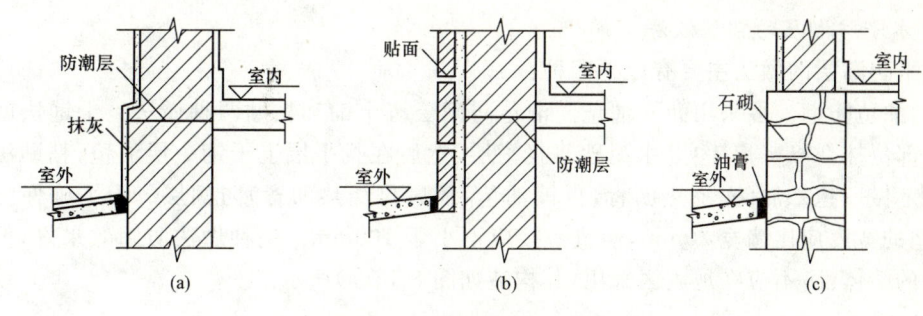

图 8-15 勒脚的构造做法
(a)抹灰；(b)贴面；(c)石材砌筑

(三)墙身防潮层

为了防止地下土壤中的潮气沿墙体上升和地表水对墙体的侵蚀,提高墙体的坚固性与耐久性,保证室内干燥、卫生,应在墙身中设置防潮层。防潮层有水平防潮层和垂直防潮层两种。

1. 地下潮气对墙身的影响

建筑地下部分的墙体和基础会受到土壤中潮气的影响,土壤中的潮气进入这部分材料的孔隙内形成毛细水,毛细水沿墙体上升,逐渐使地上部分墙体潮湿,会影响建筑的正常使用和安全,如图 8-16 所示。为了阻隔毛细水的上升,应当在墙体中设置防潮层。

2. 水平防潮层的位置

所有墙体的根部均应设置水平防潮层。为了防止地表水受反渗的影响,防潮层应设置在距室外地面150mm以上的墙体内。同时,防潮层应设置在首层地坪结构层(如混凝土垫层)厚度范围之内的墙体

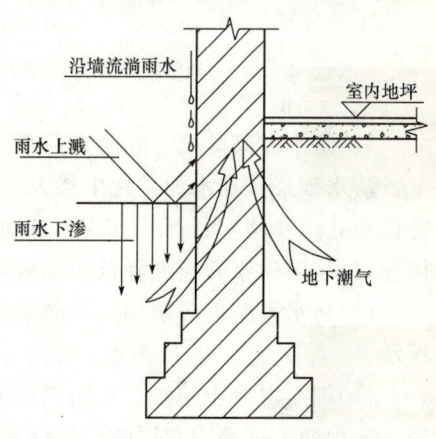

图 8-16 地下潮气对墙身的影响

之中,与地面垫层形成一个封闭的隔潮层。当首层地面为实铺时,防潮层的位置通常选择在－0.060处,以保证隔潮的效果,如图 8-17(a)所示。防潮层的位置关系到防潮的效果,位置不当,就不能完全地阻隔地下的潮气,如图 8-17(b)、(c)所示。

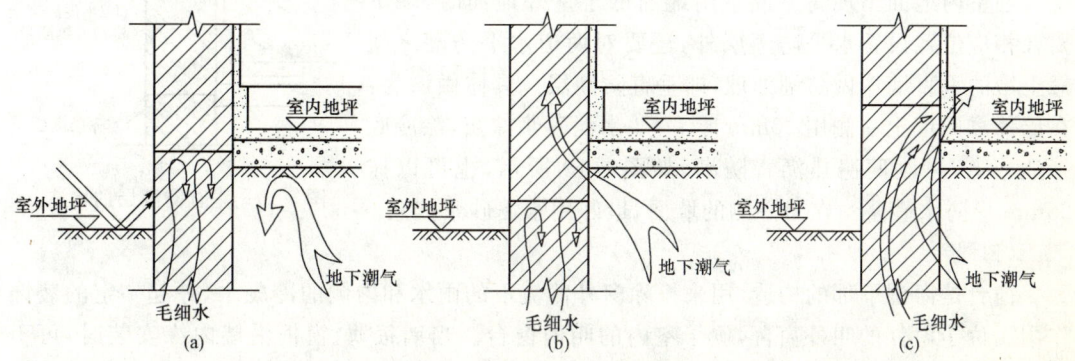

图 8-17 水平防潮层的位置
(a)位置适当；(b)位置偏低；(c)位置偏高

3. 水平防潮层的常见做法

水平防潮层的做法主要有以下四种：

(1)油毡防潮。多采用沥青油毡。油毡防潮层有干铺和粘贴两种做法。干铺法就是在防潮层部位抹20mm厚1∶3水泥砂浆找平层，然后在找平层上干铺一层油毡；粘贴法是在找平层上做一毡二油(先浇热沥青，再铺油毡，最后再浇热沥青)防潮层。为了确保防潮效果，油毡的宽度应比墙宽20mm，油毡搭接应不小于100mm。这种做法防潮效果好，但破坏了墙身的整体性，不应在地震区采用，其构造如图8-18(a)所示。

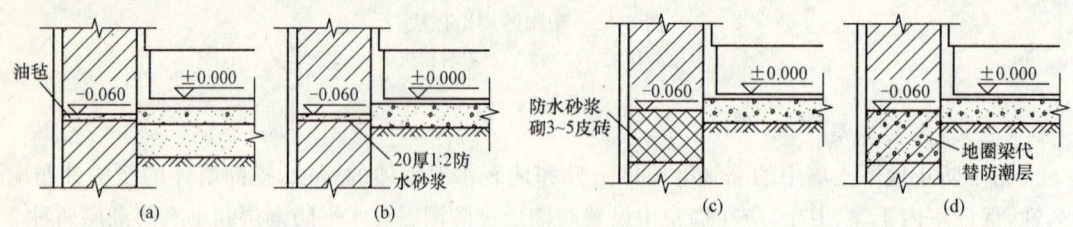

图8-18 水平防潮层的构造
(a)油毡防潮；(b)防水砂浆防潮；(c)防水砂浆砌砖防潮；(d)细石混凝土防潮

(2)防水砂浆防潮。在防潮层部位抹25mm厚1∶2的防水砂浆，其构造如图8-18(b)所示。防水砂浆是在水泥砂浆中掺入了水泥重量5％的防水剂，防水剂与水泥混合凝结，能填充微小孔隙和堵塞、封闭毛细孔，从而阻断毛细水。这种做法省工省料，且能保证墙身的整体性，但易因砂浆开裂而降低防潮效果。

(3)防水砂浆砌砖防潮。在防潮层部位用防水砂浆砌筑3～5皮砖，其构造如图8-18(c)所示。

(4)细石混凝土防潮。在防潮层部位浇筑60mm厚与墙等宽的细石混凝土带，内配3ϕ6或3ϕ8钢筋。这种防潮层的抗裂性好，且能与砌体结合成一体，特别适用于刚度要求较高的建筑中。

当建筑物设有基础圈梁，且其截面高度在室内地坪以下60mm附近时，可用基础圈梁代替防潮层，如图8-18(d)所示。

4. 垂直防潮层

当室内地面出现高差或室内地面低于室外地面时，除了要在相应位置设置水平防潮层外，还要对两道水平防潮之间靠土壤的垂直墙体做防潮处理，即垂直防潮层。具体做法为：在墙体靠回填土一侧用20mm厚1∶2水泥砂浆抹灰，涂冷底子油一道，再刷两遍热沥青防潮，如图8-19所示，也可以抹25mm厚防水砂浆。在另一侧的墙面，最好用水泥砂浆抹灰。

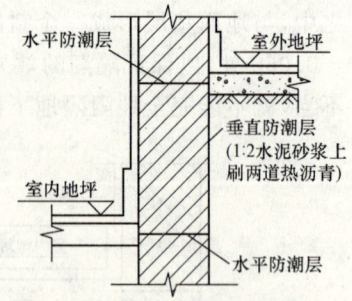

图8-19 垂直防潮层的构造

(四)窗台

窗台是窗洞下部的构造，用来排除窗外侧流下的雨水和内侧的冷凝水，并起一定的装饰作用。位于窗外的叫外窗台，位于室内的叫内窗台。当墙很薄，窗框沿墙内缘安装时，可不设内窗台。窗台的构造见图8-20。

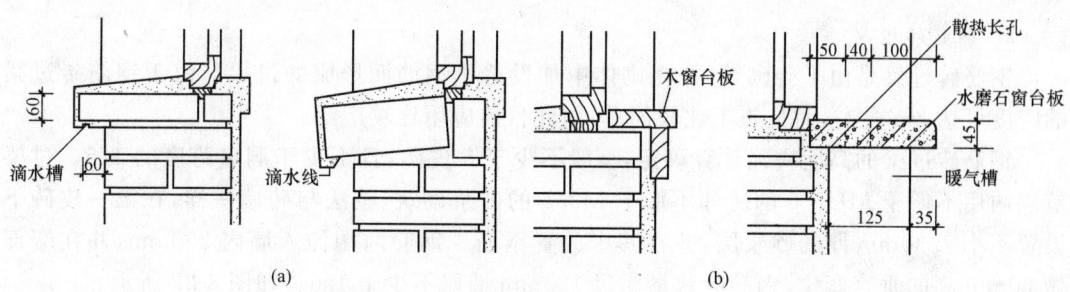

图 8-20 窗台构造(单位:mm)
(a)外窗台;(b)内窗台

1. 外窗台

外窗台面一般应低于内窗台面,并应形成 5% 的外倾坡度,以利排水,防止雨水流入室内。外窗台的构造有悬挑窗台和不悬挑窗台两种。悬挑窗台常用砖平砌或侧砌,也可采用预制钢筋混凝土,其挑出的尺寸应不小于 60mm。窗台表面的坡度可由斜砌的砖形成,或用 1∶2.5 水泥砂浆抹出,并在挑砖下缘前端抹出滴水槽或滴水线。悬挑外窗台下边缘的滴水应做成半圆形凹槽,以免排水时雨水沿窗台底面流至下部墙体。

如果外墙饰面为瓷砖、陶瓷锦砖等易于冲洗的材料,可不做悬挑窗台,窗下墙的脏污可借窗上墙流下的雨水冲洗干净。

2. 内窗台

内窗台可直接抹 1∶2 水泥砂浆形成面层。北方地区墙体厚度较大时,常在内窗台下留置暖气槽,这时内窗台可采用预制水磨石或木窗台板。装修标准较高的房间也可以采用天然石材。窗台板一般靠窗间墙来支承,两端伸入墙内 60mm,沿内墙面挑出约 40mm。当窗下不设暖气槽时,也可以在窗洞下设置支架以固定窗台板。

(五)门窗过梁

门窗过梁简称过梁,是指设置在门窗洞口上部的横梁,主要用来承受洞口上部墙体传来的荷载,并把这些荷载传递给洞口两侧的墙体。过梁的种类较多,目前常用的有砖拱过梁、钢筋砖过梁和钢筋混凝土过梁三种,其中以钢筋混凝土过梁最为常见。

1. 砖拱过梁

砖拱过梁有平拱和弧拱两种,其中以砖砌平拱过梁应用居多。砖拱过梁应事先设置胎模,由砖侧砌而成,拱中央的砖垂直放置,称为拱心。两侧砖对称拱心分别向两侧倾斜,灰缝呈上宽(不大于 15mm)下窄(不小于 5mm)的楔形,靠材料之间产生的挤压摩擦力来支撑上部墙体。

为了使砖拱能更好地工作,平拱的中心应比拱的两端略高,约为跨度的 1/50~1/100,如图 8-21 所示。砖砌平拱过梁的适用跨度多小于 1.2m,但不适用于过梁上部有集中荷载或建筑有振动荷载的情况。

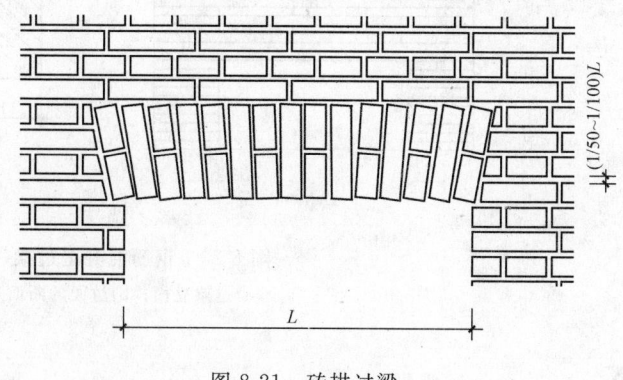

图 8-21 砖拱过梁

2. 钢筋砖过梁

钢筋砖过梁是由平砖砌筑,并在砌体中加设适量钢筋而形成的过梁。由于钢筋砖过梁的跨度可达 2m 左右,而且施工比较简单,因此目前应用比较广泛。

钢筋砖过梁的高度应经计算确定,一般不少于 5 皮砖,且不少于洞口跨度的 1/5。过梁范围内用不低于 MU7.5 的砖和不低于 M2.5 的砂浆砌筑,砌法与砖墙一样,在第一皮砖下设置不小于 30mm 厚的砂浆层,并在其中放置钢筋。钢筋两端伸入墙内 250mm,并在端部做 60mm 高的垂直弯钩,钢筋的数量为每 120mm 墙厚不少于 1ϕ6。如图 8-22 所示。

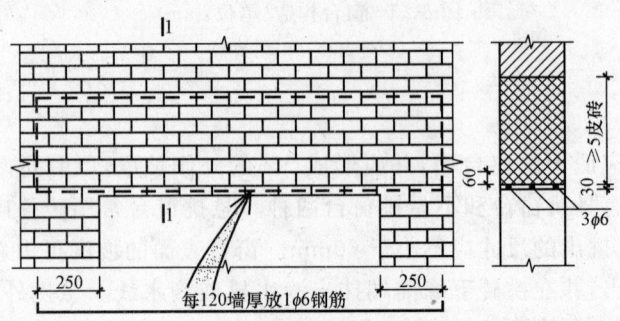

图 8-22　钢筋砖过梁(单位:mm)

钢筋砖过梁适用于跨度不超过 1.5m、上部无集中荷载的洞口。当墙身为清水墙时,采用钢筋砖过梁,可使建筑立面获得统一的效果。

3. 钢筋混凝土过梁

当门窗洞口跨度超过 2m 或上部有集中荷载时,需采用钢筋混凝土过梁。钢筋混凝土过梁有现浇和预制两种。钢筋混凝土过梁的适应性较强,目前已被大量采用。

钢筋混凝土过梁的截面尺寸及配筋应经计算确定,并应是砖厚的整倍数。过梁两端伸入墙体的长度应在 240mm 以上。为便于过梁两端墙体的砌筑,钢筋混凝土过梁的高度应与砖的皮数尺寸相协调,如 120mm、180mm、240mm。钢筋混凝土过梁的宽度通常与墙厚相同,当墙面不抹灰时(俗称清水墙),过梁的宽度应比墙厚小 20mm。

钢筋混凝土过梁的截面形状有矩形和 L 形。矩形多用于内墙和外混水墙中,L 形多用于外清水墙和有保温要求的墙体中,此时应注意 L 口朝向室外,如图 8-23 所示。

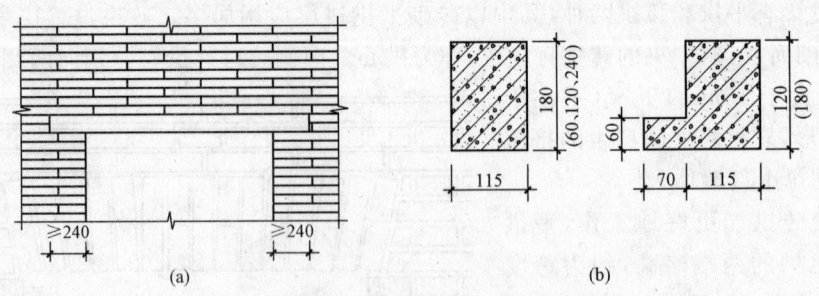

图 8-23　钢筋混凝土过梁(单位:mm)
(a)过梁立面;(b)过梁的断面形状和尺寸

(六)圈梁与构造柱

1. 圈梁的构造

圈梁是沿建筑物外墙、内纵墙和部分横墙设置的连续封闭的梁。其作用是加强房屋的空间刚度和整体性,对建筑起到腰箍的作用,以防止由于基础不均匀沉降、振动荷载等引起的墙体开裂。

圈梁有钢筋混凝土圈梁和钢筋砖圈梁两种,见图 8-24。目前,多采用钢筋混凝土材料,钢筋砖圈梁已很少采用。钢筋混凝土圈梁的宽度宜与墙厚相同,当墙厚大于 240mm 时,允许其宽度减小,但不宜小于墙厚的三分之二。圈梁高度应大于 120mm,并在其中设置纵向钢筋和箍筋,如为八度抗震设防时,纵筋为 4φ10,箍筋为 φ6@200。钢筋砖圈梁应采用不低于 M5 的砂浆砌筑,高度为 4~6 皮砖。纵向钢筋不宜少于 6φ6,水平间距不宜大于120mm,分上下两层设在圈梁顶部和底部的灰缝内。

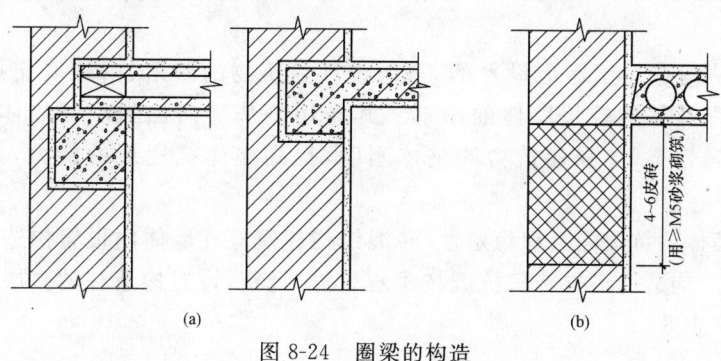

图 8-24 圈梁的构造
(a)钢筋混凝土圈梁;(b)钢筋砖圈梁

2. 圈梁的位置与数量

圈梁一般位于屋(楼)盖结构层的下面,见图 8-25(a);对于空间较大的房间和地震烈度在 8 度以上地区的建筑,须将外墙圈梁外侧加高,以防楼板水平位移,见图 8-25(b)。当门窗过梁与屋盖、楼盖间距较小,而且抗震设防等级较低时,圈梁可通过洞口顶部,兼作过梁。

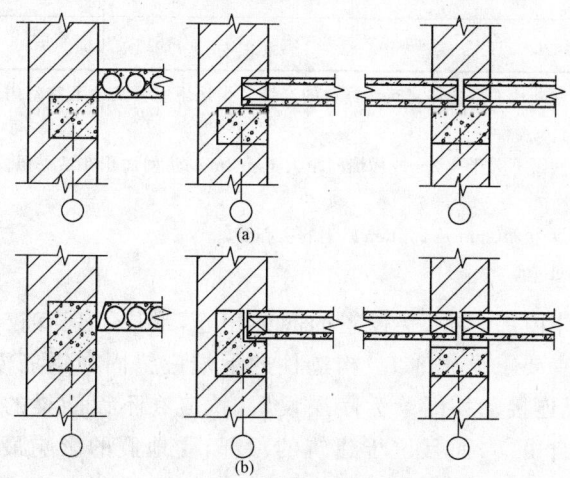

图 8-25 圈梁在墙中的位置
(a)圈梁位于屋(楼)盖结构层下面—板底圈梁;(b)圈梁顶面与屋(楼)盖结构层顶面相平—板面圈梁

圈梁在建筑中往往不止设置一道，其数量应视建筑的高度、层数、地基情况和防震要求而定。单层建筑至少设置一道，多层建筑一般隔层设置一道。在地震设防地区，往往要层层设置圈梁。圈梁除了在外墙和承重内纵墙中设置外，还应根据建筑的结构及防震要求，每隔16~32m 在横墙中设置圈梁，以使圈梁腰箍的作用能够充分发挥。

3. 附加圈梁的设置

圈梁应当连续、封闭设置在同一水平面上。当圈梁被门窗洞口（如楼梯间窗洞口）截断时，应在洞口上方或下方设置附加圈梁。附加圈梁与圈梁的搭接长度不应小于二者垂直净距的两倍，也不应小于 1m，如图 8-26 所示。地震设防地区，圈梁应当完全封闭，不宜被洞口截断。

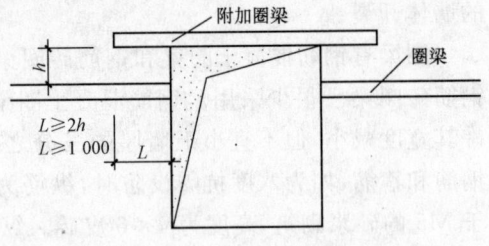

图 8-26　附加圈梁（单位：mm）

4. 构造柱

构造柱是从构造角度考虑设置的，一般设在建筑物的四角、内外墙交接处、楼梯间、电梯间的四角以及某些较长墙体的中部。其作用是从竖向加强层间墙体的连接，与圈梁一起构成空间骨架，加强建筑物的整体刚度，提高墙体抗变形的能力，约束墙体裂缝的开展。

为了提高墙体的抗震能力和稳定性，砖混结构建筑应在墙体内设置构造柱。根据我国《设置钢筋混凝土构造柱多层砖房抗震技术规程》的规定，设置构造柱的多层砖房总高度和总层数的限值见表 8-1。

表 8-1　设置构造柱的多层砖房总高度和总层数的限值

抗 震 墙布置	烈　度							
	6		7		8		9	
	高度/m	层数	高度/m	层数	高度/m	层数	高度/m	层数
横墙较多	24	八	21	七	18	六	12	四
横墙较少	21	七	18	六	15	五	9	五

注：① 房屋的高度是指从室外地面到主体建筑物檐口的高度。半地下室可从地下室室内地面算起，全地下室可从室外地面算起。
② 横墙较多是指横墙间距不大于 4.2m 或横墙间距大于 4.2m 的房间面积在某一层内不大于该层总面积的 1/4，否则为横墙较少。
③ 本表适用于最小墙厚为 240mm 及 240mm 以上的实心墙。
④ 房屋的层高不宜超过 4m。

构造柱设置在墙体内部，与水平设置的圈梁相连，形成了具有较大刚度的空间骨架。多层砖房构造柱的设置要求见表 8-2。构造柱的下端应锚固在钢筋混凝土基础或基础圈梁中，上部与楼层圈梁连接。如圈梁为隔层设置时，应在不设圈梁的楼层设置配筋砖带。由于女儿墙的上部是自由端，而且位于建筑的顶部，受地震的影响最大。因此，构造柱应当通至女儿墙顶部，并与女儿墙顶部的钢筋混凝土压顶相连，而且女儿墙中的构造柱间距应当加密。

表 8-2 多层砖房构造柱的设置要求

层　　数				设　置　部　位	
6度	7度	8度	9度		7～8度时,楼、电梯的四角
四、五	三、四	二、三		外墙四角,错层部位,横墙与外纵墙交接处,较大洞口两侧,大房间内外墙交接处	隔一开间(轴线)横墙与外墙交接处,山墙与内纵墙交接处。7～9度时,楼、电梯的四角
六～八	五、六	四	二		
	七	五、六	三、四		内墙(轴线)与外墙交接处,内墙局部较小墙垛外7～9度时,楼、电梯间的四角 8度时无洞口内横墙与内纵墙交接处 9度时内纵墙与横墙(轴线)交接处

构造柱的截面不宜小于 240mm×180mm,常用 240mm×240mm。纵向钢筋宜采用 4ϕ12,箍筋不少于 ϕ6@250mm,并在柱的上下端适当加密。构造柱应先砌墙后浇柱,墙与柱的连接处宜留出五进五出的马牙槎,进出 60mm,并沿墙高每隔 500mm 设 2ϕ6 的拉结钢筋,每边伸入墙内不宜少于 1 000mm,如图 8-27 所示。施工时,应当先砌墙体,并留出马牙槎。随着墙体的上升,逐段现浇钢筋混凝土构造柱。

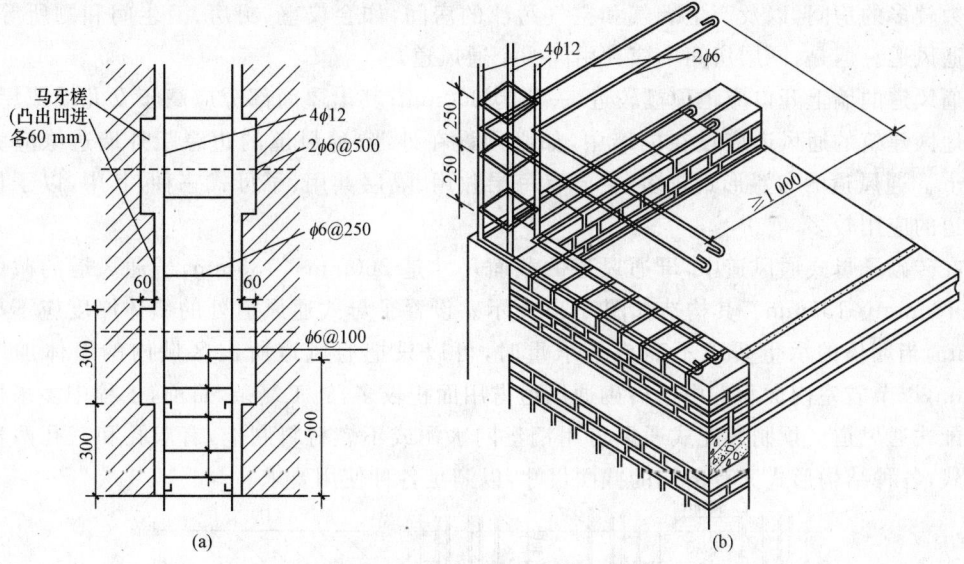

图 8-27　构造柱(单位:mm)
(a)平直墙面处的构造柱;(b)转角处的构造柱

5. 砌块墙圈梁与构造柱

砌块墙的圈梁常和过梁统一考虑,有现浇和预制两种,不少地区采用槽形预制构件,在槽内配置钢筋,浇灌混凝土形成圈梁,见图 8-28。

为了加强墙体的竖向连接,在外墙转角及某些内外墙相接的"T"字接头处,利用空心砌块上下孔对齐,在孔内配置 ϕ10～ϕ12 的钢筋,然后用细石混凝土分层灌实,形成构造柱,使砌块在垂直方向连成一体,见图 8-29。

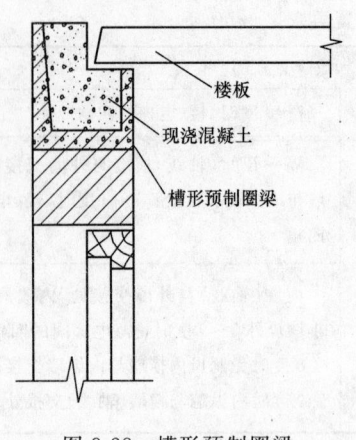
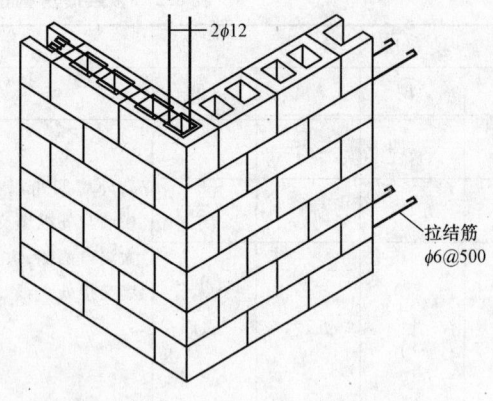

图 8-28　槽形预制圈梁　　　　图 8-29　砌块墙的构造柱

（七）墙中竖向孔道

砖墙中的竖向孔道主要有通风道、烟道及垃圾道。

1. 通风道

通风道是墙体中常见的竖向孔道,其目的是为了排除房间内部的污浊空气和不良气味。在人数较多的房间,以及产生烟气和空气污浊的房间,如会议室、厨房、卫生间和厕所等,应设置通风道。但是,同层房间不应共用同一个通风道。

通风道的墙上开口应距顶棚较近,一般为 300mm;其出屋面部分应高于女儿墙或屋脊。北方地区建筑的通风道应设在内墙中,如必须设在外墙,通风道的边缘距外墙边缘应大于 370mm。通风道的布置形式较多,主要有每层独用、隔层共用、子母式三种,其中,以子母式通风道的应用较多。

在砖砌子母式通风道中,母通风道的截面尺寸是 260mm×135mm,子通风道的截面尺寸是 135mm×135mm。其构造如图 8-30 所示。设置子母式通风道处的墙体厚度应不小于370mm,当墙体的承重要求不高或不承重时,可以只把通风道所占区域内的墙体加厚至370mm,以节省室内面积。由于砖砌通风道占用面积较多,施工复杂,目前,工程中多采用预制装配式通风道。预制装配式通风道用钢丝网水泥或不燃材料制作,有双孔和三孔两种结构形式,各种结构形式又有不同的截面尺寸,以满足各种使用要求。

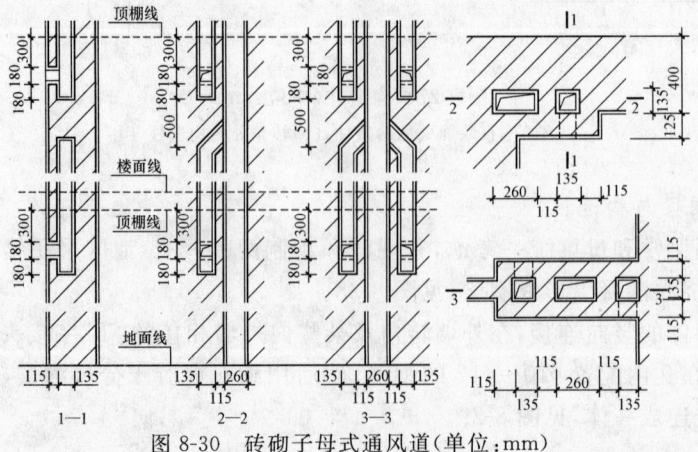

图 8-30　砖砌子母式通风道(单位:mm)

2. 烟道

在设有燃煤炉灶的建筑中，为了排除炉灶内的煤烟，常在墙内设置烟道。在寒冷地区，烟道一般应设在内墙中，若必须设在外墙内时，烟道边缘与墙外缘的距离不宜小于370mm。烟道有砖砌和预制拼装两种做法。

在多层建筑中，很难做到每个炉灶都有独立的烟道，通常把烟道设置成子母烟道，以免相互窜烟，其构造如图8-31所示。烟道应砌筑密实，并随砌随用砂浆将内壁抹平，上端应高出屋面，以免被雪掩埋或受风压影响使排气不畅。母烟道下部靠近地面处设有出灰口，平时用砖堵住。

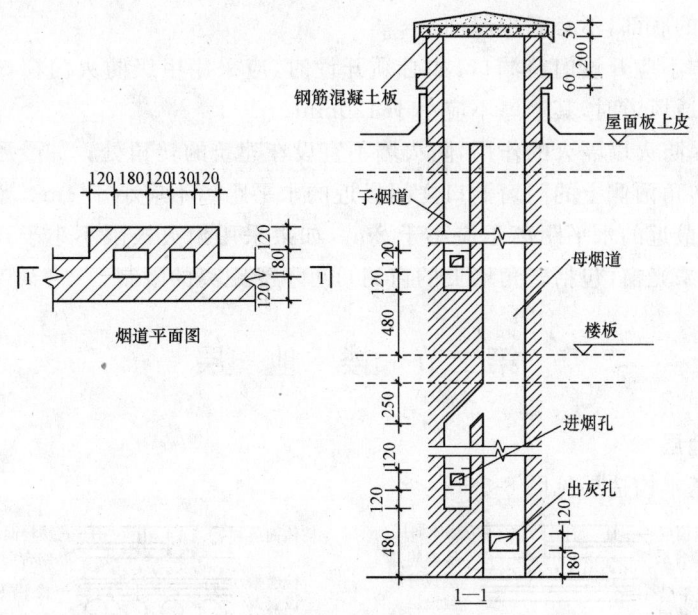

图8-31 砖砌烟道的构造（单位：mm）

3. 垃圾道

垃圾管道是为了便于使用者倾倒垃圾而设置的管道。在多层和高层建筑中，为了排除垃圾，有时需设垃圾道。垃圾道一般布置在楼梯间靠外墙附近，或在走道的尽端，有砖砌垃圾道和混凝土垃圾道两种。

垃圾道由孔道、垃圾进口及垃圾斗、通气孔和垃圾出口组成，如图8-32所示。一般每层都应设垃圾进口，垃圾进口要设置在建筑的公共区域或独立的垃圾间中，垃圾出口与底层外侧的垃圾箱或垃圾间相连。通气孔位于垃圾道上部，与室外连通。

随着人们环保意识的加强，这种每座楼均设垃圾道的做法已越来越少，转而集中设垃圾箱的做法，以使垃圾能集中管

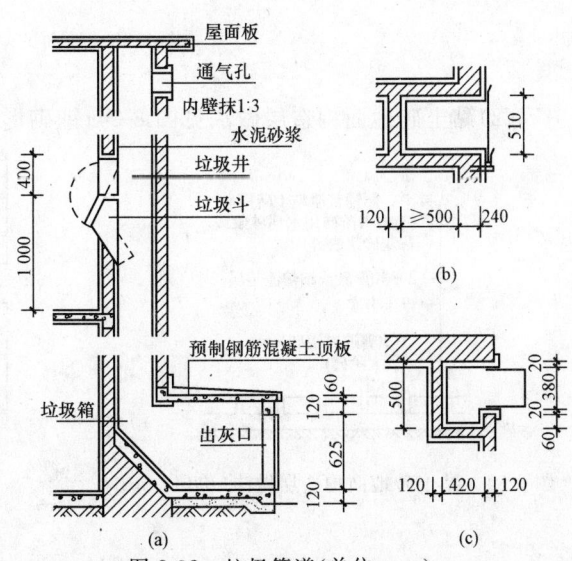

图8-32 垃圾管道（单位：mm）
(a)管道的组成及垃圾箱；(b)平开式垃圾出口门；
(c)上翻式垃圾出口门

理、分类管理。

(八)防火墙

防火墙是建筑物中在平面划分防火分区的墙体。它具有在火灾时隔阻火势蔓延的作用,因此在构造上要满足防火墙的工作条件。

(1)防火墙的耐火极限应不小于4.0小时。防火墙应当截断燃烧体或难燃烧体的屋顶结构,而且应高出非燃烧体屋面不小于400mm,高出燃烧体或难燃烧体屋面不小于500mm。当建筑物的屋盖材料为耐火极限不小于0.5小时的非燃烧体时,防火墙(包括纵向防火墙)可砌至屋面基层的底部,不必高出屋面。

(2)防火墙中不应开设门窗洞口,如必须开设时,应采用甲级防火门窗,并能自动关闭。在防火墙内设置通风道时,其壁厚不应小于120mm。

(3)为了确保防火墙隔火的作用,防火墙不宜设在建筑的转角处。如受条件限制必须设在转角处时,内转角两侧上的门窗洞口之间最近的水平距离不应小于4m。紧靠防火墙两侧的门窗洞口之间最近的水平距离不应小于2m。如果采用耐火极限不小于0.9小时的非燃烧体固定窗扇的采光窗(包括转角墙上的窗洞),可不受距离的限制。

第二节 楼 地 层

一、常见楼地层

(1)地面的基本构造层见图8-33。

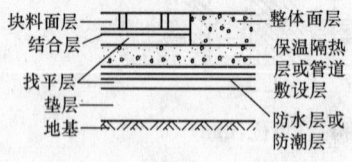
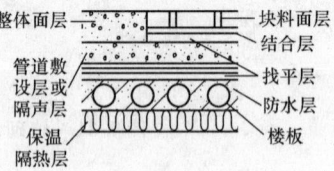

图8-33 地面的基本构造层

(2)黏土砖地面构造层做法见图8-34;铺砌形式见图8-35。

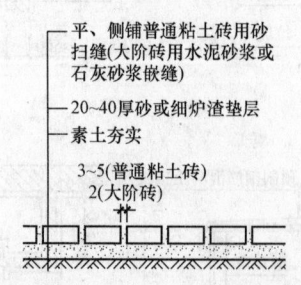
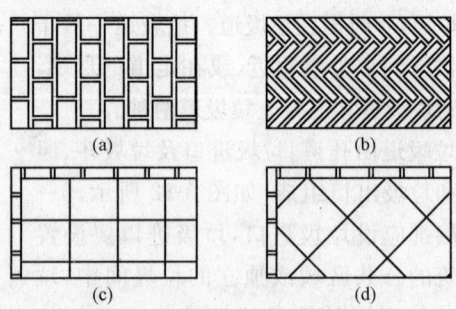

图8-34 黏土砖地面构造层做法(单位:mm)

图8-35 黏土砖常见铺砌形式
(a)平铺普通黏土砖;(b)侧铺普通黏土砖;
(c)正铺大阶砖;(d)斜铺大阶砖

(3)现制美术水磨石楼地面构造层做法见图8-36;面层分格见图8-37。

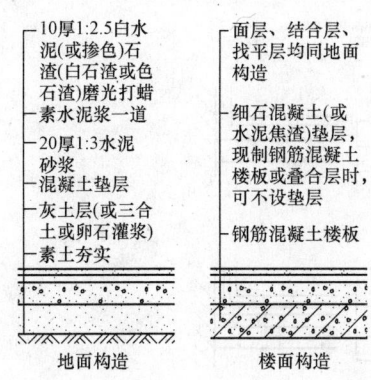
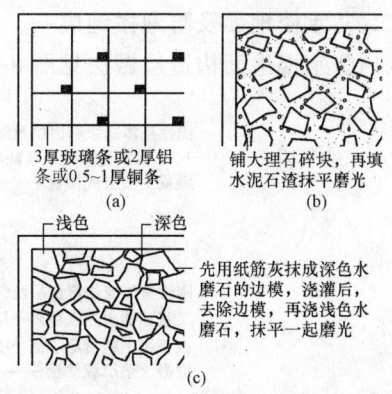

图 8-36　现制美术水磨石构造层做法(单位:mm)　　图 8-37　现制美术水磨石常见面层分格

(a)有分格条；(b)混合石渣；(c)无分格条

(4)陶瓷锦砖地面构造层做法及面层形式见图 8-38。

(5)陶瓷地砖、防潮砖、水泥花砖地面构造层做法及面层形式见图 8-39。

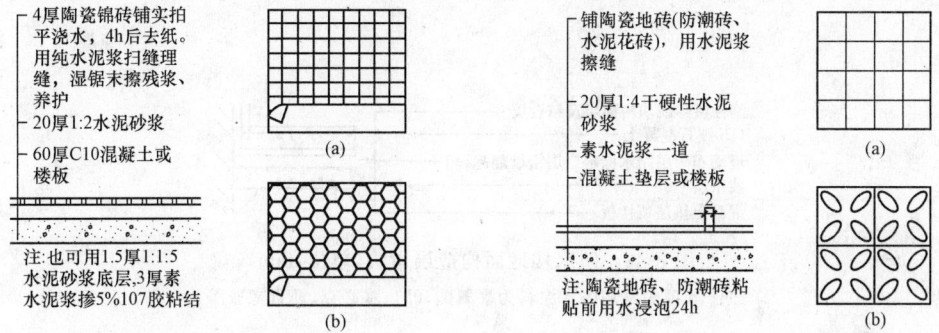

图 8-38　陶瓷锦砖地面构造层做法及
　　　面层形式(单位:mm)

(a)小方格形；(b)六角形

图 8-39　陶瓷地砖、防潮砖、水泥花砖地面
　　　构造层做法及常见面层形式

(a)陶瓷地砖；(b)水泥花砖

(6)大理石、磨光花岗岩石地面构造层做法及面层形式见图 8-40。

(7)条、块石(用于室外)构造层做法及面层形式见图 8-41。

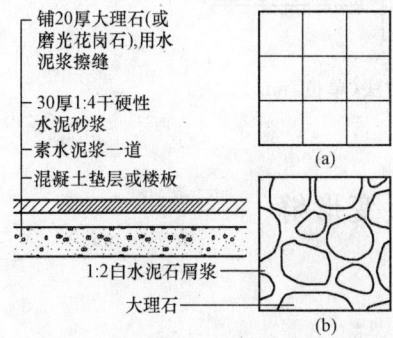
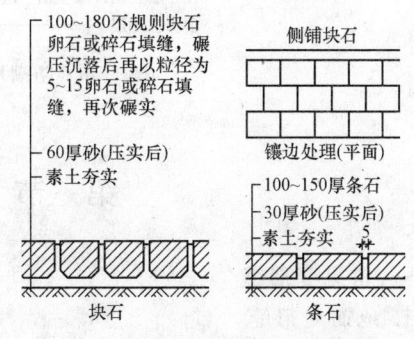

图 8-40　大理石、磨光花岗岩地面构造
　　　层做法及常见面层形式(单位:mm)

(a)方整大理石；(b)不规则大理石

图 8-41　条、块石地面构造层做法
　　　及面层形式(用于室外)(单位:mm)

二、防水楼地面及防潮楼地层

(1)防水楼地面构造层做法见图 8-42。

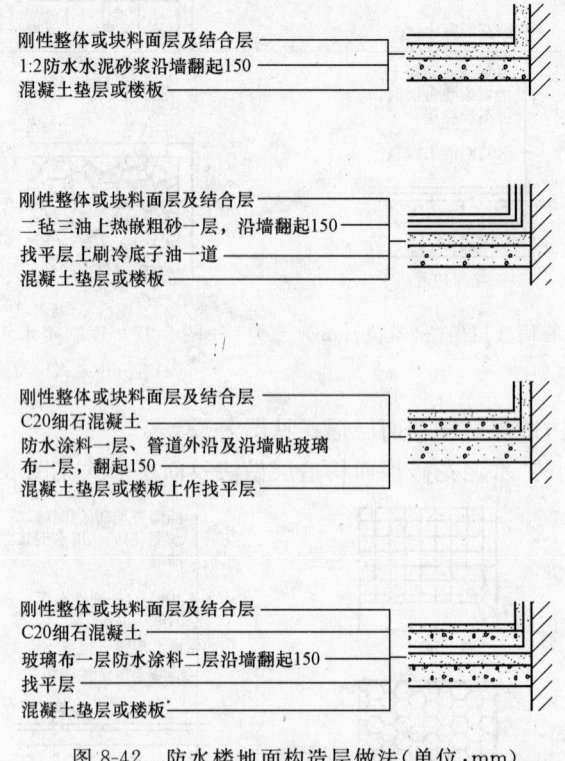

图 8-42　防水楼地面构造层做法(单位:mm)

注:c、d 项中常用防水涂料为聚氨酯、851、水必克、沥青橡胶等。

(2)防潮地面构造层做法见图 8-43。

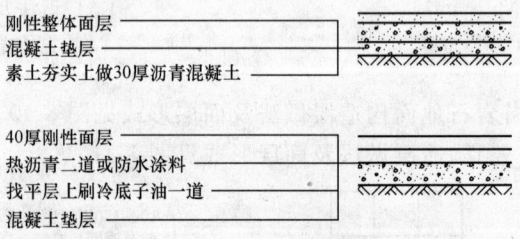

图 8-43　防潮地面构造层做法(单位:mm)

第三节　楼地层变形缝

一、常见变形缝

1. 地面变形缝

地面变形缝构造做法见图 8-44(沥青玛琋脂亦可改用新型高分子嵌缝建筑油膏)。

2. 楼面变形缝

楼面变形缝构造做法见图 8-45。

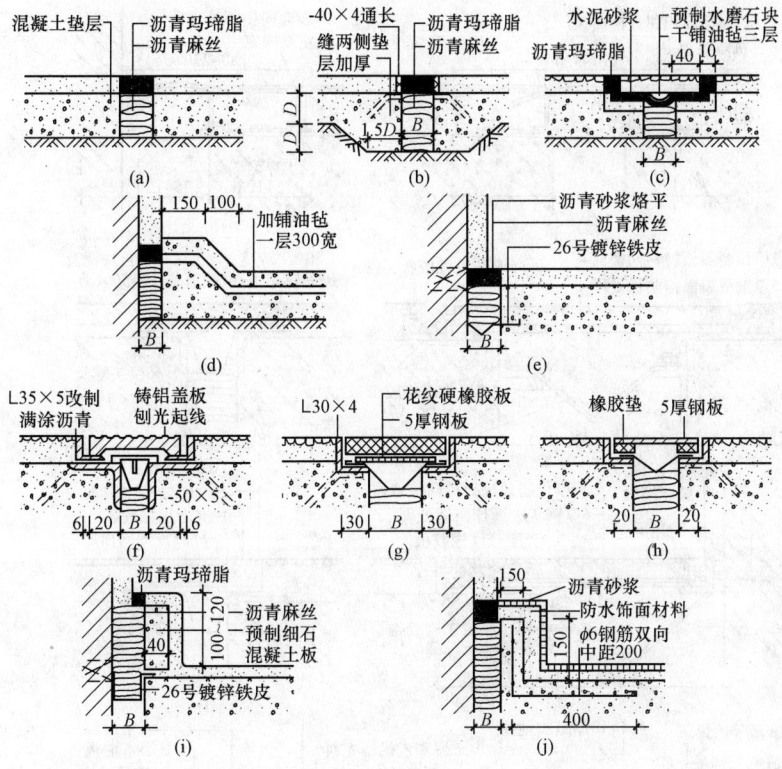

图 8-44 地面变形缝构造做法(单位:mm)

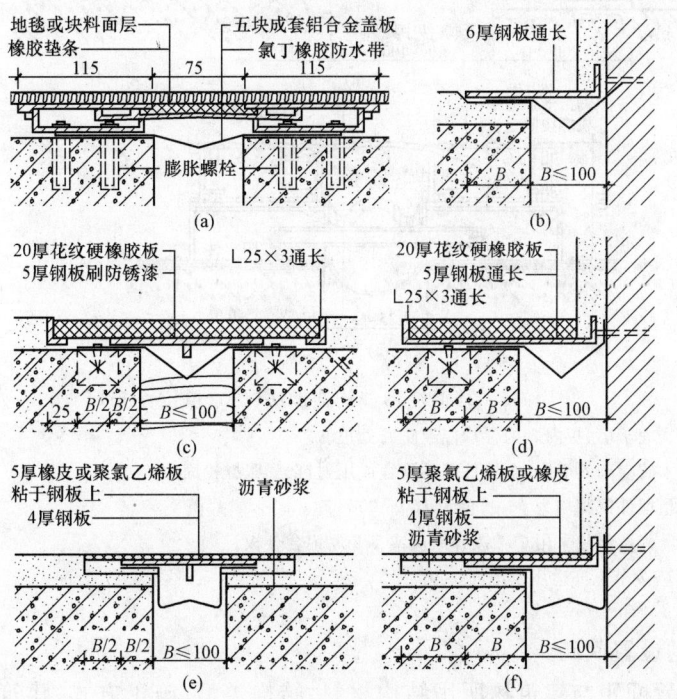

图 8-45 楼面变形缝构造做法(一)(单位:mm)

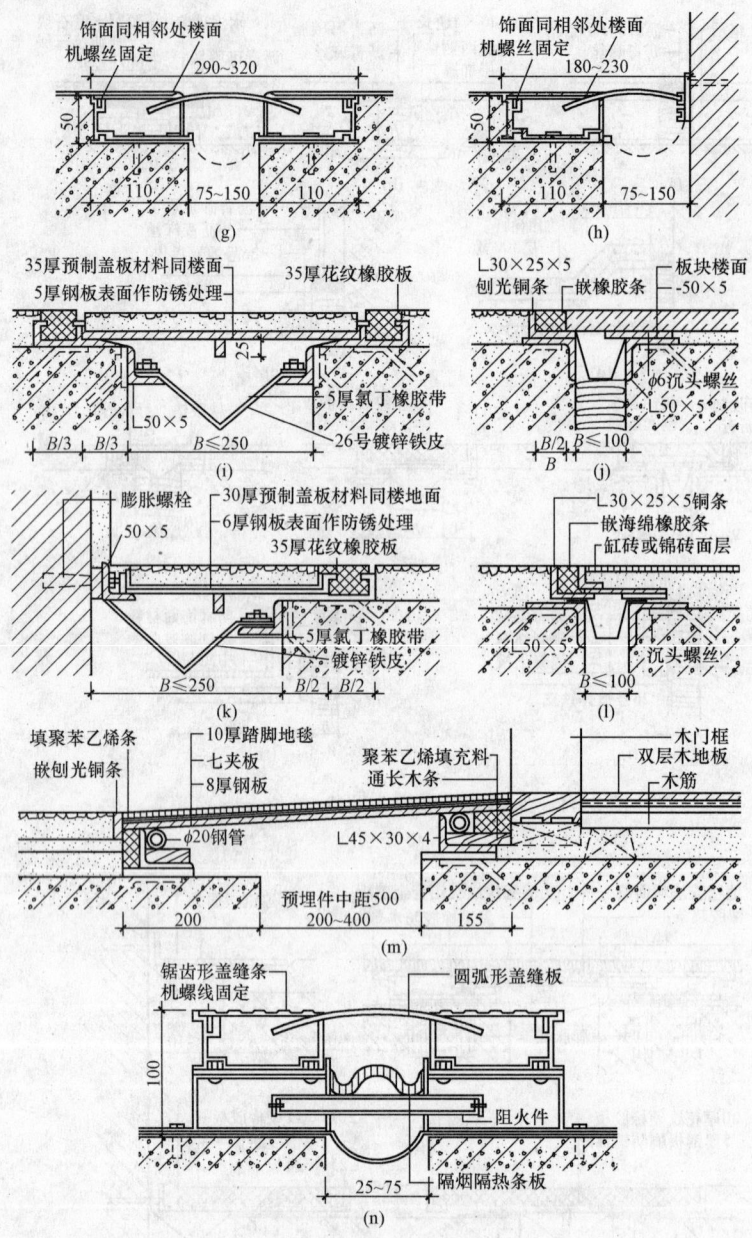

图 8-45 楼面变形缝构造做法（二）（单位：mm）

注：① 预埋于墙、板内之构件均应经防腐处理。
② 木砖应砌入墙内，金属件采取预埋或用射钉、膨胀螺栓固定。
③ 预埋件铁脚均为 $\phi6$，长度为 150~200。
④ 盖缝调整片采用 26# 镀锌铁皮或 1.2 厚铝合金板。
⑤ a~n 节点亦适用于地面。

二、伸缩缝的设置间距

伸缩缝的设置间距与建筑物所用结构材料、结构类型、施工方式、建筑所处环境等因素有关。砌体结构和钢筋混凝土结构建筑的伸缩缝最大设置间距见表 8-3、表 8-4。

表 8-3 砌体结构房屋伸缩缝的最大间距

砌体类别	屋顶或楼板层的类别		间距/m
各种砌体	整体式或装配整体式钢筋混凝土结构	有保温层或隔热层的屋顶、楼板层	50
		无保温层或隔热层的屋顶	40
	装配式无檩体系钢筋混凝土结构	有保温层或隔热层的屋顶	60
		无保温层或隔热层的屋顶	50
	装配式有檩体系钢筋混凝土结构	有保温层或隔热层的屋顶	75
		无保温层或隔热层的屋顶	60
普通黏土、空心砖砌体	黏土瓦或石棉水泥瓦屋顶		100
石砌体	木屋顶或楼板层		80
硅酸盐、硅酸盐砌块和混凝土砌块砌体	砖石屋顶或楼板层		75

注：①层高大于5m的混合结构单层房屋，其伸缩缝间距可按表中数值乘以1.3采用，但当墙体采用硅酸盐砖、砖酸盐砌块和混凝土砌块砌筑时，不得大于75m。
②温差较大且变化频繁地区和严寒地区不采暖的房屋及构筑物墙体的伸缩缝最大间距，应按表中数值予以适当减少后采用。

表 8-4 钢筋混凝土结构房屋伸缩缝的最大间距

项次	结构类型		室内或土中/m	露天/m
1	排架结构	装配式	100	70
2	框架结构	装配式	75	50
		现浇式	55	35
3	剪力墙结构	装配式	65	40
		现浇式	45	30
4	挡土墙及地下室墙壁等结构	装配式	40	30
		现浇式	30	20

注：①如有充分依据或可靠措施，表中数值可以增减。
②当屋面板上部无保温或隔热措施时，框架、剪力墙结构的伸缩缝间距，可按表中露天栏的数值选用，排架结构可按适当低于室内栏的数值选用。
③排架结构的柱顶面（从基础顶面算起）低于8m时，宜适当减少伸缩缝间距。
④外墙装配内墙现浇的剪力墙结构，其伸缩缝最大间距按现浇式一栏的数值选用。滑模施工的剪力墙结构，宜适当减小伸缩缝间距。现浇墙体在施工中应采取措施减少混凝土收缩应力。

三、伸缩缝的构造

伸缩缝要求将建筑物的墙体、楼层、屋顶等地面以上的构件在结构和构造上全部断开，由于基础埋置在地下，受温度变化影响较小，不必断开。

1. 墙体伸缩缝的构造

根据墙体的厚度和所用材料不同，伸缩缝可做成平缝、高低缝和企口缝等形式，如图8-46所示。伸缩缝的宽度一般为20~30mm。

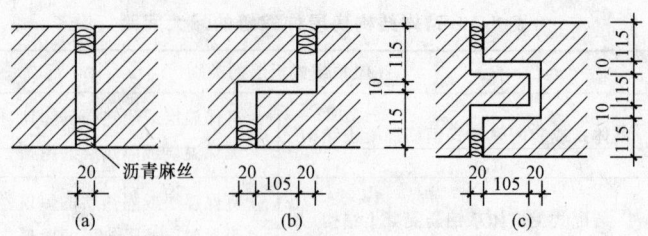

图 8-46 墙体伸缩缝的构造（单位：mm）
(a)平缝；(b)高低缝；(c)企口缝

为减少外界环境对室内环境的影响以及考虑建筑立面处理的要求，需对伸缩缝进行嵌缝和盖缝处理，缝内一般填沥青麻丝、油膏、泡沫塑料等材料，当缝口较宽时，还应用镀锌铁皮、彩色钢板、铝皮等金属调节片覆盖，一般外侧缝口用镀锌薄钢板或铝合金片盖缝，内侧缝口用木盖缝条盖缝。

2. 楼地板层伸缩缝的构造

楼地板层伸缩缝的位置和缝宽应与墙体、屋顶变形缝一致。伸缩缝的处理应满足地面平整、光洁、防滑、防水和防尘等要求，可用油膏、沥青麻丝、橡胶、金属等弹性材料进行封缝，然后在上面铺钉活动盖板或橡胶、塑料板等地面材料。顶棚盖缝条只固定一侧，以保证两侧构件能自由伸缩变形。

3. 屋顶伸缩缝的构造

屋顶伸缩缝的处理应考虑屋面的防水构造和使用功能要求。一般不上人屋面，如卷材防水屋面，可在伸缩缝两侧加砌矮墙，并做好泛水处理，但在盖缝处应保证自由伸缩而不漏水。上人屋面，如刚性防水屋面，可采用油膏嵌缝并做泛水。

四、沉降缝

沉降缝一般与伸缩缝合并设置，兼起伸缩缝的作用，但伸缩缝不可代替沉降缝。沉降缝的形式与伸缩缝基本相同，只是盖缝板在构造上应保证两侧单元在竖向能自由沉降。

1. 沉降缝设置要求

当建筑物有下列情况时，均应考虑设置沉降缝：

(1) 同一建筑物相邻两部分高差在两层以上或超过 10m 时；
(2) 建筑物建造在地基承载力相差较大的土壤上时；
(3) 建筑物的基础承受的荷载相差较大时；
(4) 原有建筑物和新建、扩建的建筑物之间；
(5) 相邻基础的宽度和埋深相差悬殊时；
(6) 建筑物体形比较复杂，连接部位又比较薄弱时。

2. 沉降缝设置宽度

沉降缝的宽度与地基的性质和建筑物的高度有关。一般地基土越软弱、建筑高度越大，沉降缝宽度越大；反之，宽度则越小。不同地基条件下的沉降宽度见表 8-5。

表 8-5 沉降缝的宽度

地基情况	建筑物高度	沉降缝宽度/mm
一般地基	H 小于 5m	30
	$H=5\sim10$m	50
	$H=10\sim15$m	70
软弱地基	2～3 层	50～80
	4～5 层	80～120
	5 层以上	大于 120
湿陷性黄土地基		不小于 30～70

3. 沉降缝的构造

(1)基础沉降缝。为了保证沉降缝两侧的建筑能够各自成独立的单元,应自基础开始在结构及构造上将其完全断开。常见的基础沉降缝有悬挑式基础和双墙式基础两种类型,在构造上需要进行特殊的处理。

1)悬挑式基础。悬挑式基础适用于沉降缝两侧基础埋深较大以及新建筑与原有建筑相邻等情况,如图 8-47(a)所示。为使沉降缝两侧结构单元能上下自由沉降又互不影响,可在缝的一侧做成挑梁基础。若在沉降缝的两侧设置双墙,可先在挑梁端部增设横梁,然后在横梁上砌墙。

2)双墙式基础。双墙式基础是在沉降缝两侧均设置承重墙,墙下有各自的基础,以保证每个结构单元都有封闭连续的基础和纵横墙。这种结构整体性好、刚度大,但基础偏心受力,并在沉降时相互影响,如图 8-47(b)所示。若采用双墙交叉式基础方案,基础偏心受力将会改善,如图 8-47(c)所示。

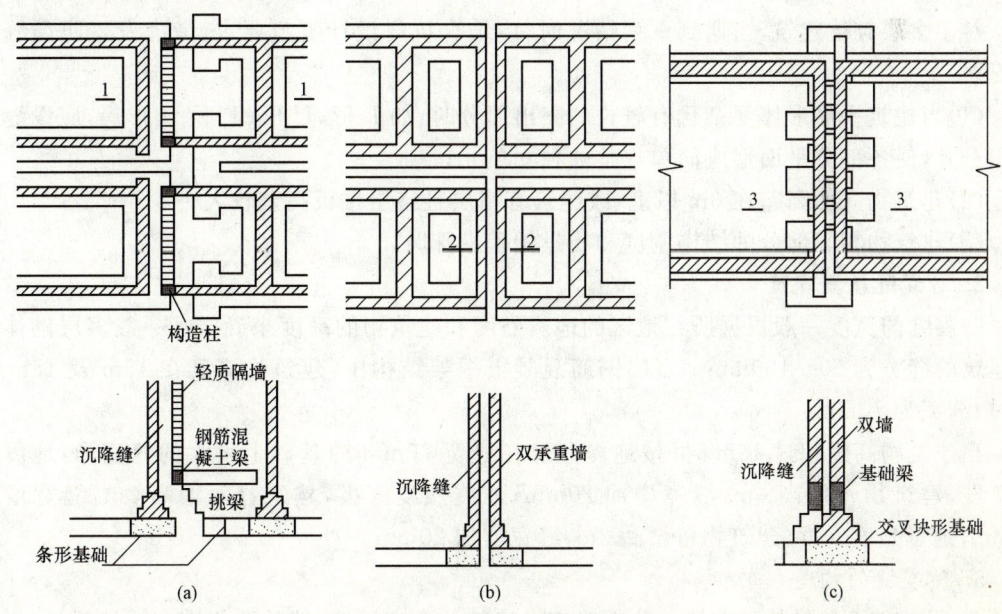

图 8-47 基础沉降缝处理示意图
(a)悬挑基础方案;(b)双墙方案沉降缝;(c)双墙基础交叉排列方案沉降缝

(2) 墙体沉降缝。墙体沉降缝构造与伸缩缝构造基本相同,只是调节片或盖缝板在构造上需要保证两侧结构在竖向相对变位不受约束,如图 8-48 所示。

(3) 屋顶沉降缝。屋顶沉降缝处泛水金属铁皮或其他构件应满足沉降变形的要求,并有维修余地,如图 8-49 所示。

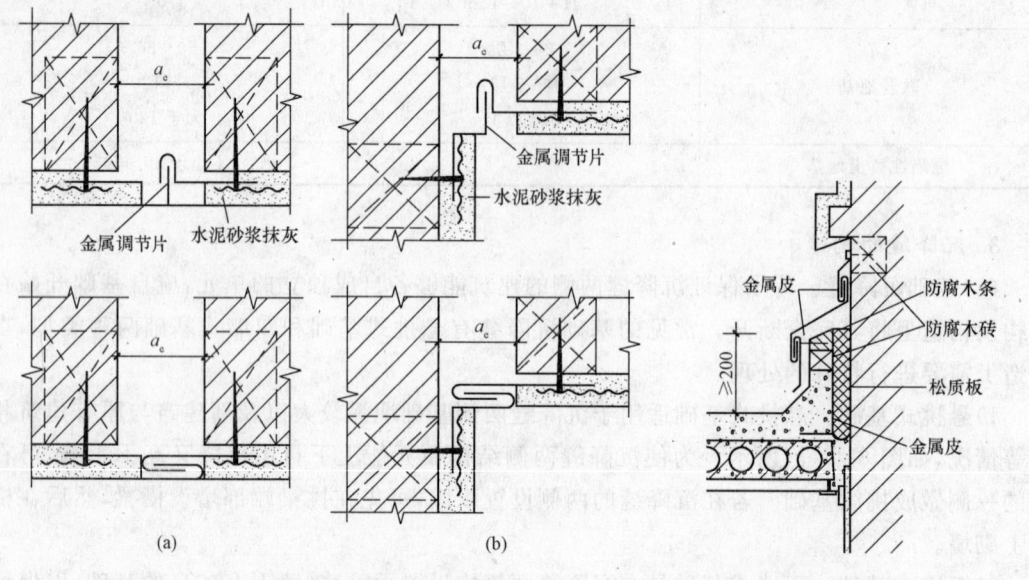

图 8-48　沉降缝的构造(a_e—缝宽)　　　　图 8-49　屋顶沉降缝构造(单位:mm)

四、防震缝

1. 防震缝设置要求

对于多层砌体建筑,当遇到下列情况时,应结合抗震设计规范要求,考虑设置防震缝的情况。

(1) 当建筑平面形体复杂且有较长的突出部分时,如 L 形、U 形、T 形、山形等,应设缝将它们分开,使各部分平面形成简单规整的独立单元;

(2) 建筑物立面高差在 6m 以上,或建筑有错层且错层楼板高差较大;

(3) 建筑物相邻部分的结构刚度和质量相差悬殊时。

2. 防震缝设置宽度

防震缝的宽度一般根据所在地区的地震烈度和建筑物的高度来确定。一般多层砌体结构建筑的缝宽为 50~100mm。多层钢筋混凝土框架结构中,建筑物高度在 15m 及 15m 以下时,缝宽为 70mm。

当建筑物高度超过 15m 时,按地震烈度在缝宽 70mm 的基础上增大的缝宽为:地震烈度 7 度,建筑物每增高 4m,缝宽增加 20mm;地震烈度 8 度,建筑物每增高 3m,缝宽增加 20mm;地震烈度 9 度,建筑物每增高 2m,缝宽增加 20mm。

3. 防震缝的构造

(1) 防震缝两侧结构的布置。防震缝应沿建筑的全高设置,缝的两侧应布置墙或柱,形成双墙、双柱或一墙一柱,使各部分封闭,增加刚度,如图 8-50 所示。由于建筑物的底部受地震影响较小,一般情况下基础不设防震缝。当防震缝与沉降缝合并设置时,基础也应设缝断开。

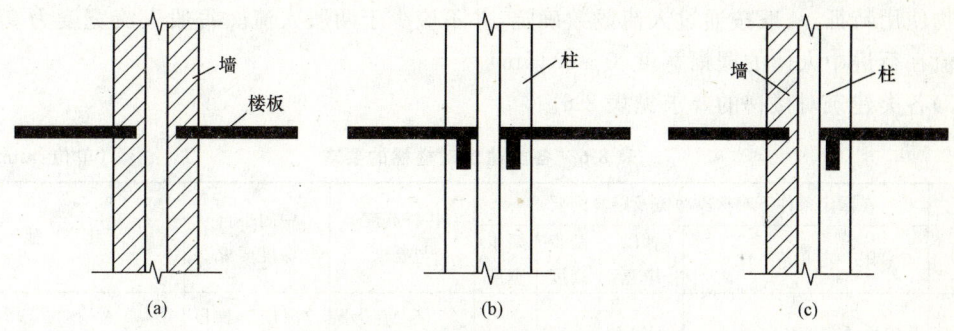

图 8-50 防震缝两侧结构布置
(a)双墙方案;(b)双柱方案;(c)一墙一柱方案

(2)墙体防震缝的构造。由于防震缝的宽度较大,因此在构造上应充分考虑盖缝条的牢固性和适应变形的能力,做好防水、防风措施,图 8-51 为墙身防震缝的构造示例。

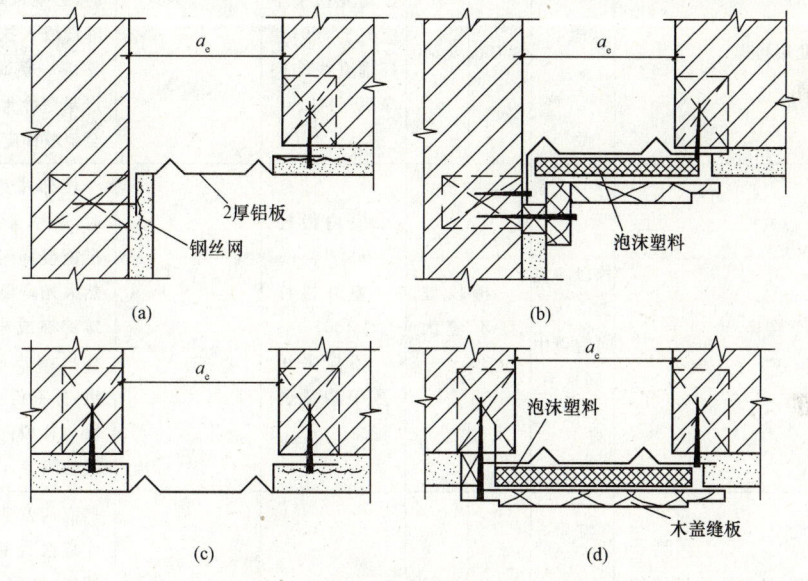

图 8-51 防震缝的构造(a_e—缝宽)
(a)外墙转角;(b)内墙转角;(c)外墙平缝;(d)内墙平缝

防震缝处应用双墙使缝两侧的结构封闭,其构造要求与伸缩缝相同,但不应做错口缝和企口缝,缝内不填任何材料。由于防震缝的宽度较大,构造上更应注意盖缝的牢固、防风沙、防水和保温等问题。

第四节 楼梯构造

一、楼梯设计一般要求

(1)楼梯设计应符合下列要求:
1)楼梯的数量、位置和楼梯间形式应满足使用方便和安全疏散的要求。
2)梯段净宽除应符合防火规范的规定外,供日常主要交通用的楼梯的梯段净宽应根据建筑物使用特征,一般按通过人流股数确定,并不应少于两股人流。每股人流宽度为0.55m加人流在行进中人体的摆幅宽度(0~0.15m)。

3)各类建筑对楼梯的要求见表8-6。

表8-6　各类建筑对楼梯的要求　　　　　　　　　　(单位:mm)

建筑类别	在限定条件下对梯段净宽及踏步的要求				栏杆高度与要求	中间平台深度要求	其他
	限定条件	梯段净宽	踏步高度	踏步宽度			
住宅	共用楼梯:七层以上 　　　　六层及六层以下 户内楼梯:一边临空时 　　　　两边为墙面时	≥1 100 ≥1 000 ≥750 ≥900	≤180 ≤200	≥250 ≥220	不宜小于900。栏杆垂直杆件间净空不应大于110。	深度≥梯段净宽,平台结构下缘至人行走道的垂直高度≥2 000。	楼梯井宽度大于200时,必须采取防止儿童攀滑的措施。
托儿所幼儿园	幼儿用楼梯		≤150	≥260	幼儿扶手不应高于600,栏杆垂直线饰间净距≤110。		楼梯井宽度大于200时,必须采取安全措施,除设成人扶手外并应在靠墙一侧设幼儿扶手。严寒寒冷地区设室外安全疏散梯应用防滑措施。
中小学	教学楼梯	梯段净宽≥3 000时宜设中间扶手	梯段坡度不应大于30°		室内栏杆≥900。室外栏杆≥1 100。不应采用易于攀登的花饰。		楼梯井宽度大于200时,必须采取安全保护措施楼梯间应有直接天然采光。楼梯不得采用螺旋或扇形踏步,每梯段踏步不得多于18级,并不得少于3级,梯段与梯段间不应设挡视线的隔墙。
商店	营业部分的公用楼梯 室外阶梯	≥1 400	≤160 ≤150	≥280 ≥300			商店营业部分楼梯应作疏散计算,大型百货商店、商场的营业层在五层以上时,宜设置直通屋顶平台的疏散楼梯间,且不少于两座。
疗养院	人流集中使用的楼梯	≥1 650					主体建筑的疏散楼梯不应少于两个,楼梯间应采取自然通风。
综合医院	门诊、急诊、病房楼	≥1 650	≤160	≥280		主楼梯和疏散楼梯的平台深度不宜小于2 000。	病人使用的疏散楼梯至少应用一座为天然采光和自然通风的楼梯。病房楼的疏散楼梯间,不论层数多少,均应为封闭式楼梯间,高层病房应为防烟楼梯间。

续表

建筑类别	在限定条件下对梯段净宽及踏步的要求				栏杆高度与要求	中间平台深度要求	其他
	限定条件	梯段净宽	踏步高度	踏步宽度			
公路汽车客运站	二楼设置候车厅时疏散楼梯通向地面候车厅 疏散楼梯直接通向室外	≥1 400 ≥3 000					
电影院	室内楼梯 室外疏散楼梯	≥1 400 ≥1 100					疏散楼梯的宽度应按观众的使用人数进行计算,有候场需要的门厅,厅内供入场使用的主楼梯不应作为疏散楼梯。
剧场	主要疏散楼梯	≥1 100	≤160	≥280	高度不应小于900应设置坚固,连续的扶手	深度≥梯段宽度并不小于1 100。	连续踏步不超过18步,超过18步时每增加一步,踏步放宽10,高度相应降低,但最多不超过22步,不得采用螺旋楼梯,采用弧形梯段时,离踏步窄端扶手250处踏步宽不应小于220宽,端扶手处踏步宽不应大于500
	舞台至天桥、棚顶、光桥、耳光室的金属梯或钢筋混凝土楼梯	≥600			坡度不应大于60°,不应采用垂直爬梯		

(2)楼梯踏步尺寸及坡度见表8-7。

表8-7 楼梯踏步尺寸及坡度

踏步尺寸/mm		坡度	踏步尺寸/mm		坡度
路面(宽)	起步(高)		路面(宽)	起步(高)	
400	100	14°10′			
380	110	16°20′	280	160	29°50′
360	120	18°30′	260	170	37°10′
340	130	21°00′	240	180	37°00′
320	140	23°10′	220	190	40°50′
300	150	26°34′	200	200	45°00′

(3)楼梯踏步最小宽度和最大高度见表8-8。
(4)踏步防滑见图8-52;踏步地毯棍见图8-53。
(5)楼梯的宽度见表8-8。

表8-8 楼梯的宽度　　　　　　　　　　(单位:mm)

单人通行	双人通行	三人通行	公建中楼梯的宽度	≥1 400
≥850	1 100~1 200	1 500~1 800	居住建筑中楼梯的宽度	≥1 100
悬挑楼梯悬挑长度1 200~1 800			专用服务楼梯的宽度	≥750

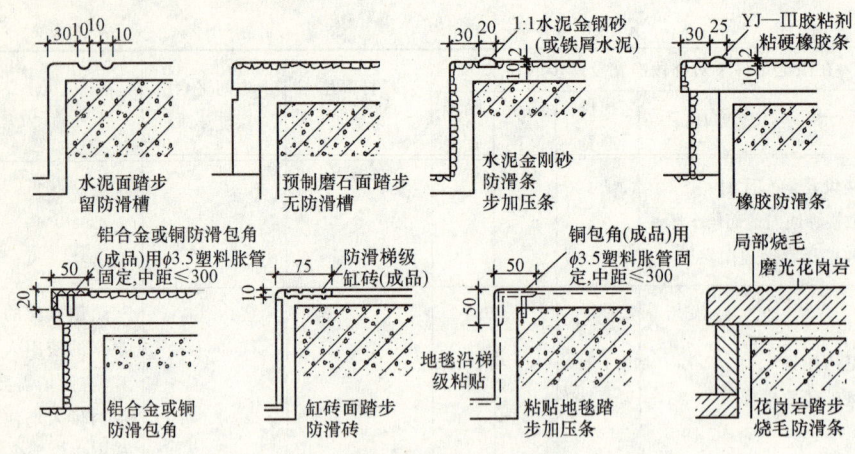

图 8-52　踏步防滑（单位：mm）

注：橡胶防滑条及防滑梯级砖安装时，应使用效果较强的胶粘剂，以防脱落。

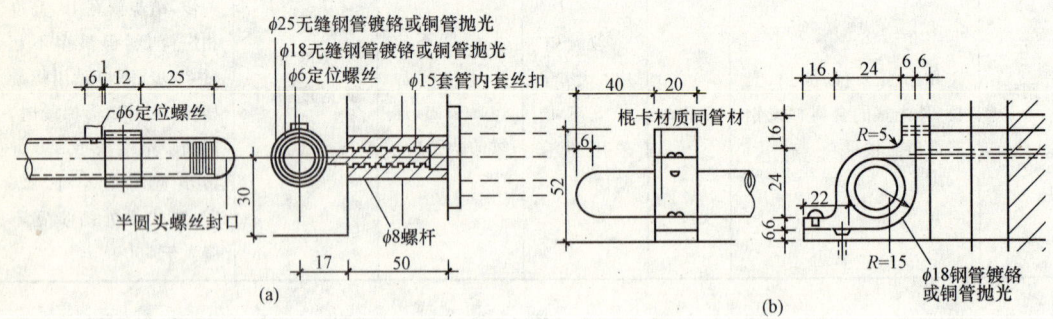

图 8-53　踏步地毯棍（单位：mm）

二、楼梯的扶手与栏杆

室内楼梯扶手高度自踏步前缘线量起不宜小于0.90m。靠楼梯井一侧水平扶手超过0.50m长时，其高度不应小于1m。

栏杆高度不应小于1.05m，高层建筑的栏杆高度应再提高，但不宜超过1.20m。

栏杆离楼面或屋面0.10m高度内不应留空。

(1)楼梯栏杆的常用尺寸见表8-9。

表 8-9　楼梯踏步最小宽度和最大高度　　　　　　　　　　（单位：m）

楼　梯　类　别	最小宽度	最大高度
住宅共用楼梯	0.25	0.18
幼儿园、小学校等楼梯	0.26	0.15
电影院、剧场、体育馆、商场、医院、疗养院等楼梯	0.28	0.16
其他建筑物楼梯	0.26	0.17
专用服务楼梯、住宅户内楼梯	0.22	0.20

注：无中柱螺旋楼梯和弧形楼梯离内侧扶手0.25m处的踏步宽度不应小于0.22m。

表 8-10　楼梯栏杆的常用尺寸

立　　杆			扶　　手		备　注
中　距	断　面/mm		断　面/mm		
≤110～130	圆钢	φ16～25	圆形	φ40～60	靠墙扶手与墙面间的净空≥40
	方钢	□15～25	木扶手	≥50×50	
	扁钢	(30～50)×(3～6)	其他扶手顶面宽度	≤95	
	钢管	φ20～50			

(2)栏杆与踏板的连接见图 8-54。

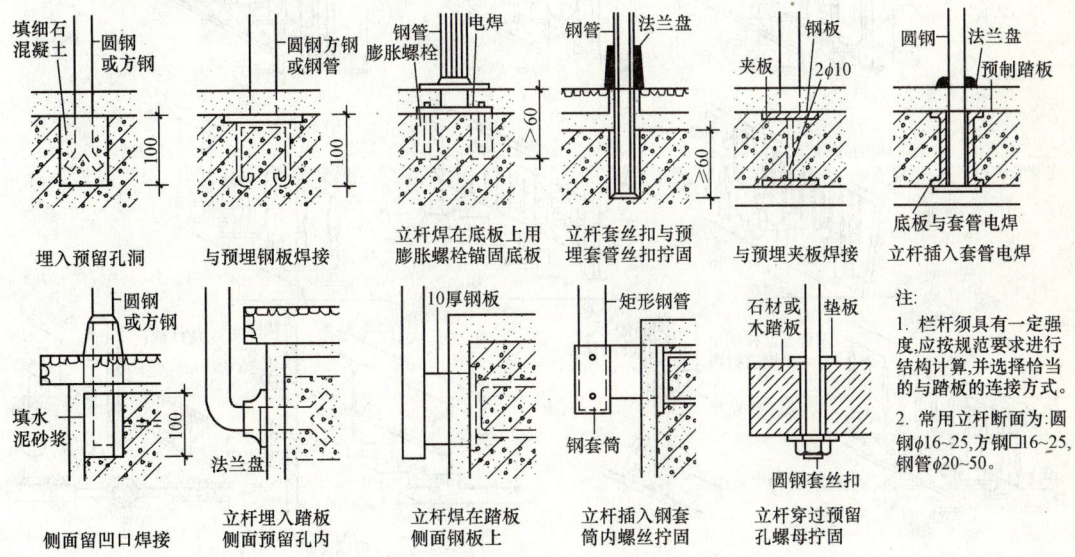

图 8-54　栏杆与踏板的连接(单位:mm)

(3)栏杆形式见图 8-55。

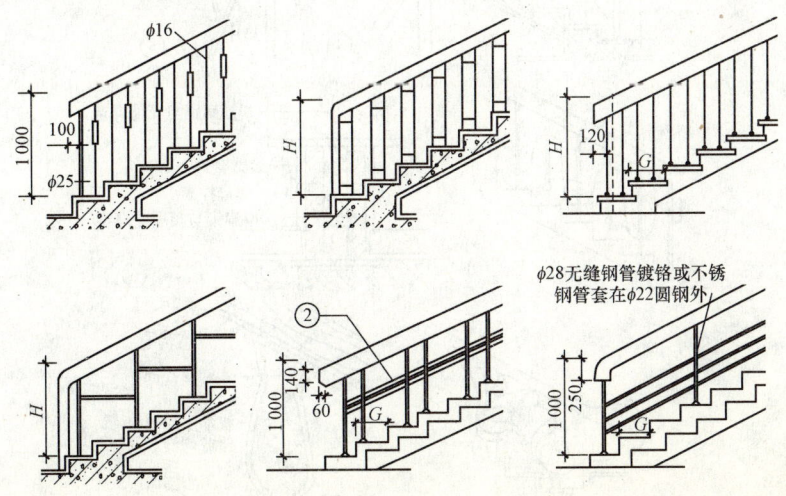

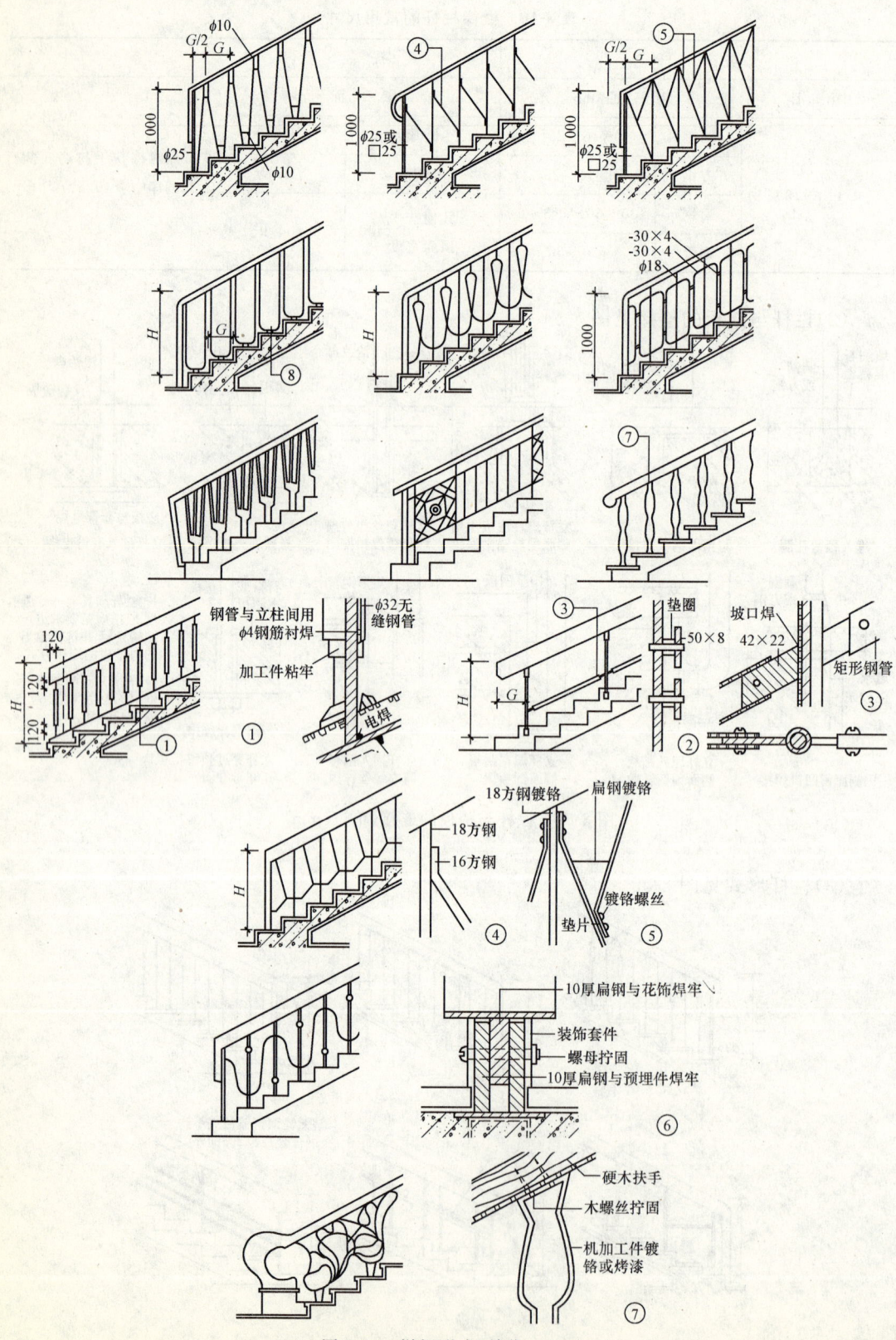

图 8-55 栏杆形式(单位:mm)

(4)钢筋混凝土栏板、木栏板及玻璃栏板见图8-56。

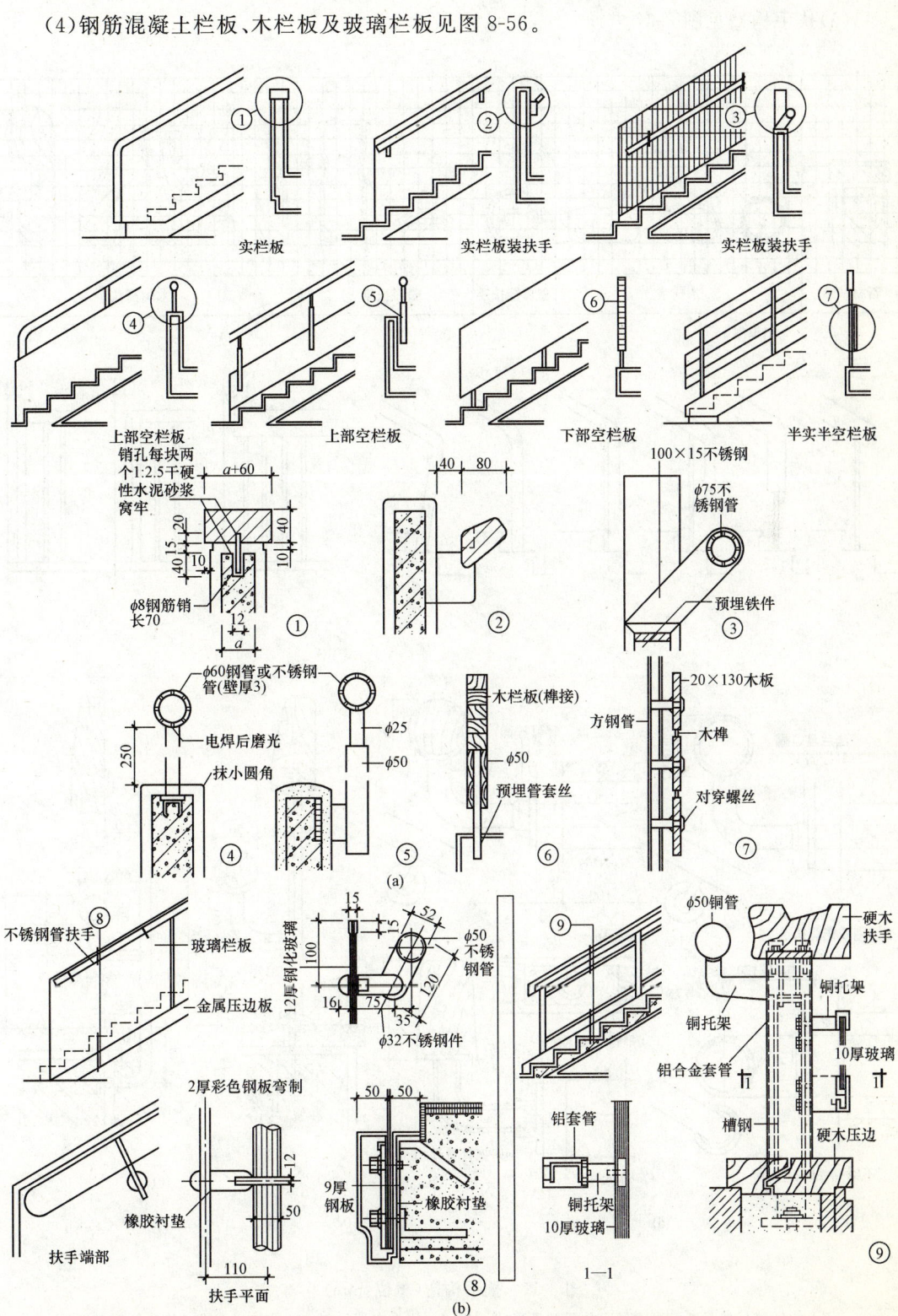

图8-56 钢筋混凝土栏板、木栏板及玻璃栏板(二)(单位:mm)
(b)玻璃栏板

(5)扶手构造见图 8-57。

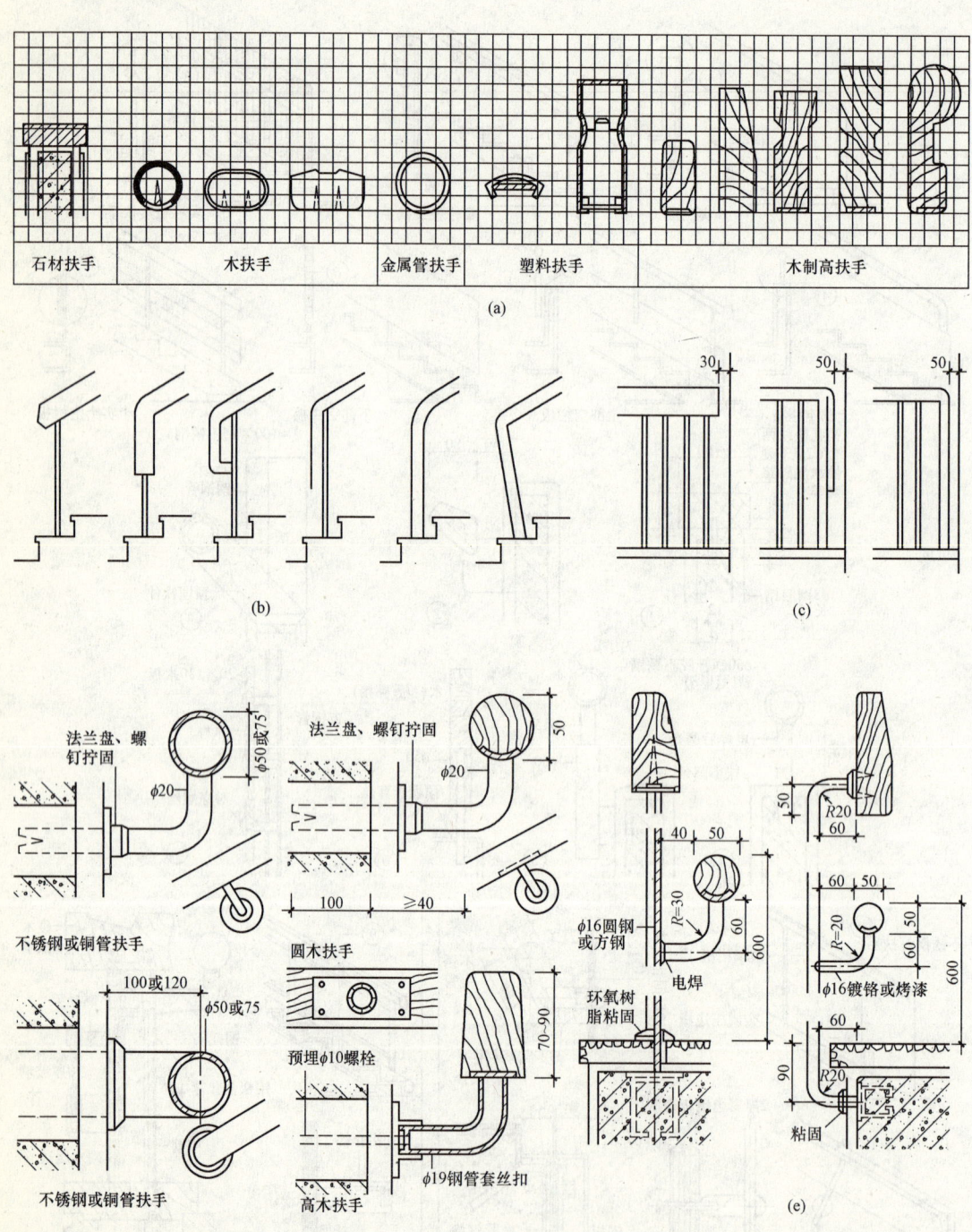

图 8-57　扶手构造(单位:mm)
(a)常用楼梯扶手断面形式;(b)扶手始端形式示例;(c)扶手末端处理;(d)靠墙扶手;(e)幼儿扶手栏杆

第五节 门 窗

一、窗的构造

（一）木窗

1. 木窗的断面形状与尺寸

木窗窗框的断面形式与尺寸主要由窗扇的层数、窗扇厚度、开启方式、窗洞口尺寸及当地风力大小来确定，一般多为经验尺寸，可根据具体情况进行确定。常见单层窗窗框的断面形式及尺寸见图 8-58。

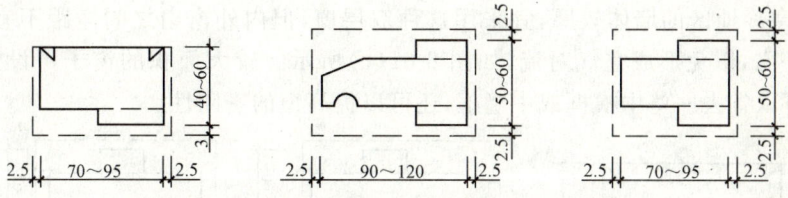

图 8-58　单层窗窗框断面形式与尺寸（单位：mm）

注：图中虚线为毛料尺寸，粗实线为刨光后的设计尺寸（净尺寸），
中横框若加披水或滴水槽，其宽度还需增加 20～30mm。

窗扇的厚度约为 35～42mm，上、下冒头和边梃的宽度为 50～60mm，下冒头若加披水板，应比上冒头加宽 10～25mm。窗芯宽度一般为 27～40mm。为镶嵌玻璃，在窗扇外侧要做裁口，其深度为 8～12mm，但不应超过窗扇厚度的 1/3。其构造如图 8-59 所示。窗料的内侧常做装饰性线脚，既少挡光又美观。两窗扇之间的接缝处，常做高低缝的盖口，也可以一面或两面加钉盖缝条，以提高防风雨能力和减少冷风渗透。

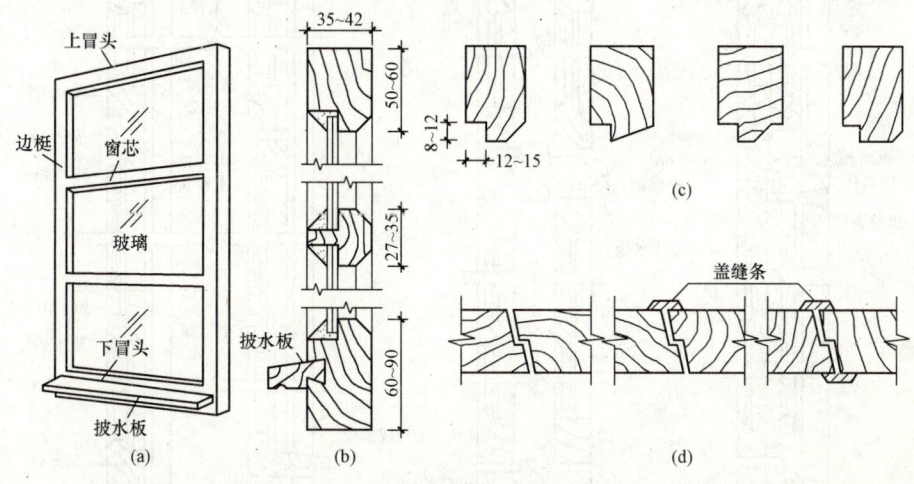

图 8-59　窗扇的构造（单位：mm）
(a)窗扇立面；(b)窗扇剖面；(c)线脚示例；(d)盖缝处理

2. 双层窗

为了满足密闭、保温以及隔声等特殊要求，常需设置双层窗。双层窗窗框的断面形式与

尺寸见图 8-60。窗扇的构造方法较多,见图 8-61,按窗扇构造方法的不同,可分为如下几种类型:

(1) 子母扇窗。由一个窗框和两个大小稍有差异的子母窗扇组成,如图 8-61(a)所示。子扇略小于母扇,但玻璃尺寸相同,窗扇以铰链与窗框相连,子扇与母扇相连,子母扇一般都采用内开。这种窗较其他双层窗节省材料,透光率高,密闭性能较好。

(2) 内外开窗。在一个窗框上设内外双裁口,安装两个窗扇,一扇外开,一扇内开,如图 8-61(b)所示。这种窗内外扇的形式、尺寸完全相同,构造简单,内扇可以取下,窗料也可以适当小一些。

(3) 分框双层窗。这种窗的窗扇可以内开也可以外开,但为了方便擦玻璃,内外窗扇常采用内开。寒冷地区的墙体较厚,宜采用这种双层窗,但内外窗扇之间净距不宜过大,一般为 100mm 左右,以免形成空气对流,如图 8-61(c)所示。较大面积的窗子可设置一些固定扇,这样既可以省去一些中横框或中竖框,还可以提高窗的密闭性。

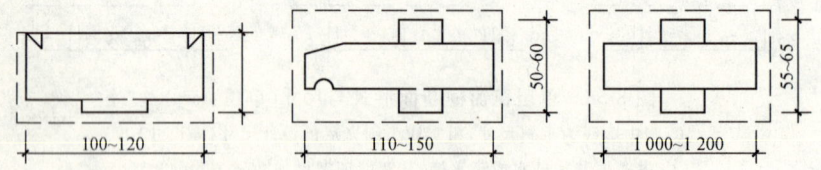

图 8-60　双层窗窗框断面形式与尺寸(单位:mm)

注:图中虚线为毛料尺寸,粗实线为刨光后的设计尺寸(净尺寸),
　　中横框若加披水或滴水槽,其宽度还需增加 20～30mm。

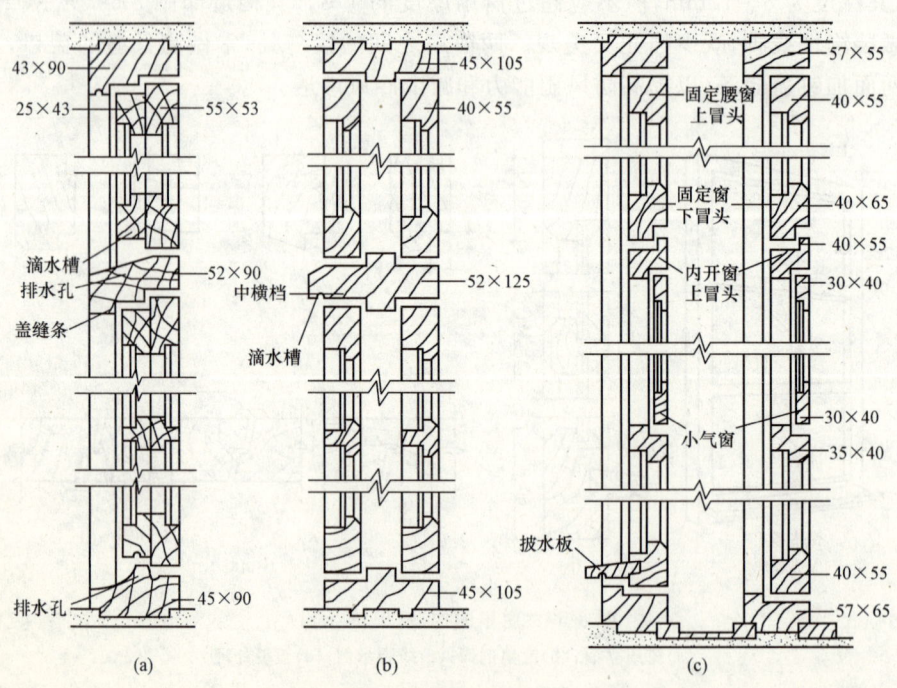

图 8-61　双层窗构造(单位:mm)

(a)内开子母窗扇;(b)单框内外开双层窗;(c)分框内开双层窗

3. 玻璃的选择与安装

普通窗一般均采用 3mm 厚无色透明的平板玻璃,若单块玻璃的面积较大时,可选用 6mm 加厚玻璃,同时应加大窗扇用料的尺寸与刚度。为了满足保温隔声、遮挡视线以及防晒等特殊要求,可选用双层中空玻璃、磨砂玻璃、压花玻璃或钢化玻璃等。双层玻璃窗即在一个窗扇上安装两层玻璃。增加玻璃的层数主要是利用玻璃间的空气间层来提高保温和隔声能力。其间层宜控制在 10~15mm 之间,一般不宜封闭,在窗扇的上、下冒头须做透气孔。双层玻璃如改用中空玻璃,可简化窗的构造,节省材料。玻璃的安装,一般先用小铁钉固定在窗扇上,然后用油灰(桐油石灰)或玻璃密封膏镶嵌成斜角形,或者用小条镶钉。

4. 窗框与窗扇的连接

窗扇与窗框之间既要开启方便,又要关闭紧密。通常,在窗框上做裁口(也叫铲口),深度约 10~12mm,也可以钉小木条形成裁口,以节约木料,如图 8-62(a)、(b)所示。在窗框接触面处窗扇一侧做斜面,可以保证扇、框外表面接口处缝隙最小,如图 8-62(c)所示。为了提高防风挡雨能力,可以在裁口处设回风槽,以减小风压和渗透量或在裁口处装密封条,如图 8-62(d)、(e)所示。

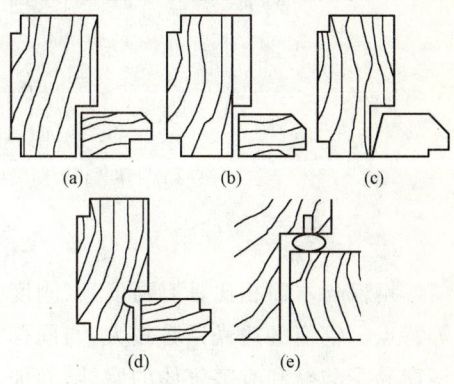

图 8-62 窗框与窗扇间的缝隙处理

5. 窗框的安装

根据房间的使用要求、墙体的材料与厚度,窗框在墙洞中的位置有窗框内平、窗框居中和窗框外平三种情况,如图 8-63 所示。窗框内平时,对室内开启的窗扇,可贴在内墙面,少占室内空间。当墙体较厚时,窗框居中布置,外侧可设窗台,内侧可做窗台板。窗框外平多用于板材墙或厚度较薄的外墙。

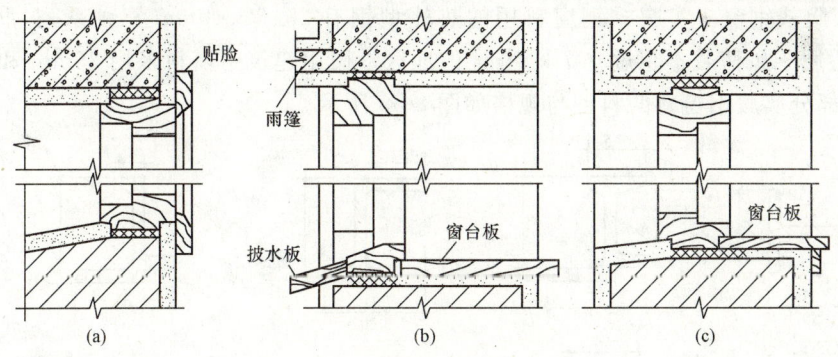

图 8-63 窗框在墙洞中的位置
(a)窗框内平;(b)窗框外平;(c)窗框居中

窗框的安装方式有立口和塞口两种。立口又称立樘子,施工时先将窗框立好,后砌窗间墙,以保证窗框与墙体结合紧密、牢固。塞口是砌墙时先留出窗洞口,然后再安装窗框。在洞口两侧每隔 500~700mm 预埋一块防腐木砖,安装窗框时,用长钉或螺钉将窗框钉在木砖上,每边的固定点不少于两个,为便于安装,预留洞口应比窗框外缘尺寸稍大 20~30mm。塞口安装施工方便,但框与墙间的缝隙较大。

窗框与墙间的缝隙应填塞密实,以满足防风、挡雨、保温、隔声等要求。一般情况下,洞口边缘可采用平口,用砂浆或油膏嵌缝。为保证嵌缝牢固,常在窗框靠墙一侧内外两角做灰口。寒冷地区在洞口两侧外缘做高低口为宜,缝内填弹性密封材料,以增强密闭效果;标准较高的常做贴脸或筒子板。木窗框靠墙一面,易受潮变形,通常当窗框的宽度大于120mm时,在窗框外侧开槽(俗称背槽),并做防腐处理,如图8-64所示。

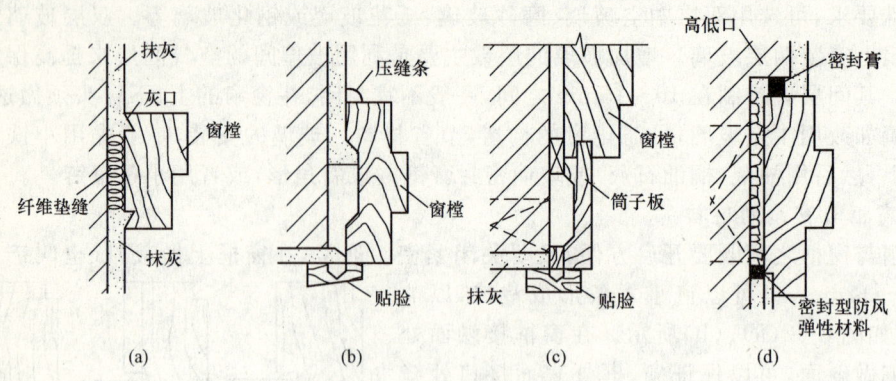

图 8-64 窗框的墙缝处理
(a)平口抹灰;(b)贴脸;(c)筒子板和贴脸;(d)高低缝填密封材料

(二)钢窗

钢窗与木窗相比具有强度高、刚度大、耐久、耐火性能好,外形美观以及便于工厂化生产等特点。钢窗的透光系数较大,与同样大小洞口的木窗相比,其透光面积增加15%左右,但钢窗易受酸碱和有害气体的腐蚀,其加工精度和观感稍差,目前较少在民用建筑中使用。

1. 钢窗的类型

根据钢窗使用材料型式的不同,钢窗可以分为实腹式和空腹式两种类型。

(1)实腹式钢窗。实腹式钢窗料用的热轧型钢有25、32、40mm三种系列,肋厚2.5～4.5mm,适用于风荷载不超过 $0.7\ kN/m^2$ 的地区。民用建筑中窗料多用25mm和32mm两种系列。部分实腹钢窗料的料型与规格如图8-65所示。

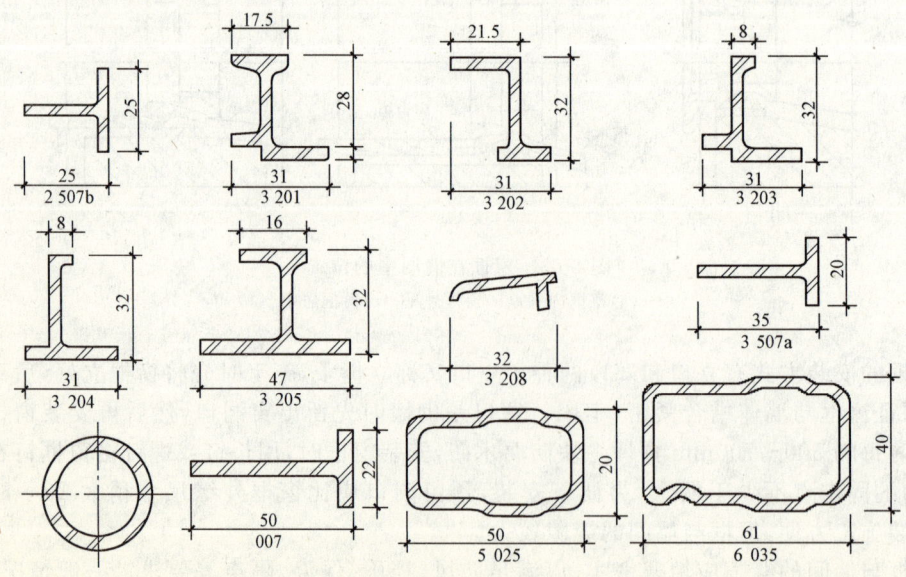

图 8-65 实腹钢窗料型与规格(单位:mm)

(2)空腹式钢窗。空腹式钢窗料是采用低碳钢经冷轧、焊接而成的异形管状薄壁钢材,其壁厚约为 1.2~2.5mm。目前,在我国主要分为京式和沪式两种类型,如图 8-66 所示。

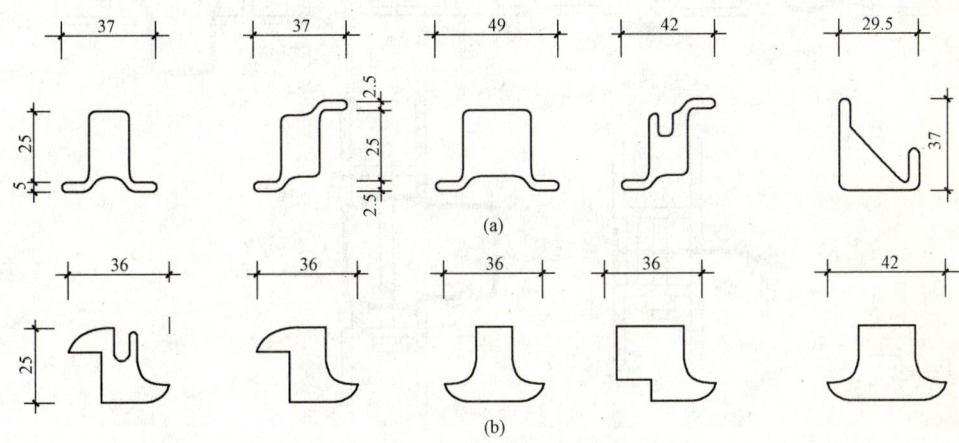

图 8-66 空腹钢窗料型与规格(单位:mm)
(a)沪式;(b)京式

空腹式钢窗料壁薄,重量轻,节约钢材,但不耐锈蚀,应注意保护和维修。一般在成型后,内外表面均需做防锈处理,以提高防锈蚀的能力。

2. 钢窗的组合与连接

钢窗洞口尺寸不大时,可采用基本钢窗,直接安装在洞口上。较大的窗洞口则需用标准的基本单元和拼料拼接而成,拼料支承着整个窗,以保证钢门窗的刚度和稳定性。

基本单元的组合方式有三种,即竖向组合、横向组合和横竖向组合。如图 8-67 所示。基本钢窗与拼料间用螺栓牢固连接,并用油灰嵌缝,如图 8-68 所示。

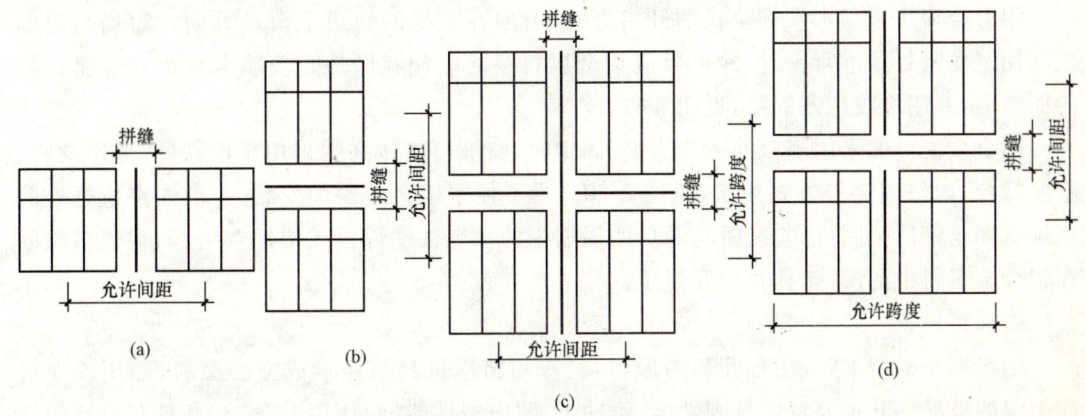

图 8-67 钢窗组合方式

3. 钢窗的安装

钢窗玻璃的安装方法与木窗不同,一般先用油灰打底,然后用弹簧夹子或钢皮夹子将玻璃嵌固在钢窗上,然后再用油灰封闭。

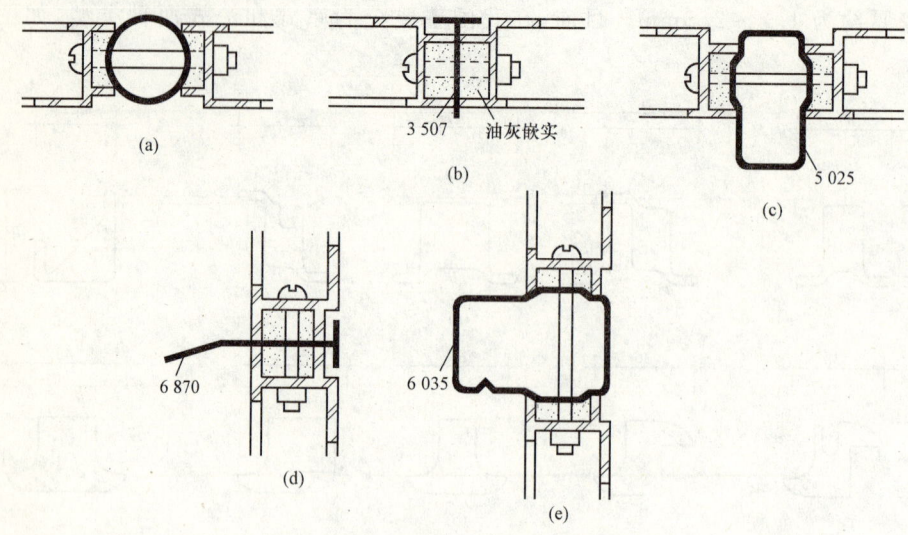

图 8-68 基本钢窗与拼料的连接

钢窗一般采用塞口法安装,窗框与洞口四周通过预埋铁件用螺钉牢固连接。固定点的间距为 500~700mm。在砖墙上安装时多预留孔洞,将"燕尾"形铁脚插入洞口,并用砂浆嵌牢。在钢筋混凝土梁或墙柱上则先预埋铁件,将钢窗的 Z 形铁脚焊接在预埋铁板上。

(三)铝合金窗

铝合金窗是以铝合金型材来做窗框和扇框,具有重量轻、强度高、耐腐蚀、密封性较好,便于工业化生产的优点,但普通铝合金窗的隔声和热工性能差,如果采用断桥铝合金窗技术后,热工性能就会得到改善。

铝合金窗多采用水平推拉式的开启方式,窗扇在窗框的轨道上滑动开启。窗扇与窗框之间用尼龙密封条进行密封,并可以避免金属材料之间相互摩擦。玻璃卡在铝合金窗框料的凹槽内,并用橡胶压条固定,见图 8-69。

铝合金窗一般采用塞口的方法安装,固定时,窗框与墙体之间采用预埋铁件、燕尾铁脚、膨胀螺栓、射钉固定等方式连接,见图 8-70。为了便于铝合金窗的安装,一般先在窗框外侧用螺钉固定钢质锚固件,安装时与洞口四周墙中的预埋铁件焊接或锚固在一起,玻璃应嵌固在铝合金窗料中的凹槽内,并加密封条。

(四)塑料窗

塑料窗是采用 PVC 工程塑料为原料,经专用挤压机具挤压形成空心型材,并用该型材作为窗的框料。其主要特性是刚性强、耐冲击,耐腐蚀性能好,使用寿命长,且具有很好的气密性、水密性和电绝缘性。

塑料窗按其型材尺寸分 50、60、80、90 和 100 系列。各系列的号码为型材断面的标志宽度。窗扇面积越大,所需型材的断面尺寸也越大;塑料窗按开启方式分平开窗、推拉窗、旋转窗及固定窗;塑料窗按窗扇结构方式分单玻、双玻、三玻、百叶窗和气窗。

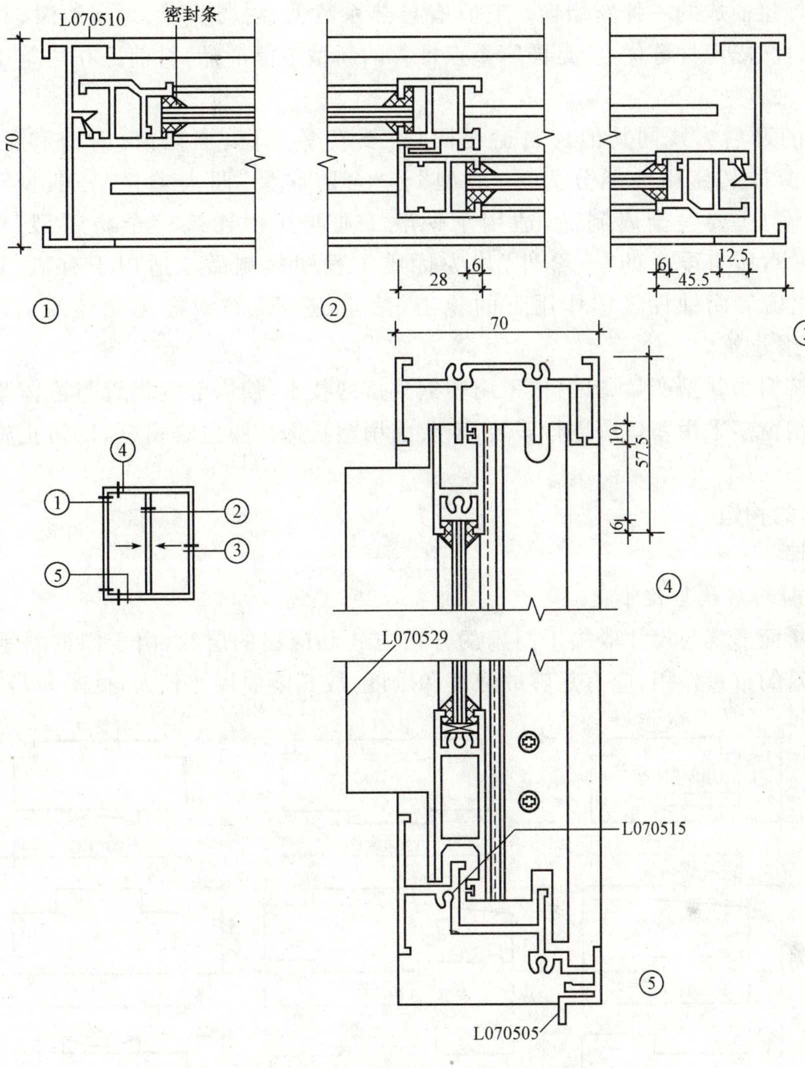

图 8-69 70系列铝合金推拉窗节点举例(单位:mm)

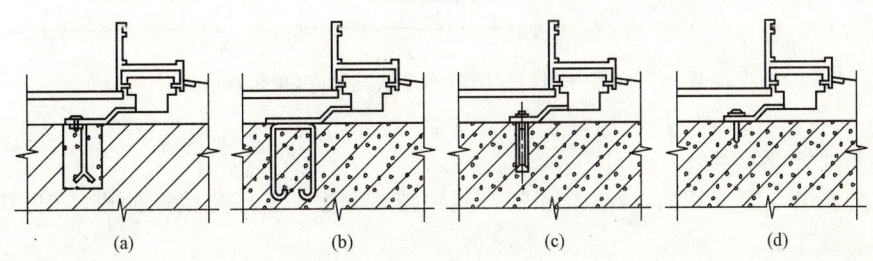

图 8-70 铝合金窗框与墙体的固定方式
(a)燕尾铁脚;(b)预埋铁件;(c)金属膨胀螺栓;(d)射钉

(五)塑钢窗

塑钢窗是以PVC为主要原料制成空腹多腔异型材,中间设置薄壁加强型钢(简称加强筋），经加热焊接而成的一种新型窗。它具有导热系数低、耐弱酸碱、无需油漆、并有良好的气密性、水密性、隔声性等优点，是国家重点推荐的新型节能产品，目前已在建筑中被广泛推广采用。

塑钢窗的开启方式同其他材料窗相同，主要有平开窗、推拉窗、射窗和翻转平窗等类型。塑钢窗按其使用性能分为"一般型"和"全防腐型"两大类。"一般型"塑钢窗所选用的五金件，主要是金属制品，适用于一般工业与民用建筑；"全防腐型"塑钢窗，除紧固件特制外，所有配套的"五金件"均为优质工程塑料制品。适用于有氯、氯化氢、硫化氢、二氧化硫等腐蚀性气体作用下的化工、冶金、造纸、纺织等工业建筑，以及沿海盐雾地区的民用建筑。

塑钢共挤窗为新型产品，其窗体采用塑钢共挤的技术，使内部的钢管与窗体紧密地结合在一起。塑钢窗多采用塞口法进行安装，安装前用塑料保护膜包裹窗框，以防止施工中损害成品。

二、木门的构造

（一）门框

1. 门框断面形状与尺寸

门框的断面形状与尺寸取决于门扇的开启方式和门扇的层数，由于门框要承受各种撞击荷载和门扇的重量作用，应有足够的强度和刚度，故其断面尺寸较大，见图 8-71。

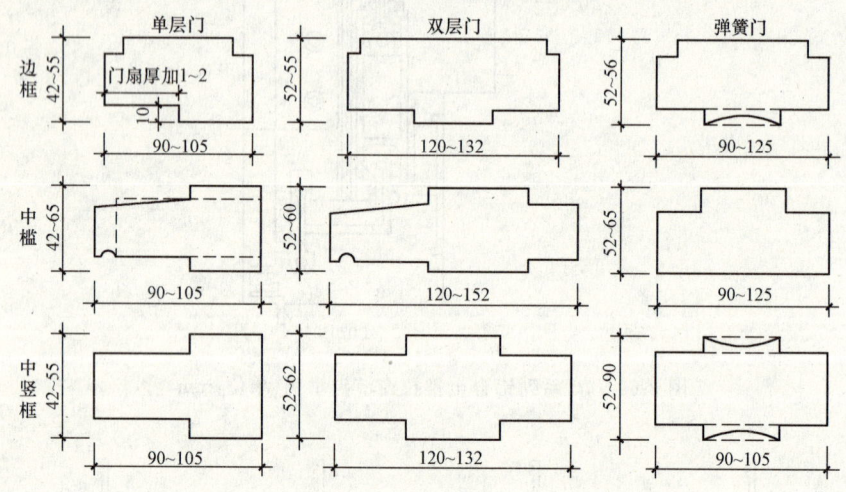

图 8-71 平开门门框的断面形状及尺寸（单位：mm）

2. 门框的安装

门框的安装与窗框相同，分立口和塞口两种施工方法。工厂化生产的成品门，其安装多采用塞口法施工。

门框在墙洞中的位置同窗框一样，有门框内平、门框居中、门框外平和门框内外平几种情况。一般情况下多做在开门方向一边，与抹灰面平齐，尽可能使门扇开启后能贴近墙面。对较大尺寸的门，为能牢固地安装，多居中设置，如图 8-72 所示。

由于门框周围的抹灰极易脱落，影响卫生与美观，因此，门框与墙体的接缝处应用木压条盖缝，装修标准较高时，还可加设筒子板和贴脸（简称门套）。

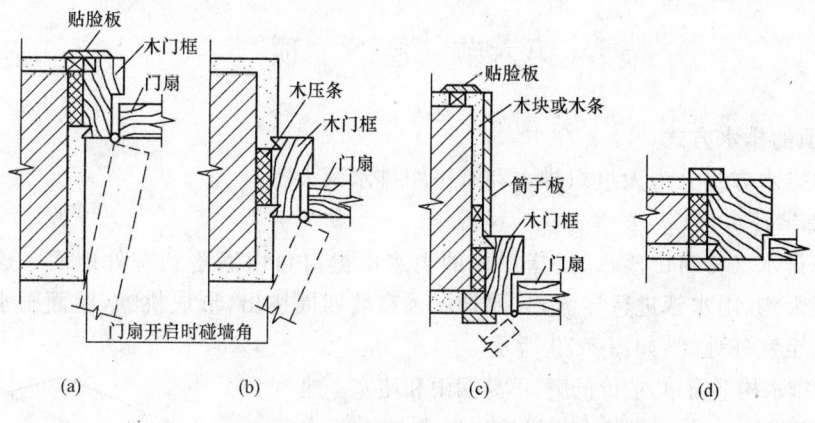

图 8-72 门框在墙洞中的位置
(a)外平；(b)立中；(c)内平；(d)内外平

(二)门扇

根据门扇的不同构造形式,在民用建筑中常见的门有镶板门、拼板门、夹板门等。

1. 镶板门

镶板门门扇由骨架和门芯板组成。骨架一般由上冒头、下冒头及边梃组成,有时中间还有中冒头或竖向中梃。门芯板可采用木板、胶合板、硬质纤维板及塑料板等,有时门芯板可部分或全部采用玻璃,则称为半玻璃(镶板)门或全玻璃(镶板)门。

木制门芯板一般用 10～15mm 厚的木板拼装成整块,镶入边梃和冒头中,板缝应结合紧密。实际工程中常用的接缝形式为高低缝和企口缝。门芯板在边梃和冒头中的镶嵌方式有暗槽、单面槽及双边压条三种,工程中用得较多的是暗槽,其他两种方法多用于玻璃、纱门及百叶门。

镶板门门扇骨架的厚度一般为 40～45mm。上冒头、中间冒头和边梃的宽度一般为 75～120mm,下冒头的宽度习惯上同踢脚高度,一般为 200mm 左右。中冒头为了便于开槽装锁,其宽度可适当增加,以弥补开槽对中冒头材料的削弱。

2. 拼板门

拼板门的构造与镶板门相同,由骨架和拼板组成,只是拼板门的拼板用 35～45mm 厚的木板拼接而成,因而自重较大,但坚固耐久,多用于库房、车间的外门。

3. 夹板门

夹板门门扇由骨架和面板组成,骨架通常采用(32～35)mm×(34～36)mm 的木料制作,内部用小木料做成格形纵横肋条,肋距一般为 300mm 左右。在骨架的两面可铺钉胶合板、硬质纤维板或塑料板等,门的四周可用 15～20mm 厚的木条镶边,以取得整齐美观的效果。

根据功能的需要,夹板门上也可以局部加玻璃或百叶,一般在装玻璃或百叶处,做一个木框,用压条镶嵌。夹板门构造简单,自重轻,外形简洁,但不耐潮湿与日晒,多用于干燥环境中的内门。

第六节 屋 顶

一、屋顶的排水方式

屋顶的排水方式分为无组织排水和有组织排水两大类。

1. 无组织排水

无组织排水又称自由落水,是指屋面的雨水由檐口自由滴落到室外地面。这种排水方式不需设置天沟、雨水管进行导流,只要把屋顶在墙四周挑出,形成挑檐,屋面雨水即会经挑檐自由下落至室外地坪,如图 8-73 所示。

无组织排水构造简单,造价低廉,不易漏雨和堵塞。建筑物较高或雨量较大时,屋檐落水将沿檐口形成水帘,雨水四溅,危害墙身和环境。所以,无组织排水一般适用于标准不高的低层或次要建筑及降雨量较小地区的建筑。

2. 有组织排水

有组织排水是在屋顶设置与屋面排水方向相垂直的纵向天沟,汇集雨水后,将雨水由雨水口、雨水管有组织地排到室外地面或室内地下排水系统,这种排水方式称有组织排水。按照雨水管的位置,有组织排水分为外排水和内排水,如图 8-74 所示。有组织排水的屋顶构造复杂,造价高,但避免了雨水自由下落对墙面和地面的冲刷和污染。

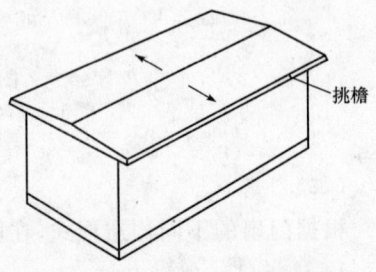

图 8-73 平屋顶四周挑檐自由落水

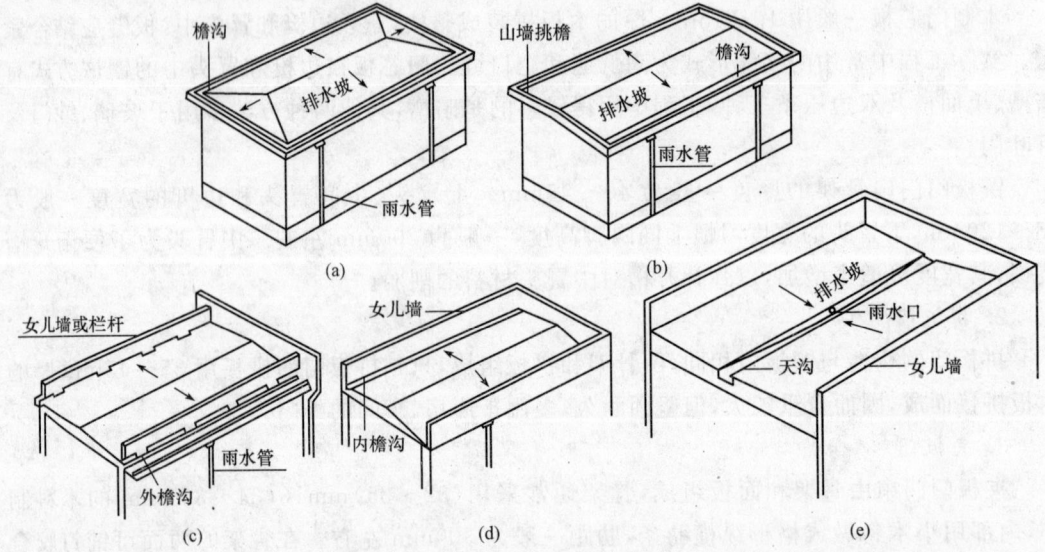

图 8-74 平屋顶有组织排水
(a)沿屋面四周设檐沟;(b)沿纵墙设檐沟;(c)女儿墙外设檐沟;(d)女儿墙内设檐沟;(e)平屋顶内排水

(1)外排水。外排水是屋顶雨水由室外雨水管排到室外的排水方式。这种排水方式构造简单,造价较低,应用最广。按照檐沟在屋顶的位置,外排水的屋顶形式有:沿屋顶四周设檐沟、沿纵墙设檐沟、女儿墙外设檐沟、女儿墙内设檐沟等。

(2)内排水。内排水是屋顶雨水由设在室内的雨水管排到地下排水系统的排水方式。

这种排水方式构造复杂,造价及维修费用高,而且雨水管占室内空间,一般适用于大跨度建筑、高层建筑、严寒地区及对建筑立面有特殊要求的建筑。

二、卷材防水屋面的构造

卷材防水屋面是将柔性的防水卷材或片材用胶结材料粘贴在屋面上,形成一个大面积的封闭防水覆盖层,又称柔性防水屋面。这种防水屋面具有良好的延伸性,能较好地适应结构变形和温度变化。目前,卷材防水屋面已在一般建筑中得到广泛应用。

(一)卷材防水屋面的构造

在传统构造的做法中,卷材防水屋面多使用沥青油毡作为屋面的主要防水材料。目前,我国多使用新型的防水卷材或片材防水材料,如三元乙丙橡胶、铝箔塑胶、橡塑共混等高分子防水卷材,还有加入聚酯、合成橡胶等制成的改性沥青油毡等。它们具有冷施工、弹性好、寿命长等优点。但是,油毡防水屋面在某些地方仍被采用。

卷材防水屋面是由结构层、找坡层、找平层、结合层、防水层、保护层等部分组成,如图8-75所示。

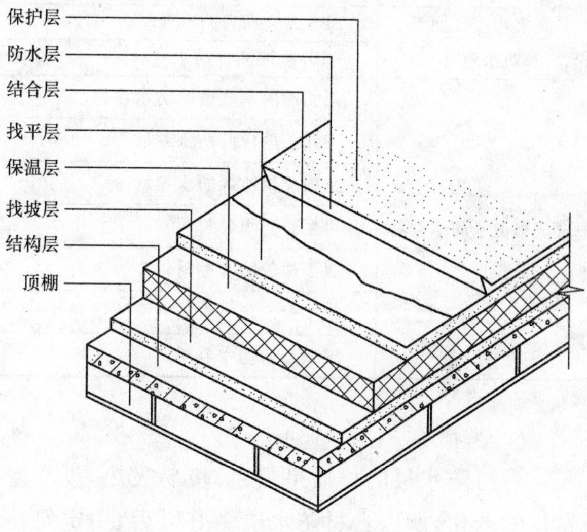

图 8-75 卷材防水屋面的基本构造

1. 结构层

各种类型的钢筋混凝土屋面板均可作为柔性防水屋面的结构层。

2. 找坡层

当屋顶采用材料找坡来形成坡度时,找坡层一般位于结构层之上,采用轻质、廉价的材料,如1:6~1:8的水泥焦渣或水泥膨胀蛭石垫置形成坡度,最薄处的厚度不宜小于30mm。

当屋顶采用结构找坡时,则不需设置找坡层。

3. 找平层

卷材防水层要求铺贴在坚固、平整的基层上,以避免卷材凹陷或被穿刺,因此,必须在找坡层或结构层上设置找平层,找平层一般采用1:3的水泥砂浆或细石混凝土、沥青砂浆,厚度为20~30mm,以作为卷材屋面的基层。

4. 结合层

由于砂浆中水分的蒸发在找平层表面形成小的孔隙和小颗粒粉尘,严重影响了沥青胶与找平层的黏结。因此,在铺贴卷材防水层前,必须在找平层上预先涂刷基层处理剂作结合层。结合层材料应与卷材的材质相适应,采用沥青类卷材和高聚物改性沥青防水卷材时,一般采用冷底子油(所谓冷底子油就是将沥青溶解在一定量的煤油或汽油中,所配成的沥青溶液)作结合层;采用合成高分子防水卷材时,则用专用的基层处理剂作结合层。

5. 防水层

在选择防水材料和做法时,应根据建筑物对屋面防水等级的要求来确定。卷材防水层的防水卷材包括:沥青类卷材、高聚物改性沥青防水卷材和合成高分子防水卷材三类,见表8-11。沥青类卷材属于传统的卷材防水材料,一般只用石油沥青油毡,由于其强度低,耐老化性能差,施工时需多层粘贴形成防水层,施工复杂,所以在现在工程中已较少采用,采用较多的是新型的防水卷材:高聚物改性沥青防水卷材和合成高分子防水卷材。

表 8-11　卷材防水层

卷材分类	卷材名称举例	卷材黏结剂
沥青类卷材	石油沥青油毡	石油沥青玛琋脂
	焦油沥青油毡	焦油沥青玛琋脂
高聚物改性沥青防水卷材	SBS 改性沥青防水卷材	热熔、自粘、粘贴均有
	APP 改性沥青防水卷材	
合成高分子防水卷材	三元乙丙丁基橡胶防水卷材	丁基橡胶为主体的双组分 A 与 B 液 1∶1 配比搅拌均匀
	三元乙丙橡胶防水卷材	
	氯磺化聚乙烯防水卷材	CX—401 胶
	再生胶防水卷材	氯丁胶黏结剂
	氯丁橡胶防水卷材	CY—409 液
	氯丁聚乙烯—橡胶共混防水卷材	BX—12 及 BX—12 乙组份
	聚氯乙烯防水卷材	黏结剂配套供应

6. 保护层

卷材防水层的材质呈黑色,极易吸热,夏季屋顶表面温度达 60～80 ℃以上,高温会加速卷材的老化,所以卷材防水层做好以后,一定要在上面设置保护层。保护层分为不上人屋面和上人屋面两种做法。

(1)不上人屋面保护层,即不考虑人在屋顶上的活动情况。高聚物改性沥青防水卷材和合成高分子防水卷材在出厂时,卷材的表面一般已做好了铝箔面层、彩砂或涂料等保护层,则不需再专门做保护层。石油沥青油毡防水层的不上人屋面保护层做法是,用玛琋脂黏结粒径为 3～5mm 的浅色绿豆砂。

(2)上人屋面保护层,即屋面上要承受人的活动荷载。保护层应有一定的强度和耐磨度,一般做法是:在防水层上用水泥砂浆或沥青砂浆铺贴缸砖、大阶砖、预制混凝土板等,或在防水层上浇筑 40mm 厚 C20 细石混凝土。

(二)卷材防水屋面的细部构造

卷材防水屋面在檐口、屋面与突出构件之间、变形缝、上人孔等处特别容易产生渗漏,所以应加强这些部位的防水处理。

1. 泛水

泛水是指屋面防水层与突出构件之间的防水构造。一般在屋面防水层与女儿墙、上人屋面的楼梯间、突出屋面的电梯机房、水箱间、高低屋面交接处等,都需做泛水。

泛水要具有足够的高度,一般不小于 250mm。屋面与墙的交界处应抹成圆弧或钝角,以防止在粘贴卷材时因直角转弯而折断或不能铺实。为了增加泛水处的防水能力,应在底层加铺一层卷材。卷材收头处应黏结固定,油毡卷材粘贴在墙面的收口处,通常有钉木条、嵌砂浆、嵌油膏和盖镀锌铁皮等处理方式,如图 8-76 所示,以防止雨水顺立墙流进油毡收口处引起漏水。

2. 檐口

檐口是屋面防水层的收头处,易开裂、渗水,必须做好檐口处的收头处理。檐口的构造及处理方法与檐口的形式有关,可根据屋面的排水方式和建筑物的立面造型要求来确定。

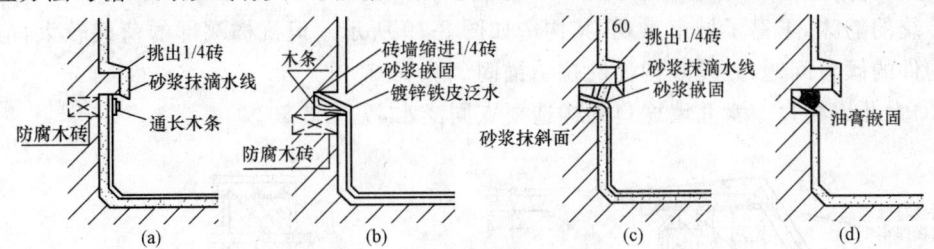

图 8-76 油毡防水屋面泛水构造
(a)木压条油毡;(b)镀锌铁皮;(c)砂浆嵌固;(d)油膏嵌固

(1)自由落水檐口。自由落水檐口一般与屋顶圈梁整体浇筑。屋面防水层的收头压入距挑檐板前端 40mm 处的预留凹槽内,先用钢压条固定,然后用密封材料进行密封,如图 8-77 所示。

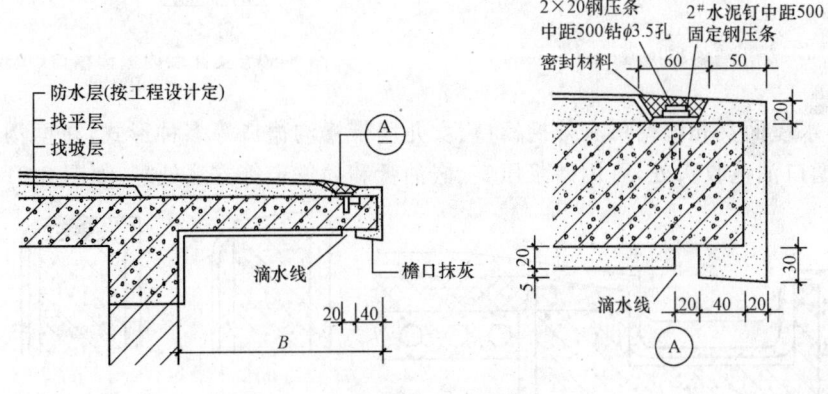

图 8-77 自由落水檐口构造(单位:mm)

为使屋面雨水迅速排除,油毡防水屋面一般在距檐口 0.2～0.5m 范围内的屋面坡度不宜小于 15%。檐口处要做滴水线,并用 1:3 水泥砂浆抹面。卷材收头处采用油膏嵌缝,上面再撒绿豆砂保护,或镀锌铁皮出挑。

(2)挑檐沟檐口。当檐口处采用挑檐沟檐口时,卷材防水层应在檐沟处加铺一层附加卷材,并注意做好卷材的收头,其构造如图 8-78 所示。

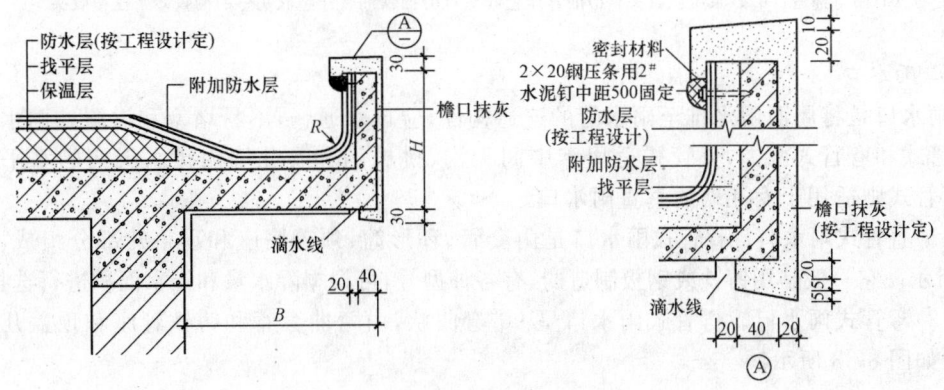

图 8-78 挑檐沟檐口构造(单位:mm)

斜板挑檐口是考虑建筑立面造型,对檐口的一种处理形式,它给较呆板的平屋顶建筑增添了传统的韵味,丰富了城市景观,其构造如图 8-79 所示。但挑檐端部的荷载较大,应注意悬挑构件的倾覆问题,处理好构件的拉结锚固。

(3)女儿墙檐口。女儿墙檐口的构造要点同泛水,见图 8-80。

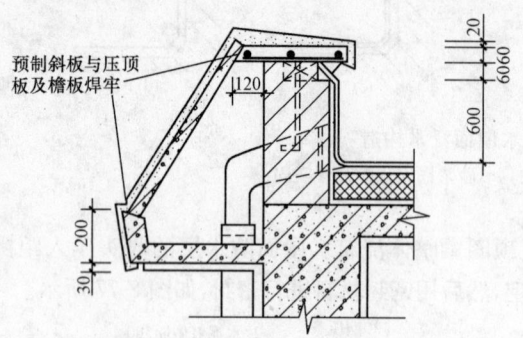

图 8-79 女儿墙斜板挑檐(单位:mm)

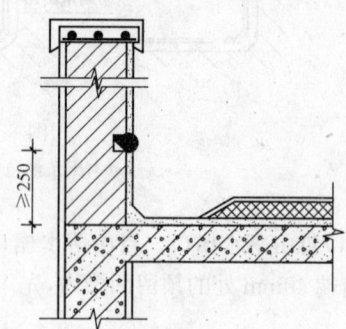

图 8-80 女儿墙内檐沟檐口(单位:mm)

油毡防水屋面女儿墙檐口有外挑檐口、女儿墙带檐沟檐口等多种形式,在檐沟内要加铺一层油毡;檐口油毡收头处,可用砂浆压实、嵌油膏和插铁卡等方法处理,如图 8-81 所示。

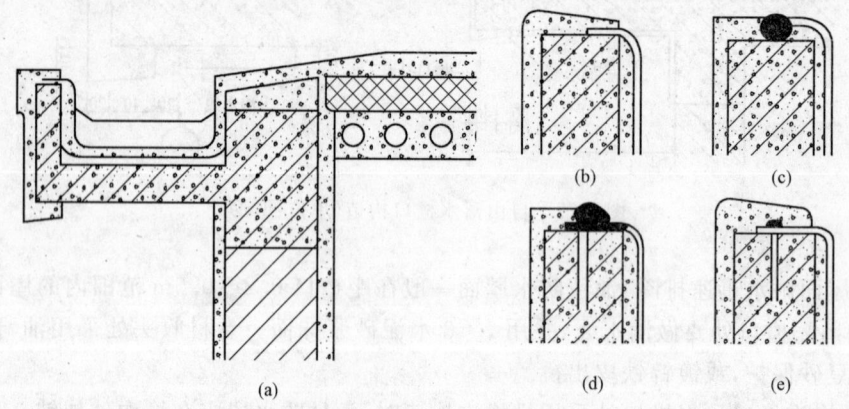

图 8-81 有组织排水檐口构造
(a)檐口构造;(b)砂浆压毡收头;(c)油膏压毡收头;(d)插铁油膏压毡收头;(e)插铁砂浆压毡收头

3. 雨水口

雨水口是将屋面雨水排至雨水管的连通构件,应排水通畅,不易堵塞和渗漏。雨水口分为直管式和弯管式两类,直管式适用于中间天沟、挑檐沟和女儿墙内排水天沟的水平雨水口;弯管式则适用于女儿墙的垂直雨水口。

(1)直管式雨水口。直管式雨水口是由套管、环形筒、顶盖底座和顶盖几部分组成,如图 8-82 所示。它一般是用铸铁或钢板制造的,有各种型号,可根据降水量和汇水面积进行选择。

(2)弯管式雨水口。弯管式雨水口呈 90°弯曲状,由弯曲套管和铸铁管座和顶盖几部分组成,如图 8-83 所示。

4. 上人孔

对于不上人屋面,需要在屋面上设置上人孔,以方便对屋面进行维修和安装设备。

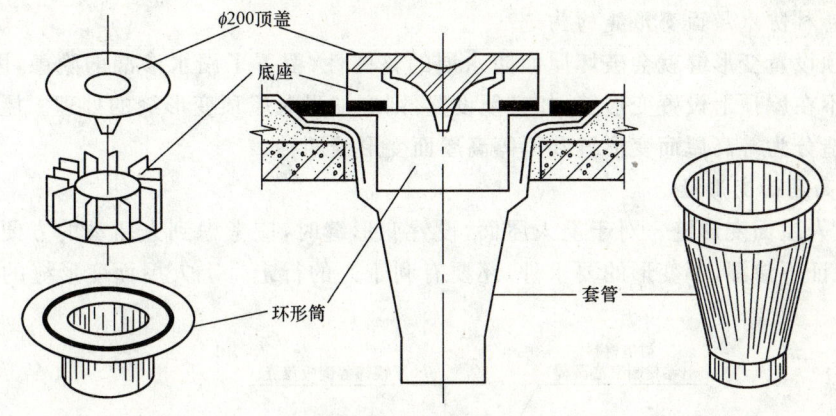

图 8-82 直管式雨水口

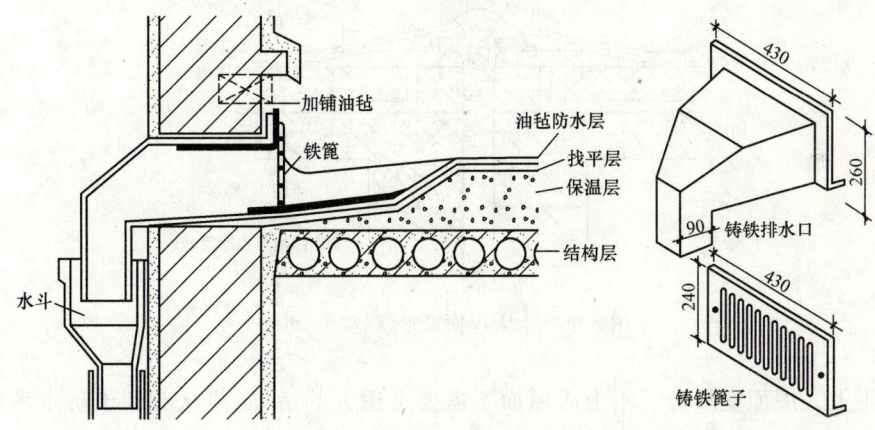

图 8-83 弯管式雨水口（单位：mm）

上人孔应位于靠墙处，以方便设置爬梯。上人孔的平面尺寸应不小于 600mm×700mm。上人孔的孔壁一般高出屋面至少 250mm，与屋面板整体浇筑。孔壁与屋面之间应做成泛水，孔口用木板上加钉 0.6mm 厚的镀锌薄钢板进行盖孔。其构造如图 8-84 所示。

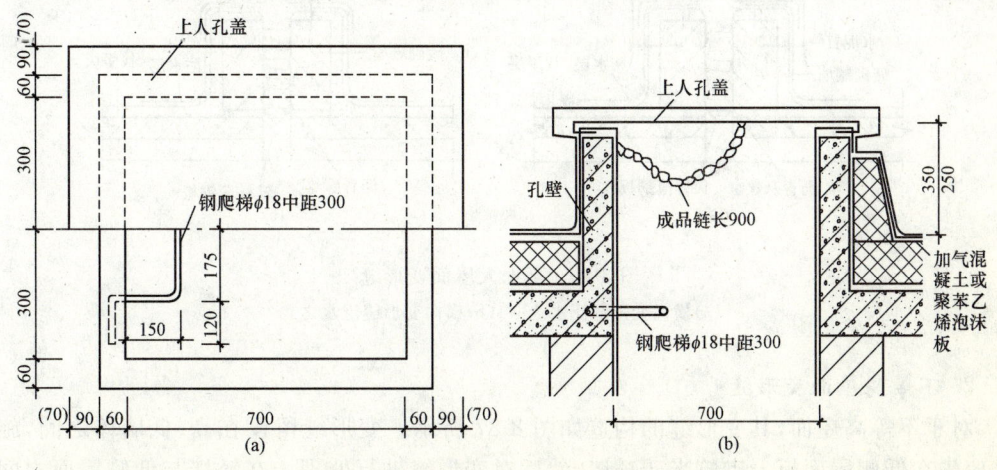

图 8-84 屋面上人孔的构造（单位：mm）

（三）卷材防水屋面变形缝的构造

在屋顶设置变形缝就会破坏屋面防水层的整体性，留下了雨水渗漏的隐患，因此，应尽量减少或不在屋顶上设置变形缝，如必须设置，则应加强对屋顶变形缝的处理。屋顶在变形缝处的构造分为等高屋面变形缝和不等高屋面变形缝两种。

1. 等高屋面变形缝

（1）上人屋面变形缝。对于上人屋面，设置变形缝时，应考虑到人活动的方便。在变形缝处，除保证不渗漏、不变形的要求外，还要有利于人的行走。上人屋面变形缝的构造见图8-85。

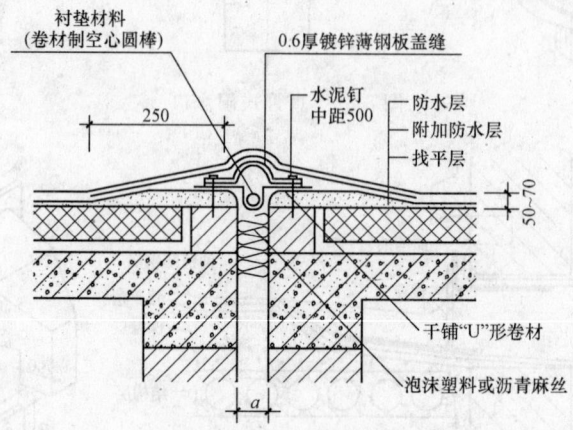

图 8-85 上人屋面变形缝（单位：mm）

（2）不上人屋面变形缝。不上人屋面不需要考虑人的活动，应从有利于防水考虑，尽可能避免因变形缝两侧积水而导致渗漏。不上人屋面变形缝的构造如图8-86所示，一般是在缝两侧的屋面板上砌筑半砖矮墙，高度应高出屋面至少250mm，屋面与矮墙之间按泛水处理，矮墙的顶部用镀锌薄钢板或混凝土压顶进行盖缝。

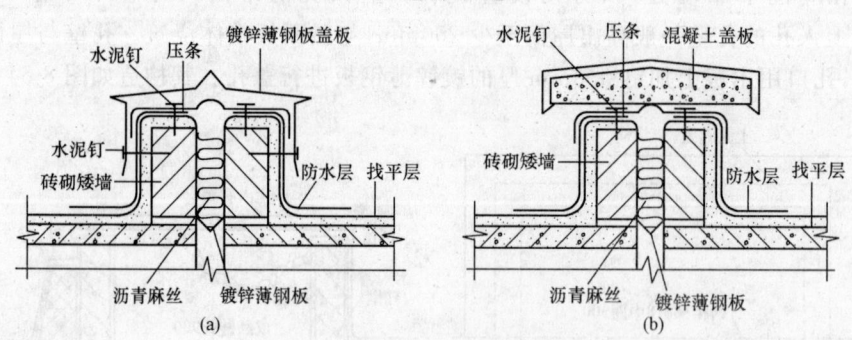

图 8-86 不上人屋面变形缝
(a)横向变形缝泛水之一；(b)横向变形缝泛水之二

2. 不等高屋面变形缝

对于不等高屋面，其变形缝的构造如图8-87所示。变形缝留设在高、低墙体之间，施工时，应先在低侧屋面板上砌筑半砖矮墙，然后对变形缝进行处理。在矮墙与低侧屋面之间要做好泛水,变形缝上部用由高侧墙体挑出的钢筋混凝土板或在高侧墙体上固定镀锌薄钢板进行盖缝。

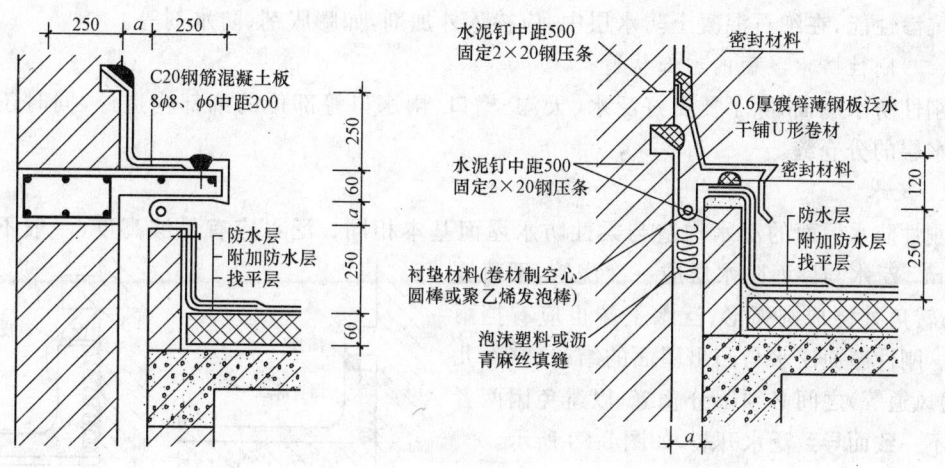

图 8-87　高低屋面变形缝(单位:mm)

四、刚性防水屋面的构造

刚性防水屋面是用刚性防水材料,如防水砂浆、细石混凝土、配筋的细石混凝土等做防水层的屋面。这种屋面构造简单、施工方便、造价低廉,但容易受温度变化和结构变形的影响,故不宜用于温度变化较大、有振动荷载或有不均匀沉降的建筑物,多用于南方地区。

(一)刚性防水屋面的构造层次

刚性防水屋面一般由结构层、找平层、隔离层和防水层四部分组成,如图 8-88 所示。

1. 结构层

刚性防水屋面的结构层一般采用现浇钢筋混凝土楼板或预制装配式混凝土楼板。当采用预制钢筋混凝土屋面板时,应加强对板缝的处理。刚性防水屋面的排水坡度一般采用结构找坡,所以结构层施工时要考虑倾斜搁置。

2. 找平层

为了使刚性防水层便于施工,厚度均匀,当结构层为预制装配式混凝土楼板时,应做找平层。找平层采用 1∶3 水泥砂浆,厚度为 10～20mm。若采用现浇钢筋混凝土整体结构时,可不设找平层。

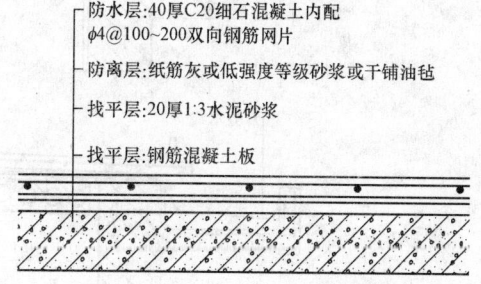

图 8-88　刚性防水屋面构造层次

3. 隔离层

当结构层在荷载作用下产生挠曲变形,或在温度变化时产生伸缩变形,均会拉裂防水层。为了减小结构层变形对防水层的影响,应在防水层下设置隔离层。隔离层一般采用麻刀灰、纸筋灰、低强度等级的水泥砂浆或干铺一层油毡等做法。如果防水层中加有膨胀剂,其抗裂性较好,则不需再设隔离层。

4. 防水层

刚性防水层一般应采用不低于 C25 的细石混凝土整体浇筑,其厚度不应小于 40mm,并

在混凝土中配置 φ4@100～200mm 的双向钢筋网片,以防止混凝土产生温度裂缝。钢筋网片应位于防水层中间偏上的位置,上面保护层的厚度不小于 10mm。为了提高混凝土的抗裂和抗渗性能,在细石混凝土防水层中,应掺入外加剂,如膨胀剂、防水剂等。

(二)刚性防水屋面的细部构造

刚性防水屋面,除了要做好泛水、天沟、檐口、雨水口等部位的细部构造外,同时还应做好防水层的分仓缝。

1. 泛水

刚性防水屋面的泛水构造与柔性防水屋面基本相同。泛水应有足够高度,一般不小于 250mm。泛水与屋面防水层应一次浇筑,不留施工缝;转角处浇成圆弧形;泛水上端也应有挡雨措施。刚性屋面泛水与凸出屋面的结构物(女儿墙、通风道等)之间必须留分仓缝,以避免因两者变形不一致而导致泛水开裂,如图 8-89 所示。

2. 檐口

刚性防水屋面常用的檐口形式有混凝土防水层悬挑檐口、自由落水挑檐口、挑檐沟檐口、女儿墙外排水檐口等,其构造做法如图 8-90 所示。

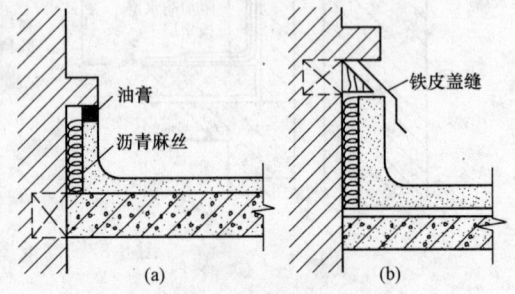

图 8-89 刚性防水屋面泛水构造
(a)油膏嵌缝;(b)镀锌铁皮盖缝

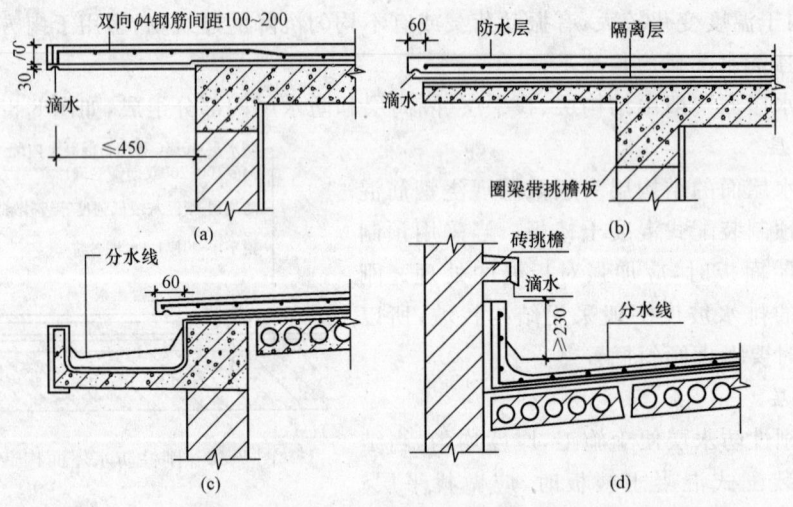

图 8-90 刚性防水屋面檐口构造(单位:mm)
(a)混凝土防水层悬挑檐口;(b)挑檐板挑檐口;(c)挑檐沟外排水檐口;(d)女儿墙外排水檐口

无组织排水檐口通常直接由刚性防水层挑出形成,挑出尺寸一般不大于 450mm;也可设置挑檐板,刚性防水层应伸到挑檐之外。有组织排水檐口有挑檐沟檐口、女儿墙檐口和斜板挑檐檐口等做法,挑檐沟檐口的檐沟底部应用找坡材料垫置形成纵向排水坡度,铺好隔离层后再做防水层,防水层一般采用 1:2 的防水砂浆。

3. 分仓缝

分仓缝又称分格缝,是为了避免刚性防水层因结构变形、温度变化和混凝土干缩等产生裂缝而设置的"变形缝"。分格缝的间距应控制在刚性防水层受温度影响产生变形的许可范围内,一般不宜大于 6m,并应位于结构变形的敏感部位,如预制板的支承端、不同屋面板的交接处、屋面与女儿墙的交接处等,并与板缝上下对齐,如图 8-91 所示。

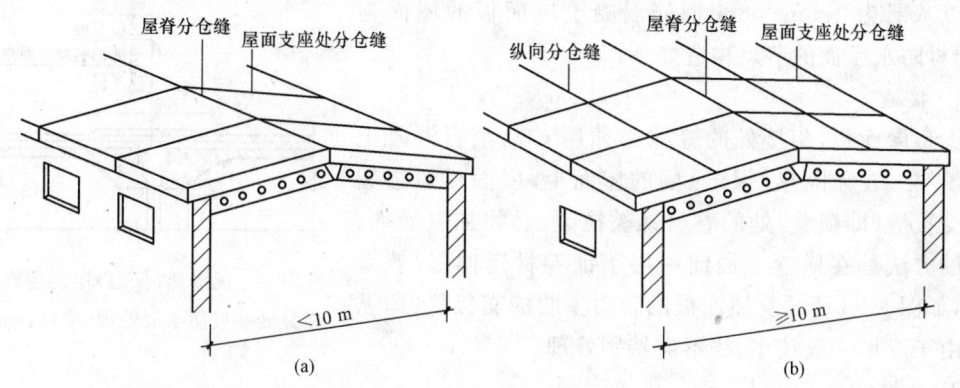

图 8-91　刚性屋面分仓缝的划分
(a)房屋进深小于 10m,分仓缝的划分;(b)房屋进深大于 10m,分仓缝的划分

分格缝的宽度为 20～40mm 左右,有平缝和凸缝两种构造形式。平缝适用于纵向分格缝,凸缝适用于横向分格缝和屋脊处的分格缝。为了有利于伸缩变形,缝的下部用弹性材料,如聚乙烯发泡棒、沥青麻丝等填塞;上部用防水密封材料嵌缝。当防水要求较高时,可再在分格缝的上面加铺一层卷材进行覆盖。分仓缝的节点构造如图 8-92 所示。

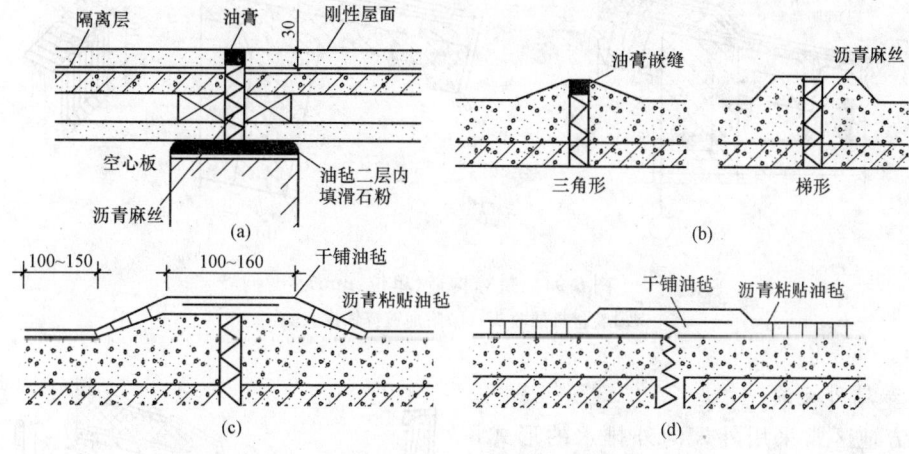

图 8-92　分仓缝节点构造(单位:mm)
(a)平缝油膏嵌缝;(b)凸形缝油膏嵌缝;(c)凸缝油毡盖缝;(d)平缝油毡盖缝

五、单层工业厂房屋面防水

按照屋面防水材料和构造做法,单层厂房的屋面有柔性防水屋面和构件自防水屋面。柔性防水屋面适用于有振动影响和有保温隔热要求的厂房屋面。构件自防水屋面适用于南方地区和北方无保温要求的厂房。

(一)卷材防水屋面

卷材防水屋面在单层工业厂房中应用较为广泛,有保温和不保温两种。不保温防水屋面是由基层、找平层、防水层和保护层等几部分构成的；保温防水屋面的构造一般依次为基层、找平层、隔蒸汽层、保温层、找平层、防水层和保护层。卷材防水屋面的构造原则和做法与民用建筑基本相同，它的防水质量关键在于基层和防水层。

以基层为 1.5m×6m 钢筋混凝土屋面板的屋面为例，卷材防水屋面的节点构造如下：

1. 接缝

大型屋面板，相接处的缝隙必须用 C20 细石混凝土灌缝填实。在无隔热（保温）层的屋面上，屋面板短边端肋的交接缝（即横缝）处的卷材易被拉裂，必须加以处理。常用的方法是在横缝上加铺一层干铺卷材延伸层，效果较好，如图 8-93 所示。屋面板的长边主肋的交接缝（即纵缝），由于变形一般较小，故不需特别处理。

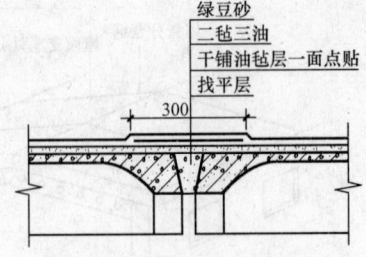

图 8-93 无隔热（保温）层的屋面板横缝处卷材防水层处理（单位：mm）

2. 挑檐

屋面为无组织排水时，可将外伸的檐口板做成挑檐，有时也可利用顶部圈梁挑出挑檐板。挑檐处应处理好卷材的收头，以防止卷材起翘、翻裂，常采用卷材自然收头和附加镀锌铁皮收头的方法，如图 8-94(a)、(b) 所示。

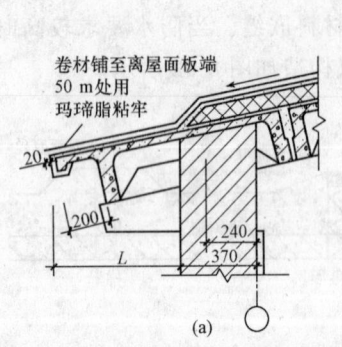
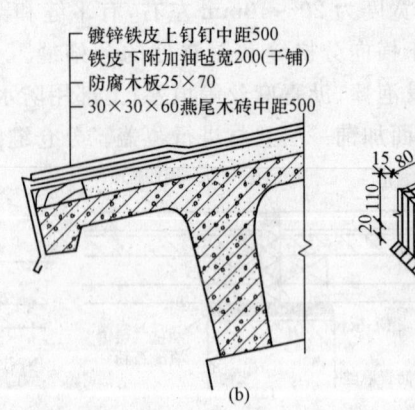
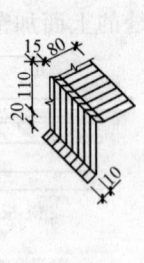

图 8-94 挑檐构造（单位：mm）
(a) 卷材自然收头；(b) 附加镀锌铁皮收头

3. 纵墙外天沟

南方地区常采用外天沟外排水的形式，其槽形天沟板一般支承在钢筋混凝土屋架端部挑出的水平挑梁上或钢屋架、钢筋混凝土屋面大梁端部的钢牛腿上。天沟的卷材防水层除与屋面相同以外，在天沟内应加铺一层卷材，雨水口周围应附加玻璃布两层。外天沟防水卷材的收头处理，如图 8-95(a) 所示。为保证屋面检修、清灰的安全，可在沟外壁设置铁栏杆，其构造如图 8-95(b) 所示。

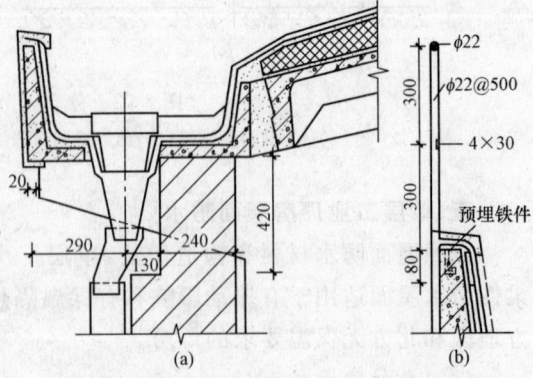

图 8-95 纵墙外天沟构造（单位：mm）

4. 中间天沟

在等高多跨厂房的两坡屋面之间应设置中间天沟。中间天沟一般采用两块槽形天沟板并排布置,其防水处理、找坡等构造方法与纵墙内天沟基本相同。两块槽形天沟板接缝处的防水构造是将天沟卷材连续覆盖,如图8-96(a)所示。直接利用两坡屋面的坡度做成的V形"自然天沟"仅适用于内排水(或内落外排水),其构造如图8-96(b)所示。

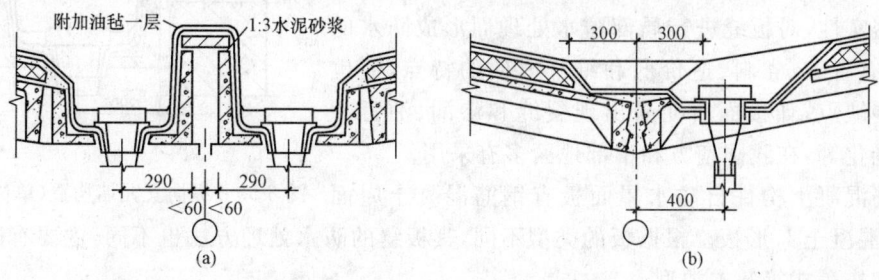

图 8-96 中间天沟构造(单位:mm)

5. 长天沟外排水

当采用长天沟外排水时,必须在山墙上留出洞口。天沟板应伸出山墙,该洞口可兼做溢水口用,洞口的上方应设置预制钢筋混凝土过梁。长天沟及洞口处应注意卷材的收头处理,如图8-97所示。

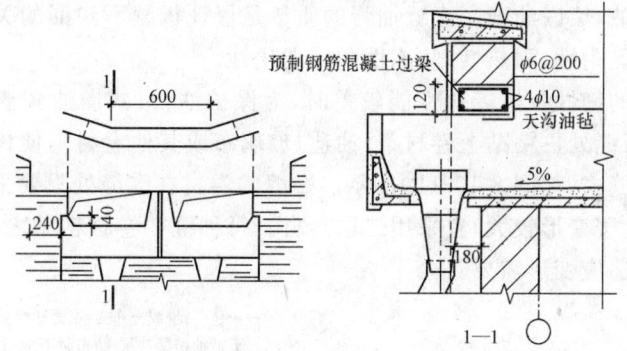

图 8-97 长天沟外排水构造(单位:mm)

6. 山墙、纵向女儿墙泛水

单层工业厂房山墙泛水的做法与民用建筑基本相同,应做好卷材收头处理和转折处理。振动较大的厂房,可在卷材转折处加铺一层卷材。山墙一般应采用钢筋混凝土压顶,以利于防水和加强山墙的整体性,如图8-98所示。

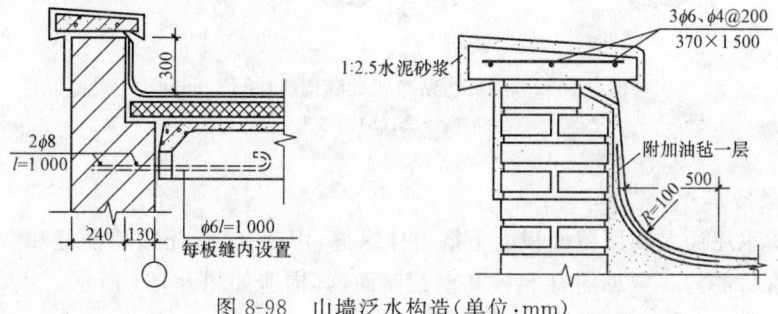

图 8-98 山墙泛水构造(单位:mm)

当纵墙采用女儿墙形式时,应注意天沟与女儿墙交接处的防水处理。天沟内的卷材防水层应升至女儿墙上一定高度,并做好收头处理,其做法与山墙泛水相类似,如图8-99所示。

(二)钢筋混凝土构件自防水屋面

钢筋混凝土构件自防水屋面,是利用钢筋混凝土板本身的密实性,对板缝进行局部防水处理而形成防水的屋面,具有省工、省料、造价低和维修方便的特点,但也存在一些缺点,如板面后期易出现裂缝和渗漏、油膏和涂料易老化等,在我国南方和中部地区多有采用。

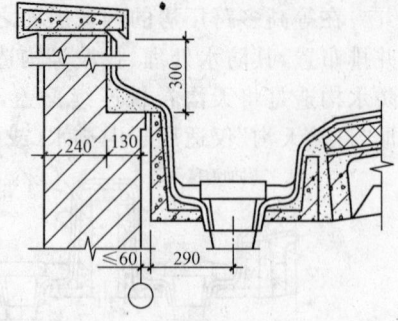

图 8-99 纵向女儿墙构造(单位:mm)

钢筋混凝土构件自防水屋面板有钢筋混凝土屋面板、钢筋混凝土F形板。根据板的类型不同,其板缝的防水处理方法也不同,主要有嵌缝式、贴缝式和搭盖式等基本类型。

1. 嵌缝式、贴缝式防水

屋面板的板缝有横缝、纵缝和脊缝三种,其中,横缝防水是关键。嵌缝式构件自防水屋面就是利用钢筋混凝土屋面板作为防水构件,然后在板缝内嵌油膏进行防水的一种屋面。

屋面板嵌缝式防水的构造如图8-100(a)所示。嵌缝时,板缝内应先清扫干净,然后用C20细石混凝土填实。缝的下部在浇捣前应吊木条,浇捣时上口应预留20～30mm的凹槽,待干燥后刷冷底子油,填嵌油膏。嵌缝油膏的质量是保证板缝不渗漏的关键,要求有良好的防水性能、弹塑性、黏附性、耐热性、防冻性和抗老化性。

当采用的油膏的韧性及抗老化性能较差时,为保护油膏,减慢油膏老化速度,可在油膏嵌缝的基础上,在板缝处再粘贴上卷材条(油毡、玻璃布或其他卷材),便构成了贴缝式构造,其防水性能优于嵌缝式,如图8-100(b)所示。贴缝的卷材在纵缝处只要采用一层卷材即可;在横缝和脊缝处,由于变形较大,宜采用二层卷材。每种缝在卷材粘贴之前,先要干铺(单边点贴)一层卷材,以适应变形需要。

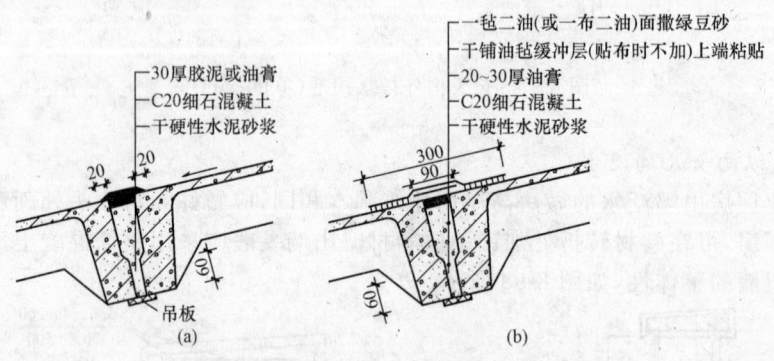

图 8-100 嵌缝式、贴缝式板缝构造(单位:mm)
(a)嵌缝式;(b)贴缝式

2. 搭盖式防水

搭盖式防水屋面是利用屋面板上下搭盖住纵缝,用盖瓦、脊瓦覆盖横缝和脊缝的方式来达到屋面防水目的的。常见的有F板和槽瓦屋面,其构造如图8-101所示。

F形板屋面是以断面呈F形的预应力混凝土屋面板为主,配合盖瓦和脊瓦等附件组成的构件自防水屋面,它是利用钢筋混凝土F形屋面板的挑出翼缘搭盖住纵缝,并用盖瓦、脊瓦分别覆盖住屋面横缝和脊缝进行防水的,见图8-101(a)。

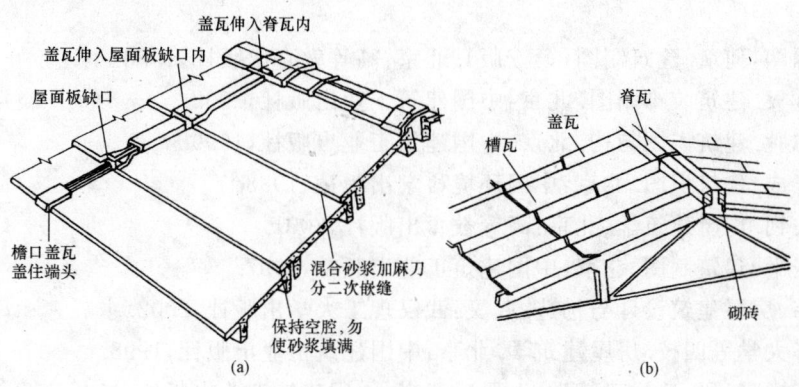

图8-101 搭盖式构件自防水屋面构造
(a)F板屋面;(b)槽瓦屋面

参 考 文 献

[1] 朱福熙,何斌. 建筑制图(第三版). 北京:高等教育出版社,1998.
[2] 顾世权. 建筑装饰制图. 北京:中国建筑工业出版社,2002.
[3] 程志胜. 建筑识图与构. 北京:中国建筑工业出版社,1999.
[4] 梁玉成. 建筑识图. 北京:中国环境科学出版社,1988.
[5] 陈大钊. 房屋建筑学. 北京:高等教育出版社,2001.
[6] 宋安平. 建筑制图. 北京:中国建筑工业出版社,1997.
[7] 苏炜. 房屋建筑设计与构造. 武汉:武汉理工大学出版社,2002.
[8] 同济大学等四校. 房屋建筑学. 北京:中国建筑工业出版社,1998.
[9] 李祯祥,赵研. 房屋建筑学(上册). 北京:中国建筑工业出版社,1995.
[10] 林恩生,陈卫华. 房屋建筑学(下册). 北京:中国建筑工业出版社,1995.
[11] 姚自君. 建筑新技术、新构造、新材料. 北京:中国建筑工业出版社,1991.
[12] 陈卫华,杜军,李胜才. 建筑装饰构造. 北京:中国建筑工业出版社,2002.
[13] 建筑设计资料集. 北京:中国建筑工业出版社,2003.
[14] 建筑设计常用数据手册. 北京:中国建筑工业出版社,1997.
[15] 现行建筑设计规范大全. 北京:中国建筑工业出版社,2005.